“十三五”国家重点出版物出版规划项目

风能技术与应用丛书　丛书主编　姚兴佳

大功率风力发电机组控制技术

夏加宽　王晓东　卢爽瑄　李瑞泽　谢洪放　著

科学出版社
北京

内 容 简 介

控制是风电机组的核心技术之一。本书介绍了风能的捕获、传递、转换等基础理论，并结合风电机组的特点系统阐述了风电机组控制系统的组成、结构、数据监测、控制流程、变桨和发电机转矩控制策略、控制器及其软件等关键内容；对风电机组的制动、偏航、变桨距、发电等重要执行机构相关的传感器、工作流程及控制方法也进行了详细讲述；对关键技术问题结合工程实际案例进行了分析。

本书兼顾了专业技术人员、高校学生的需求，力求向读者展现风电机组控制领域中的最新成果与发展动向，以启发读者在该领域的研究与创新。

图书在版编目（CIP）数据

大功率风力发电机组控制技术 / 夏加宽等著. —北京：科学出版社，2019.10

（风能技术与应用丛书 / 姚兴佳主编）

“十三五”国家重点出版物出版规划项目

ISBN 978-7-03-062185-6

Ⅰ. ①大… Ⅱ. ①夏… Ⅲ. ①大功率－风力发电机－发电机组－控制系统 Ⅳ. ①TM315

中国版本图书馆 CIP 数据核字（2019）第 182359 号

责任编辑：任彦斌 张 震 / 责任校对：王萌萌
责任印制：徐晓晨 / 封面设计：无极书装

科 学 出 版 社出版
北京东黄城根北街 16 号
邮政编码：100717
http://www.sciencep.com

北京凌奇印刷有限责任公司印刷
科学出版社发行 各地新华书店经销

*

2019 年 10 月第 一 版 开本：720 × 1000 1/16
2019 年 10 月第一次印刷 印张：12 1/2
字数：240 000

POD定价： 98.00元
（如有印装质量问题，我社负责调换）

“风能技术与应用丛书”编委会

丛书前言

2016年初，中国可再生能源学会副理事长、中国可再生能源学会风能专业委员会主任姚兴佳与科学出版社策划编辑、东北大学副编审任彦斌共同策划“风能技术与应用丛书”，申报并成功入选“十三五”国家重点出版物出版规划项目（立项文号：新广出发【2016】33号）。经过写作团队三年不懈的努力，“风能技术与应用丛书”终于和风电业界同仁及广大读者朋友见面了。这套丛书的出版发行，实现了沈阳工业大学风能技术研究所及其合作伙伴多年的夙愿，犹如在他们辛勤耕耘的风能领域绽放了一束绚丽的科技之花。

这套丛书主要是基于国家科技攻关计划、863计划、国家科技支撑计划项目等科研成果，由姚兴佳教授主持撰写而成的。早在20世纪80年代，由姚兴佳教授创建并带领的研发团队就在黄海之滨建立了辽宁省大鹿岛风力发电试验场，开展了分布式风力发电系统设计和应用的研究，其中15kW微机控制变桨距风电机组获得辽宁省科学技术进步奖二等奖；进入90年代，开始转向并网型风电机组关键技术开发及小规模推广应用的研究，和辽宁省电力公司联合完成的“辽宁东港风电场开发与建设”项目获得辽宁省科学技术进步奖一等奖；2001年以来，先后完成863计划“兆瓦级变速恒频风电机组”“兆瓦级变速恒频风电机组Ⅱ型设计与制造”“兆瓦级变速恒频风电机组-测试系统与现场试验研究”“兆瓦级物理储能关键技术研究”“风电机组设计技术及工具软件开发”和国家科技支撑计划“适应海陆环境的双馈式变速恒频风电机组研制”等国家级重点项目，初步建立了具有完全自主知识产权的风力发电理论基础和技术体系，取得多项创新特征突出的标志性成果，其中，“兆瓦级变速恒频风电机组”项目获得国家科学技术进步奖二等奖，“大功率风电机组研制与示范”项目获得中国机械工业科学技术进步奖特等奖，“环境适应型系列风电机组”等2项成果获得辽宁省科学技术进步奖一等奖。在多年科技开发实践的基础上，姚兴佳研发团队获批“兆瓦级变速恒频风电机组”等发明专利12项、“HR风电机组设计软件”等软件著作权7项，主持编写《风力发电机组变桨距系统》（GB/T 32077—2015）等国家标准4部，发表学术论文200余篇，著有《风力发电机组理论与设计》等专业著作6部；构建了“风力发电重点实验室”“风力发电工程技术研究中心”和“风力发电培训基地”三大基础平台，为实现我国风电技术从引进到创新、从千瓦级到兆瓦级、从陆上到海上的跨越式发展做出了贡献。到目前为止，由团队设计的1.0～5.0MW等多种型号的系列风电机组，在国内外 60 余座风电场得到大面积推广应用，团队所在研究所被科技部命名为“国家技术转移示范机构”，取得了显著的经济效益与社会效益。同时，团队也为新能源行业输送、培养了大批风电科技人才。这套丛书可以说是作者及其研发团队在风电理论研究和技术开发领域全面总结的结晶，其目的是通过丛书的出版发行对我国风力发电健康、科学地发展提供借鉴。

丛书共 7 册:《风电场工程》《大型风力发电机组原理、设计与测试》《分布式风力发电系统原理与设计》《海上风力发电技术》《大功率风力发电机组控制技术》《风电场电气技术及应用》《风力发电场安全运行工程技术》。丛书系统地介绍风能基本理论、风力发电技术、典型工程应用案例；大型风电机组设计及运行控制技术；中小型风电机组原理、设计与测试；风电机组检测、认证和运行监测；海、陆风电场的设计与建设；储能原理及其在风电调控方面的应用；风电场安全运行工程技术等。为了形成独立、完整、统一的知识体系，丛书并未按学科和专业进行分块化描述，而是面向典型工程问题或工程环节，主线分明地抓住各个典型工程之间的内在联系，综合运用多学科交叉知识，将理论分析、仿真分析、实验验证、工程实例融汇到每个细节，系统地给出相关问题的理论依据、研究方法和解决方案，力争做到理论与实际的高度融合。丛书立足于推动风电的科技进步，在相关内容中采用了风能领域的最新科研成果，其中不乏一些新理论、新方法、新技术的介绍和应用案例。丛书旨在为读者提供掌握风力发电技术整体构架的知识平台，希望能对广大读者全面了解风能行业及相关技术有所帮助。

丛书的撰写得到沈阳工业大学及相关合作单位专家学者和科研人员的大力支持，丛书还借鉴了国内外许多学者有关风能开发应用的论著，在此对他们一并表示感谢！

丛书撰写过程时间跨度大、参与人员多，加之题材广泛、学科背景交叉繁杂，疏漏之处在所难免，恳请广大读者批评指正。

“风能技术与应用丛书”编委会

2018 年 6 月

前　言

风能作为一种可大规模开发利用的可再生能源，越来越受到世界各国的重视。全球风能蕴藏量巨大，总量约为 2.74×10^9MW，其中可开发利用的风能约为 2×10^7MW，比地球上已探知可开发利用的水能总量还要多 10 倍左右。风能开发利用装置中的风电机组，尤其是大功率并网型风电机组，是风电装置中最关键的设备，其控制技术水平是直接决定大功率风电机组风能利用效率和运行可靠性并直接影响风电机组发电量的重要因素之一。从事风电机组设计、运行维护、测试认证、性能分析等领域工作的技术人员均需熟悉风电机组的控制技术。

本书首先介绍风电机组的特点及设计原则、控制系统的功能和范围，接着在介绍风能的捕获、传递、转换等基础理论及机组性能指标的基础上，系统地阐述风电机组控制过程中的数据监测、故障处理、运行状态定义与切换、变桨距和转矩控制策略等控制软件设计开发的核心技术，介绍主控制器、人机接口、通信网络框架等硬件关键技术问题，对风电机组的制动、偏航、变桨距、发电等重要执行机构相关的传感器、工作流程及控制方法也进行了详细讲述，并将相应关键技术问题结合工程实际案例进行了分析。本书在撰写过程中，兼顾了高校学生等初学者和专业技术人员的需求，同时，力求向读者展现风电机组控制领域中的最新成果与发展动向，以启发读者在该领域的研究与创新。

本书主要内容由夏加宽教授规划、审定，由王晓东、卢奭瑄执笔。参加本书撰写工作的还有李瑞泽、谢洪放。刘颖明、李科、王超参加了数据收集与资料整理等工作。

作者在撰写本书的过程中所参考的主要著作和论文已列入书后的参考文献，以便读者进一步查阅。对于这些文献作者对本书的贡献，在此表示衷心的感谢。

由于作者水平有限，书中疏漏之处在所难免，敬请读者批评指正。

作　者

2018 年 10 月

目　录

第1章 绪 论

风能作为一种清洁的可再生能源，越来越受到世界各国的重视。随着风力发电技术的进步和环保事业的发展，国内大型风电机组的制造技术已逐步趋向成熟，而作为风电机组的核心技术，大功率风电机组控制技术的发展明显滞后，有些技术仍被国外垄断。同时，风电并网问题也对风电机组的控制提出了新的要求，深入研究大功率风电机组控制中存在的科学问题、工程规律和设计方法对整个行业发展具有重要意义。

本章主要对风电机组控制技术进行概要介绍，重点内容包括风电机组控制技术的分类及发展历程；大功率风电机组的组成、结构及特点；大功率风电机组控制系统的范围、功能及原则；风电机组控制系统的发展历程与典型结构等。

1.1 风电机组控制技术发展历程与控制系统简介

风电机组控制系统通常由传感器、执行机构、智能子系统、控制器、控制软件、人机交互和通信网络等组成，其控制技术是随着叶片及功率控制方式、发电机及并网技术、装机容量及并网要求等因素的逐步提升而发展的[1]。

风力发电控制的基本目标和要求可分为以下四个不同的层次。

第一层次：安全、可靠、无人值守、自动运行。

该层次作为风力发电控制系统的最基本要求，贯穿于风电机组的整个发展历程，无论离网型还是并网型风电机组，也无论机组的装机容量大小，或是何种发电形式，都首先要实现这一目标。

第二层次：尽可能提高风能利用率，实现发电量最大化。

第三层次：提供稳定的电力供应和良好的电能质量。

第二和第三层次的目标和风电机组的产出、质量相关，且在不同的应用领域又有不同的要求。

第四层次：减小机组的载荷，为机组优化设计奠定基础。

该层次的目标主要是针对大功率风电机组，尤其是装机容量在 3MW 及以上的风电机组。

当然，针对风电机组控制的目标，按照不同的机组容量、类型和运行方式还可以有不同的划分形式。

下面首先结合风电机组整体发展史，对其中控制技术的发展历程进行简要介绍。

1.1.1 风电机组控制技术的发展历程

风电机组最早出现在20世纪40年代，这是人类利用风能技术的一次飞跃，实现了从一次能源直接简单利用，到由一次能源向二次能源转换的突破，从而使得风能的传输、存储成为可能。最早出现的风电机组是独立运行的中小型风电机组，主要应用于对电网不可达地区或场所的蓄能电池的充电。容量在2kW以下的风电机组一般采用尾舵偏航，无变桨距机构，发电机整流输出后对电池充电，因此控制系统功能简单，其主要的功能是数据采集和监控、扭缆保护等，机组的安全、可靠运行主要依赖于叶片、尾舵、发电机和整流设备。随着机组容量的增加，主动偏航、变桨距技术出现，机组控制系统需要在风电机组运行状态的基础上进行逻辑和流程控制，以协调各部件的工作，并进行必要的故障处理，此时机组的安全、可靠运行逐步由控制系统来实现。

并网型风电机组一般容量较大，按功率调节的方式可分为被动失速型、主动失速型和变桨距型；按风轮的运行方式又可分为恒速和变速方式；按不同的发电技术也可分为双馈、永磁同步、励磁同步等不同的机型。其控制技术的发展以时间为参考，逐步发展和丰富。

20世纪80年代，并网定桨失速型风电机组出现并逐步成为市场主流，该机型控制系统主要采用了软并网技术，解决了风电机组的并网问题，实现了风电机组以售电为目的的运营模式。由于机组容量差距较大，和独立运行的风电机组相比，机组风轮直径、机组体积、重量都相差较大。并网定桨失速型风电机组在机组的安全、可靠运行等方面采取了叶尖扰流器空气动力制动、电机驱动偏航与自动解缆等技术。

20世纪90年代后，风电机组的无人值守运行问题已得到了很好的解决，变桨距风电机组开始进入风力发电市场。该类型机组启动时可由控制系统通过桨距角度的调节对转速进行控制，并网后可对发电功率进行控制，风电机组的启动性能和功率输出特性都得到明显改善。

由于变桨距风电机组在额定风速以下运行时的效果仍不理想，到了20世纪90年代中期，采用变桨距变速技术的风电机组开始进入风电市场。变速风电机组控制系统与定速风电机组控制系统的根本区别在于，变速风电机组控制系统可在低风速工况下随风速变化改变风电机组的转速，从而通过改变风电机组的叶尖速比提高风电机组的风能利用系数，进而提高发电量。变速风电机组的主要特点是：风速低于额定风速时，能跟踪最佳功率曲线，使风电机组具有较高的风能转换效率；风速高于额定风速时，增加了传动系统的柔性，使功率输出更加稳定，特别是解决了高次谐波与功率因素等难题，达到了高效率、高质量地向电网提供电力的目的。在风电机组的控制技术中，发电机转矩控制（最大功率追踪）、变桨距控制技术逐步成为风电机组控制的核心技术，也成为国内外研究机构和学者关注的研究热点，各种先进的控制策略和算法层出不穷。同时，随着风电机组控制技术的发展，控制系统中的重要部分，如变桨距调节、发电并网等，逐渐发展成为自成体系并具备智能控制器的子系统，形成了各自的产业链。

风电机组的控制技术从机组的定桨失速控制发展到变桨距变速控制，已经基本实现了风电机组能够向电网提供电能的目标。但进入21世纪，随着风电机组装机容量的迅速增加，风力发电在电力系统渗透率的提升，电网对风电机组控制技术提出了更高的要求。国内外电网公司出具的风电机组并网要求和规则提出了风电机组低电压穿越、风功率预测、有功控制、无功调节的要求，从而促进了以变流器为核心的风电机组控制系统技术的升级和改进。

目前我国风电新增装机容量已连续五年全球第一，累计装机容量也已位居世界第一位。在节能减排、环境治理的大背景下，国家出台了一系列扶持政策，使得风电产业持续向好。2015年全国风电新增并网容量约3050万kW，同比增长31.5%。风力发电在电力系统装机容量和发电量渗透率方面不断提升，但各地电网接纳能力不同，“弃风限电”现象严重。高弃风率直接导致风电机组发电量和平均利用小时数维持在较低水平。2015年全国风电平均利用小时数为1728小时，同比下降172小时。风力发电装机容量占国内全部发电装机容量的8.6%，但风力发电量仅占全部发电量的3.3%。弃风是风电机组平均利用小时数下降的主要原因之一，2015年全年弃风电量为339亿kW·h，同比增加213亿kW·h，平均弃风率为15%，同比增加7个百分点，远远超出5%弃风率的合理范围。风资源丰富的甘肃、新疆和吉林三个地区弃风率均超过30%。在能源、环境和可持续发展的战略大背景下，以风力发电为代表的新能源发电技术和电网稳定性、接纳能力之间的矛盾已成为能源行业、政府甚至民众关注的焦点。

近年来，风电机组的低电压穿越、功率预测问题逐步被解决之后，大规模风电并网减弱电力系统的惯量，从而影响电网频率稳定性的问题，将成为风力发电大规模发展不可回避的又一难题。为了补偿风力发电随机性带来的系统备用电源不足，消除风电机组无惯量响应能力产生频率的快速变化，维持系统频率的稳定性，国内外最新发布的一些电网导则均明确提出并网风电场需要提供和常规发电厂一样的旋转备用、惯性响应以及一次调频等附属功能。风电机组控制技术研究开始集中在风电机组惯量响应、参与调频和调峰等电网辅助功能的控制方法方面。从电网安全和稳定运行的角度分析，风电场具备传统电源所具有的辅助功能，如调频、调峰和备用容量等，对显著提升电网新能源接纳能力，具有重要的意义。

风电机组作为一种可再生能源的发电设备，是风力发电行业的核心部分，不同功率、不同应用的机组差别很大，本书涉及的控制技术主要针对兆瓦级并网型风电机组。下面着重介绍本书的研究对象——大功率风电机组的组成、结构和特点。

1.1.2 大功率风电机组成与结构

大功率风电机组一般由叶片、轮毂、轴承座、增速箱、高速轴制动器、联轴器、发电机等部件组成[2]，如图 1.1 所示。

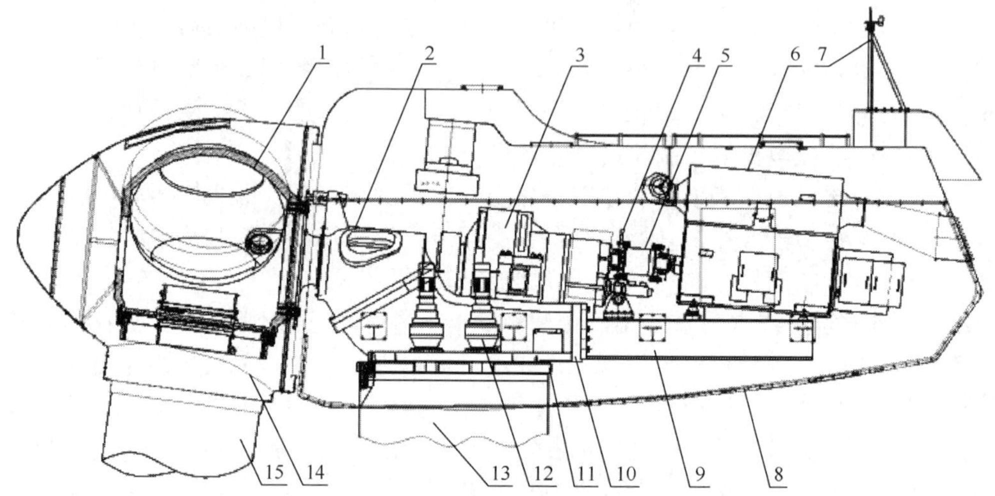

1-轮毂；2-轴承座；3-增速箱；4-高速轴制动器；5-联轴器；6-发电机；7-机舱外部设备；8-机舱罩；9-机舱后支架；10-机舱底盘；11-偏航轴承；12-偏航驱动机构；13-塔筒；14-导流罩；15-叶片

图 1.1 3MW 双馈风电机组的组成与结构

（1）风轮：风轮是获取风中能量的关键部件，由叶片、变桨距系统、轮毂、导流罩等部件组成。叶片具有空气动力学外形，在气流作用下产生扭矩驱动风轮转动，通过轮毂将扭矩输入传动系统。三叶片风轮在并网型风电机组中的应用最为广泛。按照叶片能否围绕其纵向轴线转动，风轮可以分为定桨距风轮和变桨距风轮。定桨距风轮叶片与轮毂固定连接，结构简单，但是承受的载荷较大。变桨距风轮的叶片与轮毂通过变桨距轴承连接。虽然结构比较复杂，但能够获得较好的性能，而且叶片承受的载荷较小，重量轻。

（2）传动系统：由主轴、轴承、齿轮箱、联轴器等组成。机械能通过连接在轮毂上的主轴传入增速箱。增速箱把风轮输入的大扭矩、低转速能量通过两级行星齿轮、一级平行轴齿轮增速转化成小扭矩、高转速的能量后，通过联轴器传递给发电机。如图 1.1 所示，增速箱通过减振装置被固定在机舱底盘上，此减振结构可以显著吸收风轮和增速箱所产生的振动，降低振动对传动系统的不利影响。联轴器是柔性连接，本身可以吸收振动，并且可以补偿两轴平行性偏差和角度误差。在增速箱的输出轴上，装有液压制动器，用于紧急情况下使风轮制动。

（3）发电系统：由发电机、变流器及其水冷系统组成。发电机安装在机舱的尾部，它将机械能转变成电能并供到变流器上。变流器实现发电机输出与电网的同步、并网控制，并负责控制发电机的电磁转矩。

（4）偏航系统：由偏航轴承、偏航阻尼器、偏航电机、机舱位置测量传感器、扭缆传感器等组成。随着风向的变化，偏航驱动机构使风电机组绕塔筒的轴心转动，风轮始终处于迎风状态，充分利用了风能，提高了风电机组的发电功率和效率。通过风向标，系统采集到风向信号，经处理后由控制系统发出偏航信号，系统驱动电机使机舱围绕塔筒转动，实现偏航。

（5）液压系统：液压系统是风电机组非常重要的执行机构之一，主要用于空气动力制动（叶尖扰流器、变桨距机构）、机械盘式制动的工作，还用于给偏航系统施加阻尼。

（6）机舱底盘：机舱底盘是重要的支撑部件，把风轮载荷传递到偏航轴承上，并且为齿轮箱和主轴系统提供支撑。机舱底盘一般为铸件。

（7）塔架和基础：主要对整体风机起到支撑作用，结构需要满足模态、屈曲、连接螺栓等强度计算要求。由于体积和重量的因素，塔架和基础在整个风电机组中塔架成本占较大比重。

1.1.3 风电机组作为被控对象的特点

1）大型机械设备

兆瓦级风电机组属于大型机械设备，其重量和体积都非常大，因此风电机组风轮的惯性对发电运行的控制会产生直接而重大的影响。如表 1.1 所示，某 3MW 风电机组，其风轮质量达 65.7t，叶尖速度达 268km/h，安全性、可靠性对此类大型设备至关重要，一旦发生失控将导致灾难性后果。

表 1.1 某 3MW 风电机组关键尺寸和重量数据

参数	数值
类型	水平轴上风向
额定功率	3000kW
风轮直径	100m
风轮质量	65.7t
叶片数目	3
叶尖速度	268km/h
塔架高度	84.71m
切入风速	3m/s
切出风速	25m/s
整机重量	404t

2）涉及多个学科的复杂设备

风电机组是一种涉及气动、机械、材料、电气、控制等多个学科的综合复杂系统，从其构成、结构和控制的角度看都是十分复杂的设备[3]。

3）构成（组成）复杂

从构成上看，风电机组包括叶片、风轮、传动系统、制动、发电、冷却等多个子系统和零部件。而且各部件的材料各不相同，包括复合材料、钢铁（球墨铸铁、法兰锻钢、塑料、铜、橡胶等。

4）结构复杂

为了提高风能的利用效率，叶片本身的形状被设计成了很复杂的曲面，但仅仅有叶片的翼型是不够的，必须在控制系统的控制下才能充分发挥叶片的优势。由于机舱、轮毂空间有限，发电机、变流器、控制设备都高度集成、结构复杂。

5）控制复杂

风电机组控制最大的难点来自于风的变化。由图 1.2 所示风速变化可见风速具有复杂、不可控、难以准确描述、难以短期预测等特点。目前气象预报很发达，但也只能对风速进行宏观的预报。对风电机组控制来讲，每秒的变化都会对机组产生重大的影响，同时，由于风剪变、湍流的存在，风轮扫掠范围内的风速也是不同的，如图 1.3 所示，这无疑为风电机组控制制造了更多的麻烦。风电机组中的非线性、多模态耦合也给风电机组控制算法的设计提出了很高的要求，必须经过严格的设计、仿真和分析，方可对风电机组进行全工况测试和试运行。

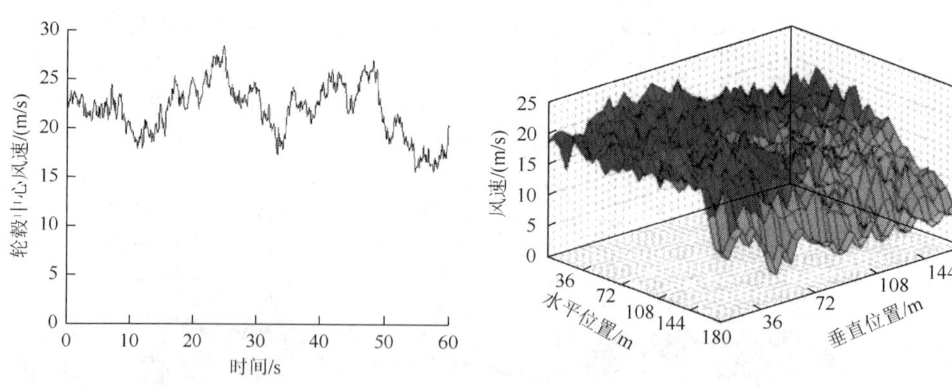

图 1.2　某风电机组轮毂中心风速变化

图 1.3　同一时刻风轮扫掠面内风速变化

6）制造成本高，维护困难

作为大型的机械电子设备，由于其制造难度和技术含量高，目前 1.5～3MW 风电机组的售价达到 4200～5000 元/kW，该价格还不包括塔架和基础。加上附属设备，建设一个 5 万 kW 的风电场投资为 4.5 亿～5 亿元。如果是海上机组或海上风电场，将有更大的施工工程量并且施工难度巨大，会导致设备和工程造价大幅度提高。

由于风电机组机舱、轮毂等主要设备都安装在几十米的高空，且空间有限，其拆装、维修都十分困难，而且由于要用到专用的大吨位吊车、专用运输车辆，风电机组的维修费用也非常高。以3MW风电机组为例，按照每年折合满发电2000小时和目前的风电电价计算，平均每天发电可获得近1万元收入。若考虑发电量损失，一旦机组发生故障需要维修，其损失往往非常大，这使得可靠性成为考量风电机组控制系统的一个重要指标。

7）运行环境恶劣，设计寿命长

我国的风电场大多在内蒙古、新疆、甘肃等地区，低温、风沙、高海拔等恶劣环境给机组运行提出了很高的要求。海上风电机组更是要面对海洋潮湿和盐雾的腐蚀。而且风电机组的一般设计寿命是20年，机组及控制系统设计需要考虑20年内的运行、维护、维修等问题，因此风电机组控制系统的易维护、可扩展性也非常重要。

1.2　风电机组控制系统设计要求及原则

风电机组控制技术涉及的知识、资料、信息是多方面的。为了保证风电机组的安全性、可靠性等指标，控制系统设计应满足特定的要求，并遵循一定的原则[4]。

1. 风电机组控制系统设计要求

根据大功率风电机组的工作过程、考核指标等因素，控制系统设计的基本要求主要有：

（1）控制系统应能从风电机组配备的所有传感器获取信息；

（2）控制系统通过输入的运行管理程序，对风电机组进行控制，使其有效、安全地运行，尽可能避免故障，降低机组所承受的应力水平，使机组运行最佳化；

（3）控制系统应设计成在规定的所有外部条件下，都能使风电机组的运行参数保持在正常范围内；

（4）控制系统应能检测风电机组运行故障（如超速、超功率、过热等），进而采取适当的措施；

（5）控制系统应能启动两套制动系统，当安全保护系统开启制动时，运行控制应自行降至服从地位。

2. 风电机组控制系统的设计基本原则

基于风电机组控制系统的设计要求和风电机组的评价指标，控制系统设计一般要遵循以下基本原则[5]。

1）安全性第一

安全性是风电机组控制系统设计必须首要考虑的问题。控制系统设计需要考虑的安全性包括人员安全、机组安全和控制系统本身的安全等三个层次，需要综合考虑 50 年一遇的超高风速、雷电等特殊天气情况，还要考虑非安全器件失效时的安全保护，达到失效安全的要求。

2）可靠性优先

风电机组在正确使用和维护的前提下，以及在预计的安全水平下，应该能够承受假定的载荷并表现出足够的持久性和坚固性。控制系统在机组将要经历的所有可能的运行状态下都能起到控制和保护的作用。为了保证风电机组运行在限定的状态之内，保护系统应该提供足够高水平的可靠性，可以对重要的安全系统采取冗余设计。

控制系统的可靠性表示系统中所有传感器、执行机构乃至机组在规定时间内能稳定工作的程度或性质，它是评价产品设计水平和产品质量的重要性能指标。可靠性来自产品的设计、制造和使用维护。设计可靠性是影响产品可靠性的重要因素。

在风电机组的总体设计阶段，应对控制系统规定可靠性量化指标。控制系统的子系统和零部件可以采用串联模型法，以确定有关零部件的可靠性定量要求，即

$$A_{\mathrm{c}} = A_1 A_2 \cdots A_n = \prod_{i=1}^{n} A_i \tag{1.1}$$

式中，A_{c} 为整机可利用率；A_i 为第 i 个零部件或系统可利用率。

对包括电控系统、安全系统和液压系统等元器件的选择应考虑平均故障间隔时间、平均维修间隔时间和平均维修时间，以满足整个系统的可靠性要求。

3）发电量最大化

控制系统的经济性不仅包括系统制造成本及其经济效益，还包括用户的使用成本及发电成本，以此角度，风电机组控制系统的经济性还包括机组的发电成本，即机组的发电量最大化。最大电能的输出是一个综合指标，受很多因素的影响，如变桨距和发电机转矩的控制、可利用率等。

风电机组发电量直接决定发电成本，发电成本影响风电机组市场的开拓和占有率，反过来又影响企业的经济效益。目前，世界工业发达国家的大型风电机组制造成本逐步下降，已接近火电成本。

4）最优电能品质

随着装机容量增加，电网对机组提出了很多新的要求。最优的电能品质在风电机组发展初期、装机容量很小的时候不怎么受重视，也没到如此高的地位。但目前我国个别地区的装机容量已经超过 20%，机组的电能品质对电网产生了一定

的影响，提高机组的电能品质也成为风电机组控制追求的目标之一。

5）减小机组的载荷

目前已经达成共识的是机组的控制对于整机的载荷有直接的影响，在相同的工况下，不同的控制策略可能导致机组承受的载荷差别很大。风电机组控制系统的设计，尤其是控制策略的设计和控制参数的整定要以不增加机组载荷为前提，同时应尽可能地减小机组的载荷。关于通过控制技术减小机组载荷的方法将在本书后续章节给予详细介绍。

6）扩展性和易维修性

在控制系统设计中，应尽可能地使零部件易于安装。在整机运行的过程中，应易于检查和更换零部件。应该为维护和修理预留必要的空间。由于机组的设计寿命是 20 年，控制系统需要考虑用户和管理部门的新增功能要求，也要考虑机组使用周期内的系统扩展和器件更换。

1.3　风电机组控制系统组成与功能

风电机组的控制系统相当于风力发电系统的神经，是一个综合性系统[6]。其性能好坏直接关系到风电机组的工作状态、发电量的多少以及设备是否安全。如何提高发电效率和发电质量也是风电机组面临的两个问题，这两个问题都和风电机组的控制系统密切相关。对于并网运行的大功率风电机组，控制系统不仅要监视电网、风况和机组的运行数据，而且要对机组进行偏航控制、并网与脱网控制，对各种异常进行处理，以确保机组运行过程的安全性和可靠性，还需要根据风速的变化对机组进行变桨距和发电机转矩控制，以提高机组的运行效率和发电质量。

1. 控制系统的组成

对于不同类型的风电机组，控制系统的组成、机构有所不同，但除了因为发电机的结构或类型不同而使得控制方法不同，在大多数情况下风电机组控制系统都是由传感器、执行机构、安全链和主控系统（控制器软/硬件）等组成的，其中主控系统负责处理传感器输入信号，并发出输出信号以控制执行机构的动作。

（1）传感器负责控制系统所需风速、风向、转速、位置、温度等各种数据的采集、变换和传递。风电机组主要的传感器外形如图 1.4 所示。

一般风电机组控制系统中的传感器包括：

①风速仪；

②风向标；

③转速传感器；

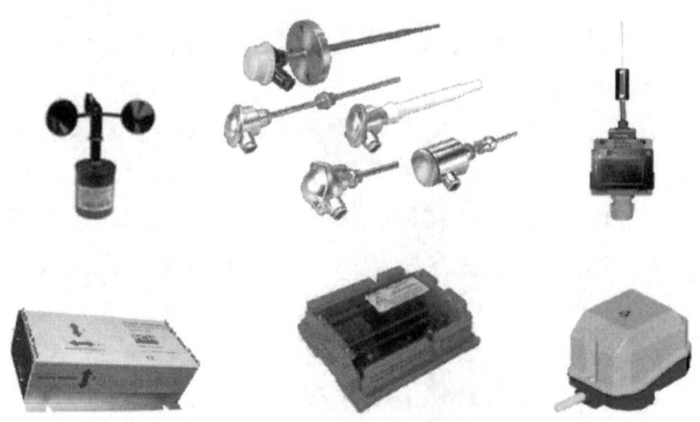

图 1.4 风电机组主要的传感器外形

④电量采集传感器；
⑤桨距角位置传感器；
⑥各种限位开关；
⑦振动传感器；
⑧温度和油位指示器（传感器）；
⑨液压系统压力传感器。

（2）执行机构负责完成机组运行过程中的各种动作，执行机构由液压或电动伺服机构驱动。一般包括：

①偏航机构；
②变桨距机构；
③制动（刹车）机构；
④液压站；
⑤变流器（发电机转矩控制器）；
⑥润滑设备；
⑦冷却设备。

（3）安全链是风电机组针对超速、振动、扭缆等威胁机组、人身安全的严重故障配备的一种独立于主控系统的冗余保护措施，一般由硬件逻辑电路实现，采用失效安全设计。当发生严重事故时，能够保障风电机组处于安全的状态。

（4）主控系统通常由专用控制器或可编程逻辑控制器 PLC、控制软件组成，以实现风机运行过程中的各种流程、保护和调节控制。

2. 控制系统基本功能

控制系统基本功能包括基本运行控制，输出功率控制，运行状态监测，故障检测、记录与处理，安全保护控制和中央控制室远程通信。

（1）风电机组的基本运行控制，包括待机、启动、并网、脱网、停机、偏航对风、解缆、制动、升/降温、除湿、液压泵启/停、复位、照明等。

（2）风电机组的输出功率控制，包括变桨距和变速控制。通过变速实现最大转差运行、最佳叶尖速比运行、恒转速运行；通过变桨距、变速实现恒功率运行。

（3）风电机组的运行状态监测，包括各子系统的状态、电量、电参数、部件关键部位的温度、环境和气象参数等。

（4）风电机组的故障检测、记录与处理，包括及时发现故障、储存规定数量的近期故障并以规定的方式报警。

（5）风电机组的安全保护控制，包括紧急安全链保护、软件的安全保护和防雷击、接地保护等。

（6）风电机组应具有与中央控制室上位计算机的远程通信功能，以便中央控制室计算机监控机组运行状态、进行参数显示、远程控制、数据存储等。

3. 典型机型控制系统功能

不同功率不同类型的风电机组对控制系统的要求和功能也有一定的差别，按照功率控制方式可分为定桨失速型、主动失速型和变桨距变速型，其控制系统功能各有不同。

1）定桨失速型风电机组

定桨失速型风电机组叶片和轮毂之间的连接是固定的，在机组运行过程中桨距角无法改变。当风速变化时，机组的功率调节依靠叶片自身的失速特性进行。当轮毂中心风速高于机组额定风速时，叶片表面产生涡流，降低叶片吸收的功率，从而可以限制发电机的功率输出。定桨失速型风电机组的优点是功率调节机构简单可靠，风速变化引起的功率变化仅仅通过叶片的失速特性进行调节，机组控制系统无须做任何控制动作，这使得控制系统设计大大简化。控制系统采用软并网技术、气动扰流器制动技术、偏航与自动解缆等技术，主要解决了风电机组的并网、无人值守安全运行等问题。该机型的缺点是与变桨距机组相比叶片重量大，叶片、轮载、塔架等主要部件所受的载荷大且无法通过控制系统干预，机组在低风速区的整体效率较低，而且电能质量较差。

2）主动失速型风电机组

主动失速型风电机组是定桨失速型到变桨距变速型风电机组的过渡机型。定桨失速型风电机组的失速性能只与风速有关，只要达到了叶片翼型所决定的失速风速，无论机组的功率是否达到额定功率，失速性能都会起作用。但该类叶片设计时通常都是基于标准空气密度，当气压、气温差异引起空气密度变化时，失速可能会影响机组的功率输出而达不到额定功率。为了解决这一问题，设计者引入了主动失速调节，当风电机组达到额定功率后，按照变桨距调节相反的方向改变桨距，这种调节将引起叶片攻角的变化，从而导致更深层次的失速。

主动失速型风电机组控制系统在定桨失速型风电机组控制系统的基础上，增加了主动失速桨距角调节功能，这种调节方式不要求控制系统具有很高的灵敏度，解决了当季节、安装地点存在差异时失速性能对机组功率输出影响的问题。而且高风速时，机组受到的载荷也较小。

3）变桨距变速型风电机组

变桨距是指安装在轮毂上的叶片在控制系统的控制下通过变桨距轴承改变其攻角的过程。通过调节桨距角控制机组从风中获取的能量，确保发电机功率输出的稳定性。

变桨距变速型风电机组控制系统配备了变流器和变桨距系统等自带控制器的执行机构，且嵌入了实时的功率调节控制。这使得机组的运行转速可以在较大范围内进行调节，从而适应因风速变化而引起的功率变化，可以最大限度地捕获风能，因而风能利用率较高。通过变流器可以灵活调节发电机的有功功率、无功功率，提供优质电能。桨距角可以随风速而进行跟踪调节，因而能够在高风速段保持功率平稳输出，变桨距调节还可以减小桨叶所受的载荷。其缺点是结构比较复杂，控制要求高。

由于变桨距变速型风电机组的诸多优点，该机型在市场占有率方面有绝对的优势，是当前市场的主力机型，单机容量方面也有了明显的增加，但随着该类型机组单机容量的增长和电网对风电机组电能质量要求的提高，机组的控制也面临很多新的问题。综合目前风电机组的发展趋势，风电机组要求控制系统完成以下主要功能：

①额定风速以下的最大风能捕获；

②额定风速以上的恒功率控制和风轮转速控制；

③减小叶片挥舞和偏航动作；

④抑制传动系统、塔筒的振动；

⑤通过桨距角和发电机电磁转矩控制减小机组的动态载荷；

⑥状态检测、故障处理和数据统计等。

1.4 风电机组控制系统结构与布局

控制系统贯穿到风电机组的每个部分，不同机组的每个功能部件可以放置在不同位置，控制器和低压电器（图 1.5）集成在变桨距控制柜、机舱控制柜和塔底控制柜内，传感器和执行机构安装在机组不同的位置。

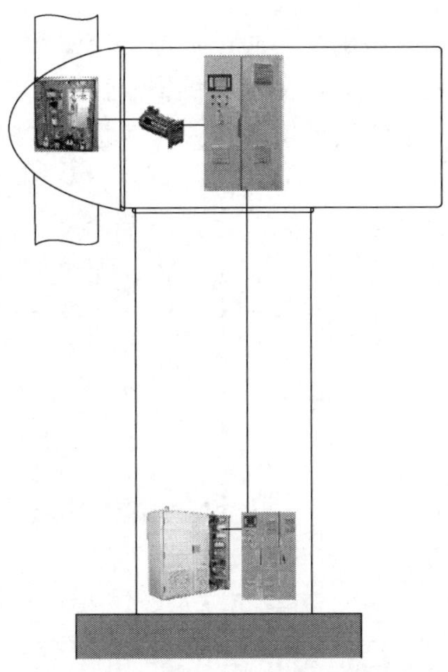

图 1.5 风电机组控制系统布局

不同的发电机对机组控制系统的结构和部件有直接影响。兆瓦级并网型风电机组主要采用鼠笼式异步发电机的定桨失速型风电机组、双馈式异步发电机的变速恒频风电机组和永磁式同步发电机的变速恒频风电机组。其机组及控制系统的组成各不相同。

定桨失速型风电机组采用软并网技术，机组的功率调节依靠叶片的失速性能，无须变桨距执行机构进行控制，其系统总体结构示意图如图 1.6 所示。

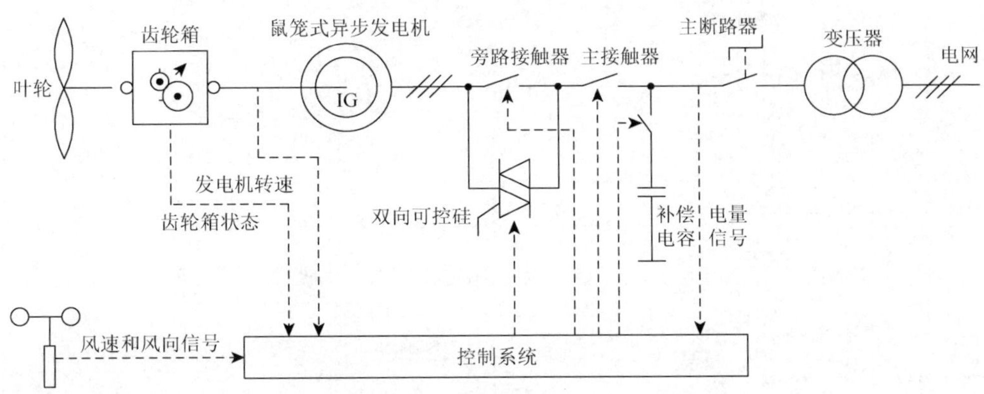

图 1.6 定桨失速型风电机组总体结构

双馈式异步变速恒频风电机组，通过双馈变流器实现发电机输出和电网的同步，并控制发电机的转矩，变桨距和发电机转矩控制实现了机组的变速运行，从而提高机组在小风速工况下的最大功率捕获，其总体结构示意图如图 1.7 所示。

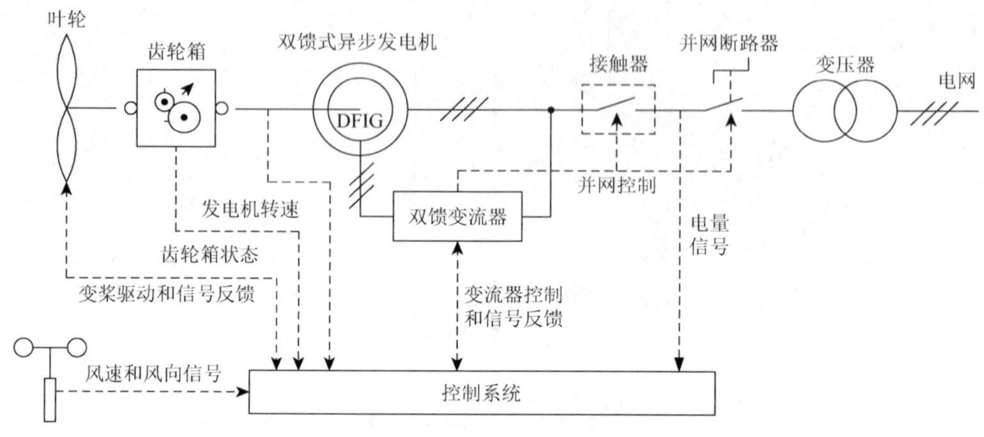

图 1.7　变速恒频风电机组总体结构（双馈式）

永磁式同步变速恒频风电机组通过全功率变流器并网，变速范围更宽，而且电网故障穿越能力更佳，其总体结构示意图如图 1.8 所示。

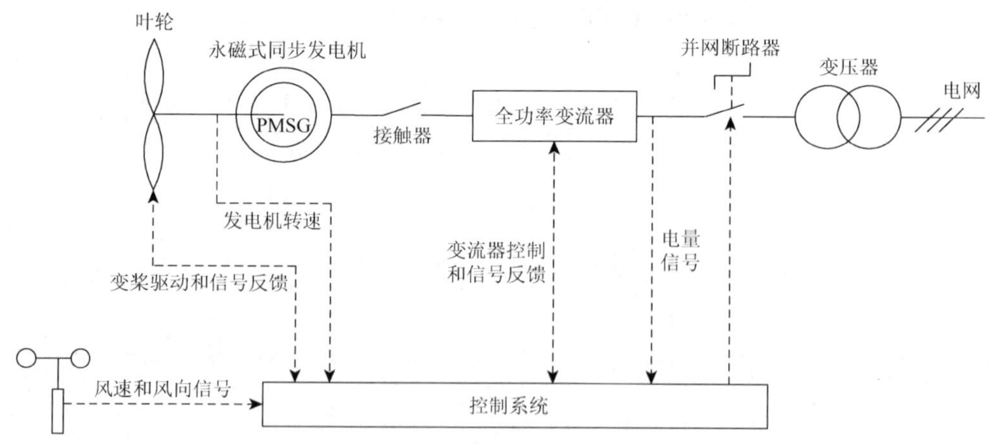

图 1.8　变速恒频风电机组总体结构（永磁式）

第 2 章　风电能量转换理论与机组建模

风电机组能量转换和传输理论是风电机组建模的基础，也是控制策略和控制器设计的基础。本章仅介绍其核心部分，包括风能捕获理论、能量传递理论和机电能量转换理论，在此基础上建立机组模型并分析其特性。

2.1　风能捕获理论与风轮

流体的运动规律遵循物理学三大守恒定律，即质量守恒定律、动量守恒定律和能量守恒定律。流体动力学基本方程组就是这三大定律对运动流体的数学描述。但是，流体力学基本方程组是不封闭的，要使其封闭还需增加补充方程。研究这一方程组具有极其重要的意义，因为实际流体的流动过程遵循这一基本方程组。把风电机组流场视为可压缩、有黏性的非定常空气流场。流场的数值解可通过求解流体力学的控制方程组完成[7]。

2.1.1　流体力学的基本方程

流体所流过的相对于某个坐标系是固定不变的任何体积称为控制体。控制方程可通过对两种控制体应用基本物理规律导出，分别为固定在流场空间的控制体和随流体一起运动的控制体。常用的是前一种控制体得到的控制方程。

1. 流体力学的控制方程

流体力学控制方程组中物理量符号含义如下：ρ 为流体密度；$\boldsymbol{V}$ 为流体速度矢量，u、v、w 为速度矢量在三个方向的分量；p 为压强；τ_{xx}、τ_{yy}、τ_{zz}、$\tau_{xy}(\tau_{yx})$、$\tau_{yz}(\tau_{zy})$、$\tau_{xz}(\tau_{zx})$ 为切应力（下标规定：第一个下标代表应力所在平面的外法线方向，第二个下标代表应力的方向。例如，τ_{xy} 表示作用在与 x 轴垂直的平面上沿 y 方向的切应力）；f 为单位质量流体的质量力，f_x、f_y、f_z 为单位质量流体的质量力的分量；e 为单位质量流体的微观分子运动的动能（内能）；T 为流场绝对温度。

1）连续方程

连续方程是质量守恒定律在运动流体中的数学表达式。质量守恒定律可表述如下：控制体内流体质量的减少量应等于从控制体净流出的流体质量。连续方程的矢量形式为

$$\frac{\partial \rho}{\partial t}+\nabla \cdot \rho \boldsymbol{V}=0 \tag{2.1a}$$

在直角坐标系中，连续方程式为

$$\frac{\partial \rho}{\partial t}+\frac{\partial(\rho u)}{\partial x}+\frac{\partial(\rho v)}{\partial y}+\frac{\partial(\rho w)}{\partial z}=0 \tag{2.1b}$$

2）运动方程（纳维-斯托克斯方程）

运动方程是动量守恒定律对于运动流体的表达式。运动方程的矢量形式为

$$\rho \frac{\mathrm{d} \boldsymbol{V}}{\mathrm{d} t}=\rho \boldsymbol{f}+\nabla \cdot \boldsymbol{\tau} \tag{2.2a}$$

式中，$\mathrm{d}/\mathrm{d}t$ 为质点导数符号，且有 $\mathrm{d}\boldsymbol{V}/\mathrm{d}t$ 为质点加速度；$\boldsymbol{\tau}$ 为应力张量，其定义为

$$\boldsymbol{\tau}=\left[\begin{array}{ccc}\tau_{xx} & \tau_{xy} & \tau_{xz} \\ \tau_{yx} & \tau_{yy} & \tau_{yz} \\ \tau_{zx} & \tau_{zy} & \tau_{zz}\end{array}\right]$$

在直角坐标系中，运动方程可写成

$$\rho\left(\frac{\partial u}{\partial t}+u \frac{\partial u}{\partial x}+v \frac{\partial u}{\partial y}+w \frac{\partial u}{\partial z}\right)=\rho f_x+\frac{\partial \tau_{xx}}{\partial x}+\frac{\partial \tau_{yx}}{\partial y}+\frac{\partial \tau_{zx}}{\partial z} \tag{2.2b}$$

$$\rho\left(\frac{\partial v}{\partial t}+u \frac{\partial v}{\partial x}+v \frac{\partial v}{\partial y}+w \frac{\partial v}{\partial z}\right)=\rho f_y+\frac{\partial \tau_{xy}}{\partial x}+\frac{\partial \tau_{yy}}{\partial y}+\frac{\partial \tau_{zy}}{\partial z} \tag{2.2c}$$

$$\rho\left(\frac{\partial w}{\partial t}+u \frac{\partial w}{\partial x}+v \frac{\partial w}{\partial y}+w \frac{\partial w}{\partial z}\right)=\rho f_z+\frac{\partial \tau_{xz}}{\partial x}+\frac{\partial \tau_{yz}}{\partial y}+\frac{\partial \tau_{zz}}{\partial z} \tag{2.2d}$$

根据广义牛顿定律，有下列关系式成立：

$$\tau_{xx}=-\left[p-\lambda\left(\frac{\partial u}{\partial x}+\frac{\partial v}{\partial y}+\frac{\partial w}{\partial z}\right)\right]+2 \mu \frac{\partial u}{\partial x}$$

$$\tau_{yy}=-\left[p-\lambda\left(\frac{\partial u}{\partial x}+\frac{\partial v}{\partial y}+\frac{\partial w}{\partial z}\right)\right]+2 \mu \frac{\partial v}{\partial y}$$

$$\tau_{zz}=-\left[p-\lambda\left(\frac{\partial u}{\partial x}+\frac{\partial v}{\partial y}+\frac{\partial w}{\partial z}\right)\right]+2 \mu \frac{\partial w}{\partial z}$$

$$\tau_{xy}=\tau_{yx}=\mu\left(\frac{\partial v}{\partial x}+\frac{\partial u}{\partial y}\right)$$

$$\tau_{yz}=\tau_{zy}=\mu\left(\frac{\partial w}{\partial y}+\frac{\partial v}{\partial z}\right)$$

$$\tau_{zx}=\tau_{xz}=\mu\left(\frac{\partial u}{\partial z}+\frac{\partial w}{\partial x}\right)$$

式中，μ 为流体动力黏度；λ 为膨胀黏性系数，$\lambda=-\dfrac{2}{3}\mu$。

将这些关系式代入式（2.2b）、式（2.2c）和式（2.2d），运动方程变为

$$\rho\frac{\mathrm{d}u}{\mathrm{d}t}=-\frac{\partial p}{\partial x}+\frac{\partial}{\partial x}\left(\lambda\nabla\cdot\boldsymbol{V}+2\mu\frac{\partial u}{\partial x}\right)+\frac{\partial}{\partial y}\left[\mu\left(\frac{\partial v}{\partial x}+\frac{\partial u}{\partial y}\right)\right]+\frac{\partial}{\partial z}\left[\mu\left(\frac{\partial u}{\partial z}+\frac{\partial w}{\partial x}\right)\right]+\rho f_x \tag{2.2e}$$

$$\rho\frac{\mathrm{d}v}{\mathrm{d}t}=-\frac{\partial p}{\partial y}+\frac{\partial}{\partial x}\left[\mu\left(\frac{\partial v}{\partial x}+\frac{\partial u}{\partial y}\right)\right]+\frac{\partial}{\partial y}\left(\lambda\nabla\cdot\boldsymbol{V}+2\mu\frac{\partial v}{\partial y}\right)+\frac{\partial}{\partial z}\left[\mu\left(\frac{\partial w}{\partial y}+\frac{\partial v}{\partial z}\right)\right]+\rho f_y \tag{2.2f}$$

$$\rho\frac{\mathrm{d}w}{\mathrm{d}t}=-\frac{\partial p}{\partial z}+\frac{\partial}{\partial x}\left[\mu\left(\frac{\partial u}{\partial z}+\frac{\partial w}{\partial x}\right)\right]+\frac{\partial}{\partial y}\left[\mu\left(\frac{\partial w}{\partial y}+\frac{\partial v}{\partial z}\right)\right]+\frac{\partial}{\partial z}\left(\lambda\nabla\cdot\boldsymbol{V}+2\mu\frac{\partial w}{\partial z}\right)+\rho f_z \tag{2.2g}$$

3）能量方程

能量方程是能量守恒定律对于运动流体的表达式。用内能表示的能量方程的矢量形式为

$$\rho\frac{\mathrm{d}e}{\mathrm{d}t}=\boldsymbol{\tau}\cdot\boldsymbol{\varepsilon}+\nabla\cdot(k\nabla T)+\rho q \tag{2.3a}$$

式中，q 为由于热辐射或其他原因在单位时间内传入单位质量流体的热量；k 为导热系数；$\boldsymbol{\varepsilon}$ 为变形率张量，其定义为

$$\boldsymbol{\varepsilon}=\begin{bmatrix}\varepsilon_{xx} & \varepsilon_{xy} & \varepsilon_{xz}\\ \varepsilon_{yx} & \varepsilon_{yy} & \varepsilon_{yz}\\ \varepsilon_{zx} & \varepsilon_{zy} & \varepsilon_{zz}\end{bmatrix}$$

变形率张量的分量表示变形速度，在直角坐标系中，线变形速度为

$$\varepsilon_{xx}=\frac{\partial u}{\partial x},\quad \varepsilon_{yy}=\frac{\partial v}{\partial y},\quad \varepsilon_{zz}=\frac{\partial w}{\partial z}$$

剪切变形速度为

$$\varepsilon_{xy}=\varepsilon_{yx}=\frac{1}{2}\left(\frac{\partial v}{\partial x}+\frac{\partial u}{\partial y}\right),\quad \varepsilon_{yz}=\varepsilon_{zy}=\frac{1}{2}\left(\frac{\partial w}{\partial y}+\frac{\partial v}{\partial z}\right),\quad \varepsilon_{zx}=\varepsilon_{xz}=\frac{1}{2}\left(\frac{\partial u}{\partial z}+\frac{\partial w}{\partial x}\right)$$

式（2.3a）的物理意义是：在单位时间内，单位体积流体内能的增加量等于单位体积内由于流体变形表面力所做的功$\boldsymbol{\tau}\cdot\boldsymbol{\varepsilon}$，加上热传导及由于热辐射等其他原因传入的热量$[\nabla\cdot(k\nabla T)+\rho q]$。

在直角坐标系中，能量方程可写成

$$\begin{aligned}\rho\frac{\mathrm{d}e}{\mathrm{d}t}=&\tau_{xx}\frac{\partial u}{\partial x}+\tau_{yy}\frac{\partial v}{\partial y}+\tau_{zz}\frac{\partial w}{\partial z}+\tau_{xy}\left(\frac{\partial v}{\partial x}+\frac{\partial u}{\partial y}\right)+\tau_{yz}\left(\frac{\partial w}{\partial y}+\frac{\partial v}{\partial z}\right)+\tau_{zx}\left(\frac{\partial u}{\partial z}+\frac{\partial w}{\partial x}\right)\\&+\frac{\partial}{\partial x}\left(k\frac{\partial T}{\partial x}\right)+\frac{\partial}{\partial y}\left(k\frac{\partial T}{\partial y}\right)+\frac{\partial}{\partial z}\left(k\frac{\partial T}{\partial z}\right)+\rho q\end{aligned} \tag{2.3b}$$

2. 补充方程

（1）假设气体是完全气体，有状态方程

$$p = \rho RT \tag{2.4}$$

式中，R 为气体常数。

（2）流体的状态热力学关系式

$$e = \int c_{\mathrm{v}} \mathrm{d}T + 常数 \tag{2.5}$$

式中，c_{v} 为定容比热容，且有

$$c_{\mathrm{v}} = c_{\mathrm{v}}(T) \tag{2.6}$$

总之，上述共有 6 个独立方程，包含 7 个流场未知变量，即 ρ、p、u、v、w、T、e，给定边界条件和初始条件后方程组有定解。

3. 边界条件

如果给定边界条件和初始条件（初值），可以求得控制方程的特解。

（1）黏性流体边界条件。假定物面和气体直接接触且接触表面无相对速度，称为无滑移边界条件。对静止物体有

$$u = v = w = 0 \text{（在物面上）}$$

（2）无黏流体边界条件。流体在物面有滑移，在物面上，流体一定与物面相切。

$$\boldsymbol{V} \cdot \boldsymbol{n} = 0 \text{（在物面上）}$$

应该指出，为了更具一般性，上述基本方程的推导中把密度 ρ 视为变量。实际上，在风速范围内，是可以把 ρ 视为常数的。

4. 控制方程组离散和有限差分解

有限差分法被广泛地应用在计算流体力学中。其原理是，用有限差分表达式来代替流体力学控制方程中出现的偏导数，从而生成控制方程的差分方程。用网格离散流场在网格单元应用差分形式的控制方程，最后生成一个与流场离散节点数相等的大型代数方程组（控制方程离散）。给定边界条件和初值条件，解大型代数方程组，就得到离散网格节点上流场变量的数值解。

2.1.2 风轮数学模型

1. 贝兹极限

贝兹极限是由德国的空气动力学家贝兹（Betz）提出的。假定风轮是理想的，即

（1）风轮可以简化成一个平面桨盘，没有轮毂，而叶片数无穷多，这个平面桨盘称为致动盘；

（2）风轮叶片旋转时不受摩擦阻力，是一个不产生损耗的能量转换器；

（3）风轮前、风轮扫掠面、风轮后的气流都是均匀的定常流，气流流动模型可简化成图 2.1 所示的流束；

（4）风轮前未受扰动的气流静压和风轮后远方的气流静压相等；

（5）作用在风轮上的推力是均匀的；

（6）不考虑风轮后的尾流旋转。

此时，空气流过致动盘的瞬时能量转换可由图 2.1 表达。致动盘前部的远方来流通过致动盘时，受风轮阻挡被向外挤压，绕过致动盘的空气能量未被利用。只有通过致动盘截面的气流释放了所携带的部分动能。致动盘上游流束的横截面积比致动盘面积小，而下游的则比致动盘面积大。流束膨胀是因为要保证每处的质量流量相等。

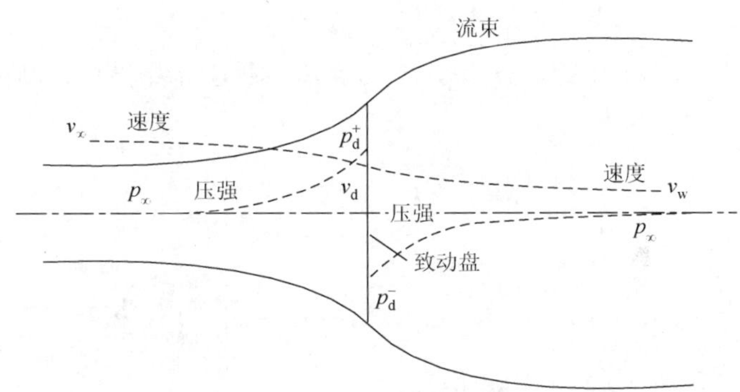

图 2.1　流经致动盘的流束

由于风速远小于当地空气的声速，即运动气流的马赫数 $Ma \ll 1$，空气的压缩性可被忽略。

单位时间内通过特定截面的空气质量是 ρAv，其中 ρ 为空气密度（$\mathrm{kg/m^3}$），A 为横截面积（$\mathrm{m^2}$），v 为流体速度（m/s）。沿流束方向的质量流量处处相等，可得

$$\rho A_\infty v_\infty = \rho A_\mathrm{d} v_\mathrm{d} = \rho A_\mathrm{w} v_\mathrm{w} \tag{2.7}$$

式中，下角标的含义是：∞表示上游无穷远处的参数；d 表示致动盘处的参数；w 表示尾流远端的参数。

致动盘导致气流速度发生变化，该速度变化将叠加到自由流速率上。该诱导气流在气流方向的分量为 $-av_\infty$，其中 a 为轴向气流诱导因子。所以在致动盘上，气流方向的净速度为

$$v_{\mathrm{d}} = v_{\infty}(1-a) \tag{2.8}$$

由此，在致动盘面处，轴向气流诱导因子为

$$a = \frac{v_{\infty} - v_{\mathrm{d}}}{v_{\infty}} \tag{2.9}$$

气流在经过致动盘时速度发生变化，总变化量为$v_{\infty} - v_{\mathrm{w}}$，根据动量定理，气流所受的作用力等于动量变化率，动量变化率等于速度的变化乘以质量流量，即

$$F = (v_{\infty} - v_{\mathrm{w}})\rho A_{\mathrm{d}} v_{\mathrm{d}} \tag{2.10}$$

式中，F为气流所受的作用力，单位为N。

引起动量变化的力完全来自于致动盘前后静压力的改变，所以有

$$(p_{\mathrm{d}}^{+} - p_{\mathrm{d}}^{-})A_{\mathrm{d}} = (v_{\infty} - v_{\mathrm{w}})\rho A_{\mathrm{d}} v_{\infty}(1-a) \tag{2.11}$$

式中，p_{d}^{+}为致动盘前气流静压，单位为Pa；p_{d}^{-}为致动盘后气流静压，单位为Pa。

对流束的上风向和下风向分别使用伯努利方程，可以求得压力差$p_{\mathrm{d}}^{+} - p_{\mathrm{d}}^{-}$。对上风向气流有

$$\frac{1}{2}\rho_{\infty} v_{\infty}^{2} + p_{\infty} + \rho_{\infty} g h_{\infty} = \frac{1}{2}\rho_{\mathrm{d}} v_{\mathrm{d}}^{2} + p_{\mathrm{d}}^{+} + \rho_{\mathrm{d}} g h_{\mathrm{d}} \tag{2.12}$$

由于假设气体不可压缩，$\rho_{\infty} = \rho_{\mathrm{d}}$，并且流束处于水平方向，高度$h_{\infty} = h_{\mathrm{d}}$，那么有

$$\frac{1}{2}\rho v_{\infty}^{2} + p_{\infty} = \frac{1}{2}\rho v_{\mathrm{d}}^{2} + p_{\mathrm{d}}^{+} \tag{2.13}$$

同样下风向气流有

$$\frac{1}{2}\rho v_{\mathrm{w}}^{2} + p_{\infty} = \frac{1}{2}\rho v_{\mathrm{d}}^{2} + p_{\mathrm{d}}^{-} \tag{2.14}$$

式（2.13）和式（2.14）相减得到

$$p_{\mathrm{d}}^{+} - p_{\mathrm{d}}^{-} = \frac{1}{2}\rho(v_{\infty}^{2} - v_{\mathrm{w}}^{2}) \tag{2.15}$$

把式（2.15）代入式（2.11）得到

$$\frac{1}{2}\rho(v_{\infty}^{2} - v_{\mathrm{w}}^{2})A_{\mathrm{d}} = (v_{\infty} - v_{\mathrm{w}})\rho A_{\mathrm{d}} v_{\infty}(1-a) \tag{2.16}$$

因此

$$v_{\mathrm{w}} = (1-2a)v_{\infty} \tag{2.17}$$

致动盘作用在气流上的力，可由式（2.17）代入式（2.10）导出

$$F = (p_{\mathrm{d}}^{+} - p_{\mathrm{d}}^{-})A_{\mathrm{d}} = 2\rho A_{\mathrm{d}} v_{\infty}^{2} a(1-a) \tag{2.18}$$

这个力在数值上等于气流对致动盘的反作用力，因此气体输出功率为

$$P = F v_{\mathrm{d}} = 2\rho A_{\mathrm{d}} v_{\infty}^{3} a(1-a)^{2} \tag{2.19}$$

定义风能利用系数为

$$C_P = \frac{P}{\frac{1}{2}\rho v_\infty^3 A_d} \tag{2.20}$$

式中，分母表示横截面积为 A_d 的自由流束所具有的风功率。将式（2.19）代入式（2.20）得

$$C_P = 4a(1-a)^2 \tag{2.21}$$

可以求出，当 $a=\frac{1}{3}$ 时，C_P 值最大。将 $a=\frac{1}{3}$ 代入式（2.21）得

$$C_{P\max} = \frac{16}{27} = 0.593 \tag{2.22}$$

这个值称为贝兹极限。它是水平轴风机的风能利用系数的最大值。

由压力降产生的作用于致动盘的力 T 与致动盘作用在气流上的力大小相等，所以 T 可以由式（2.18）求得。定义无量纲的推力系数为

$$C_T = \frac{T}{\frac{1}{2}\rho v_\infty^2 A_d} \tag{2.23}$$

将式（2.18）代入式（2.23），得

$$C_T = 4a(1-a) \tag{2.24}$$

尾流速度为 $(1-2a)v_\infty$，当 $a \geqslant 1/2$ 时，将出现尾流速度变成零，甚至变成负数的问题。在这种情况下，上述模型将不再适用。

风能利用系数和推力系数随 a 的变化曲线如图 2.2 所示。

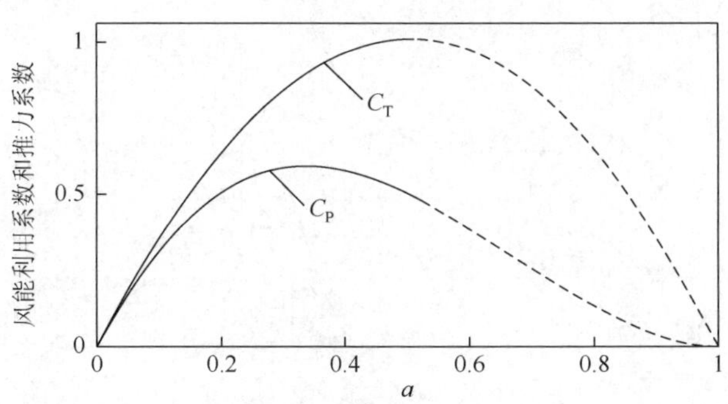

图 2.2　C_P、C_T 随 a 的变化曲线

2. 旋转尾流模型

贝兹极限所讨论的气流模型只考虑轴向流动。这里将进一步考虑旋转尾流问题。仍然沿用致动盘的基本假设，但更为具体地将致动盘描述为多个叶片扫过的区域，或称为风轮圆盘。

气流通过风轮圆盘时，圆盘所受转矩与作用在空气上的转矩大小相等、方向相反。反转矩作用的结果会导致空气逆着风轮转向旋转，从而获得角动量，这样会使风轮圆盘尾流的空气微粒在旋转面的切线方向和轴向上都获得速度分量（图 2.3）。

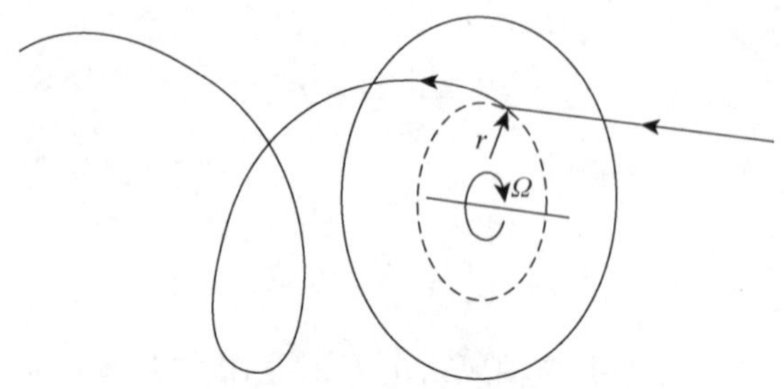

图 2.3　空气微粒经过风轮圆盘的运动轨迹

进入圆盘的气流无任何转动，而离开圆盘的气流是旋转的。转动传递发生在整个圆盘的厚度区间处，如图 2.4 所示。切向速度的变化用切向气流诱导因子 a' 表示。圆盘上游气流的切向速度为零。设风轮旋转角速度为 Ω，圆盘下游在距旋转轴径向距离为 r 的地方的气流切向速度为 $2a'\Omega r$。在圆盘厚度区间中部，切向诱导速度为 $a'\Omega r$。

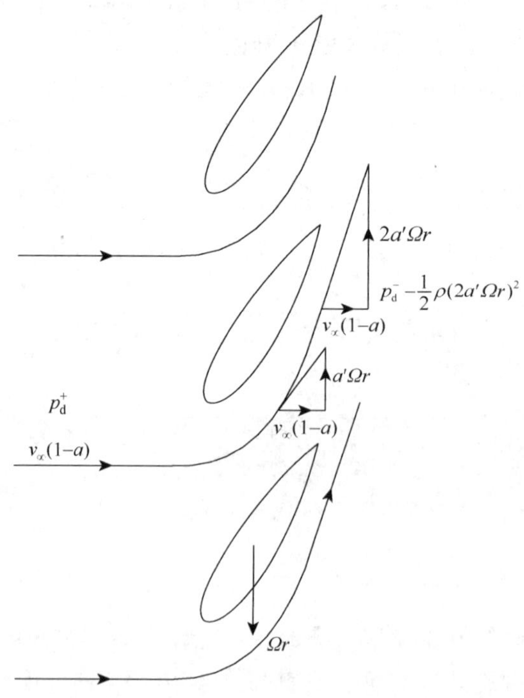

图 2.4　气流切向速度通过圆盘时的变化

在所有的各个径向位置上，切向速度是不同的，轴向诱导速度也不一样。为了讨论圆盘的动力学特性，截取半径为 r、径向宽度为 δr 的圆环，整个圆盘由多个圆环组成，并且假定每个环的作用力相互独立。

圆环反作用于空气的转矩，将使空气产生切向速度分量，而作用在圆环上的轴向力将会使空气轴向速度降低。

作用在圆环上的转矩与圆环反作用于空气的转矩大小相等，而作用于空气的转矩等于通过此环形区的空气的角动量的变化率，即

$$\mathrm{d}M = 2\Omega r^2 a' \mathrm{d}\dot{m} \tag{2.25}$$

式中，$\mathrm{d}\dot{m}$ 为单位时间流经圆环上的空气流量。

$$\mathrm{d}\dot{m} = \rho v_\infty (1-a)\mathrm{d}A_\mathrm{d} \tag{2.26}$$

考虑到圆环的面积 $\mathrm{d}A_\mathrm{d} = 2\pi r \mathrm{d}r$，可得作用在圆环上的转矩为

$$\mathrm{d}M = 4\pi\rho\Omega v_\infty (1-a)a' r^3 \mathrm{d}r \tag{2.27}$$

所以风轮转轴输出的功率增量为

$$\mathrm{d}P = \Omega \mathrm{d}M \tag{2.28}$$

风速降低所输出的功率由式（2.19）给出，即

$$\mathrm{d}P = 2\rho v_\infty^3 a(1-a)^2 \mathrm{d}A_\mathrm{d} \tag{2.29}$$

因此，由式（2.27）～式（2.29）可得

$$2\rho v_\infty^3 a(1-a)^2 \mathrm{d}A_\mathrm{d} = \rho v_\infty (1-a) 2\Omega^2 a' r^2 \mathrm{d}A_\mathrm{d} \tag{2.30}$$

和

$$v_\infty^2 a(1-a) = \Omega^2 r^2 a' \tag{2.31}$$

式中，Ωr 为旋转圆环的切向速度，所以 $\lambda_\mathrm{r} = \Omega r / v_\infty$ 称为当地速度比。在圆盘 $r = R$ 的边缘处，$\lambda = \Omega R / v_\infty$ 称为叶尖速度比。因此

$$a(1-a) = \lambda_\mathrm{r}^2 a' \tag{2.32}$$

由式（2.27）、式（2.28）可以得出

$$\mathrm{d}P = \Omega \mathrm{d}M = \left(\frac{1}{2}\rho v_\infty^3 2\pi r \delta r\right) 4a'(1-a)\lambda_\mathrm{r}^2 \tag{2.33}$$

式（2.33）等号右边第一个括号里的部分表示通过圆环的功率流量，括号外的部分表示捕获功率时叶片单元效率，即

$$\eta_\mathrm{r} = 4a'(1-a)\lambda_\mathrm{r}^2 \tag{2.34}$$

将式（2.32）代入式（2.34）得

$$\eta_\mathrm{r} = 4a(1-a)^2 \tag{2.35}$$

风能利用系数变化率可表示为

$$\frac{\mathrm{d}C_{\mathrm{P}}}{\mathrm{d}r}=\frac{4\pi\rho v_{\infty}^{3}(1-a)a'\lambda_{\mathrm{r}}^{2}r}{\frac{1}{2}\rho v_{\infty}^{3}\pi R^{2}}=\frac{8(1-a)a'\lambda_{\mathrm{r}}^{2}r}{R^{2}}$$

即

$$\frac{\mathrm{d}C_{\mathrm{P}}}{\mathrm{d}\mu}=8(1-a)a'\lambda^{2}\mu^{3} \tag{2.36}$$

式中，$\mu=r/R$。

如果知道 a 和 a' 沿径向的变化规律，那么对于给定的叶尖速度比 λ，通过对式（2.36）进行积分可以确定总的风能利用系数。

能提供最大可能效率的 a 和 a' 值是通过求式（2.34）对 a' 的导数，并令其结果等于零而得到的。由此

$$\frac{\mathrm{d}a}{\mathrm{d}a'}=\frac{1-a}{a'}$$

对式（2.30）进行求导也有

$$\frac{\mathrm{d}a}{\mathrm{d}a'}=\frac{\lambda_{\mathrm{r}}^{2}}{1-2a}$$

得到

$$a'\lambda_{\mathrm{r}}^{2}=(1-a)(1-2a) \tag{2.37}$$

联立式（2.32）和式（2.37），可以求出使风能利用系数最大的 a 和 a' 的值为

$$\begin{aligned} a&=\frac{1}{3}\\ a'&=\frac{a(1-a)}{\lambda^{2}\mu^{2}} \end{aligned} \tag{2.38}$$

最大功率输出的轴流诱导因子也与非旋转尾流的情况一样，都是 $a=1/3$，并且在整个圆盘上都是一致的。a' 却随着径向位置的变化而变化。

从式（2.36）可以得到最大风能利用系数为

$$C_{\mathrm{Pmax}}=\int_{0}^{1}8(1-a)a'\lambda^{2}\mu^{3}\mathrm{d}\mu \tag{2.39}$$

将式（2.38）代入式（2.39），得

$$C_{\mathrm{Pmax}}=\int_{0}^{1}8(1-a)\frac{a(1-a)}{\lambda^{2}\mu^{2}}\lambda^{2}\mu^{3}\mathrm{d}\mu=4a(1-a)^{2}=\frac{16}{27} \tag{2.40}$$

这与非旋转尾流的模型正好相同。

传递给尾流的角动量增加了尾流的动能，但该能量被静压损失所平衡。即

$$\Delta p_{\mathrm{r}}=\frac{1}{2}\rho(2\Omega a'r)^{2} \tag{2.41}$$

将式（2.38）代入式（2.41），得

$$\Delta p_{\mathrm{r}} = \frac{1}{2}\rho v_{\infty}^{2}\left[2\frac{a(1-a)}{\lambda\mu}\right]^{2} \tag{2.42}$$

3. 叶素-动量定理

在叶片上，取半径为 r、长度为 δr 的微元，称为叶素（图 2.5）。在风轮旋转过程中，叶素将扫掠出一个圆环。

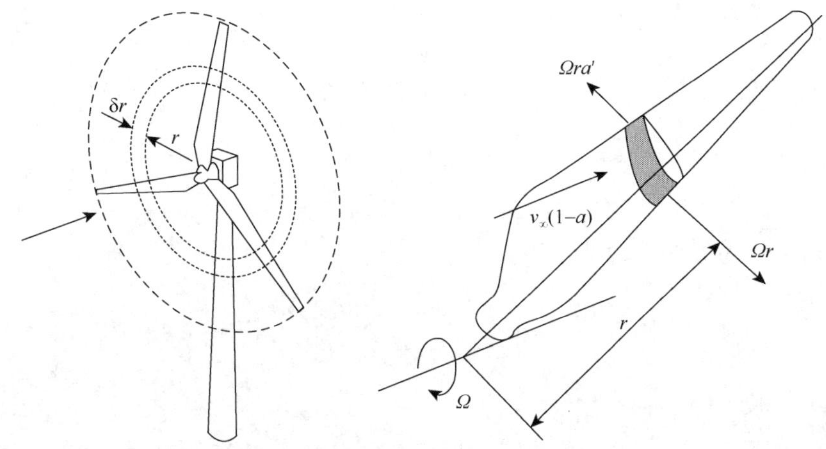

图 2.5　叶素扫掠出的圆环

对于一个叶片数为 N、风轮半径为 R、弦长为 c、叶素桨距角（叶素几何弦线与风轮旋转面间的夹角）为 β 的风电机组，弦长和桨距角都沿着桨叶轴线变化。令风轮的旋转角速度为 Ω，风速为 v_{∞}。同时考虑到尾流旋转，圆盘下游在距旋转轴径向距离为 r 的地方气流以 $2a'\Omega r$（a' 为切向气流诱导因子）的切向速度旋转。叶素的切向速度 Ωr 与圆盘厚度中部气流的切向速度 $a'\Omega r$ 之和为经过叶素的净切向流速度 $(1+a')\Omega r$。图 2.6 给出了在半径为 r 处叶素上的速度和作用力。

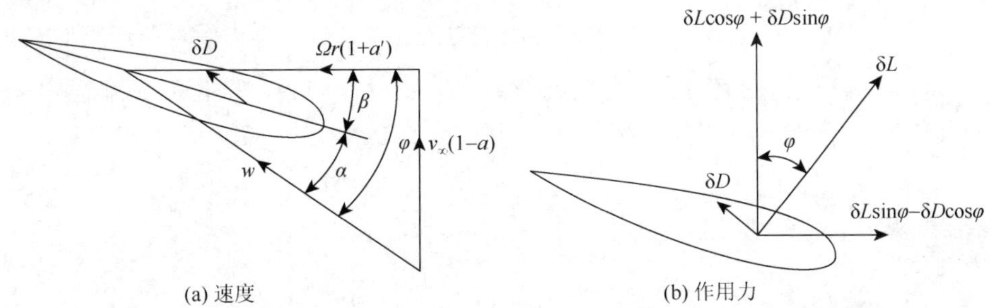

图 2.6　叶素上的速度和作用力

从图 2.6 中得到的叶片上的相对合速度为

$$w=\sqrt{v_{\infty}^2(1-a)^2+\Omega^2 r^2(1+a')^2} \tag{2.43}$$

相对合速度与旋转面之间的夹角（气流倾角）是 φ，则

$$\sin\varphi=\frac{v_{\infty}(1-a)}{w} \tag{2.44}$$

$$\cos\varphi=\frac{\Omega r(1+a')}{w} \tag{2.45}$$

攻角 α 由式（2.46）给出：

$$\alpha=\varphi-\beta \tag{2.46}$$

每个叶片在顺翼展方向长度为 δr 处的升力为

$$\delta L=\frac{1}{2}\rho w^2 c C_1 \delta r \tag{2.47}$$

式中，ρ 为空气密度，单位为 kg/m^3；w 为相对风速，单位为 m/s；c 为几何弦长，单位为 m；C_1 为翼型升力特征系数。

平行于 w 的阻力为

$$\delta D=\frac{1}{2}\rho w^2 c C_d \delta r \tag{2.48}$$

式中，C_d 为翼型阻力特征系数。

假定作用于叶素上的力仅与通过叶素扫过的圆环的气体的动量变化有关。而与通过邻近圆环的气流之间不发生径向相互作用。

N 个叶素上的空气动力分量在轴向上分解为

$$N(\delta L\cos\varphi+\delta D\sin\varphi)=\frac{1}{2}\rho w^2 c(C_1\cos\varphi+C_d\sin\varphi)\delta r \tag{2.49}$$

通过扫掠圆环面积的轴向动量变化率为

$$2av_{\infty}\rho v_{\infty}(1-a)2\pi r\delta r=4\pi\rho v_{\infty}^2 a(1-a)r\delta r \tag{2.50}$$

尾流旋转导致的尾流压力下降等于动力压头的增加，因此，在圆环上附加的轴向力为

$$\delta F_r=\rho(2a'\Omega r)^2 2\pi r\delta r \tag{2.51}$$

气流对扫掠圆环的作用力数值上等于圆环的反作用力，根据动量守恒定律，这个反作用力等于气流动量的变化率。由式（2.49）～式（2.51）可得

$$\frac{1}{2}\rho w^2 Nc(C_1\cos\varphi+C_d\sin\varphi)\delta r=4\pi\rho[v_{\infty}^2 a(1-a)+(a'\Omega r)^2]r\delta r \tag{2.52}$$

化简为

$$\frac{w^2}{v_{\infty}^2}N\frac{c}{R}(C_1\cos\varphi+C_d\sin\varphi)=8\pi[a(1-a)+(a'\lambda\mu)^2]\mu \tag{2.53}$$

式中，$\mu = r/R$；$\lambda = \Omega R/v_\infty$。

N 个叶素上空气动力产生的风轮轴向转矩为

$$N(\delta L \sin\varphi - \delta D\cos\varphi)r = \frac{1}{2}\rho w^2 Nc(C_\mathrm{l}\sin\varphi - C_\mathrm{d}\cos\varphi)r\delta r \tag{2.54}$$

通过圆环的空气角动量变化率为

$$2a'\Omega r^2 \rho v_\infty(1-a)2\pi r\delta r = 4\pi\rho v_\infty(\Omega r)a'(1-a)r^2\delta r \tag{2.55}$$

根据动量守恒定律，轴向转矩与角动量变化率相等，由式（2.54）和式（2.55）可得

$$\frac{1}{2}\rho w^2 Nc(C_\mathrm{l}\sin\varphi - C_\mathrm{d}\cos\varphi)r\delta r = 4\pi\rho v_\infty(\Omega r)a'(1-a)r^2\delta r \tag{2.56}$$

化简为

$$\frac{w^2}{v_\infty^2}N\frac{c}{R}(C_\mathrm{l}\sin\varphi - C_\mathrm{d}\cos\varphi) = 8\pi\lambda\mu^2 a'(1-a) \tag{2.57}$$

设

$$C_\mathrm{l}\cos\varphi + C_\mathrm{d}\sin\varphi = C_x \tag{2.58}$$

$$C_\mathrm{l}\sin\varphi - C_\mathrm{d}\cos\varphi = C_y \tag{2.59}$$

由式（2.53）和式（2.57）可以得到气流诱导因子 a 和 a'。利用二维翼型特性求解 a 和 a' 是需要有迭代过程的。迭代方程如下：

$$\frac{a}{1-a} = \frac{\sigma_\mathrm{r}}{4\sin^2\varphi}\left(C_x - \frac{\sigma_\mathrm{r}}{4\sin^2\varphi}C_y^2\right) \tag{2.60}$$

$$\frac{a'}{1-a'} = \frac{\sigma_\mathrm{r} C_y}{4\sin\varphi\cos\varphi} \tag{2.61}$$

式中，σ_r 为弦长实度，定义为给定半径下的总叶片弦长除以该半径的周长，即

$$\sigma_\mathrm{r} = \frac{N}{2\pi}\frac{c}{r} = \frac{N}{2\pi\mu}\frac{c}{R} \tag{2.62}$$

从式（2.56）可以得到展向长度为 δr 的叶素产生的转矩为

$$\delta M = 4\pi\rho v_\infty(\Omega r)a'(1-a)r^2\delta r \tag{2.63}$$

因此，整个转子产生的总转矩为

$$M = 4\pi\rho v_\infty \Omega\int_0^R a'(1-a)r^3\mathrm{d}r \tag{2.64}$$

风轮产生的功率 $P = M\Omega$，风能利用系数可表示为

$$C_\mathrm{P} = \frac{P}{\dfrac{1}{2}\rho v_\infty^3 \pi R^2} \tag{2.65}$$

4. 叶素-动量理论修正

基于叶素-动量理论的计算方法形式比较简单，计算量小，便于工程应用，可以用来估算机组整机的气动性能，但它是基于以下假设条件的理想状态：

（1）机组没有偏航误差；

（2）风轮无倾角和锥角；

（3）叶片不受摩擦阻力作用；

（4）风流场可简化成一个单元流管模型；

（5）风轮前的气流静压和风轮后的气流静压相等；

（6）在风轮扫掠范围内风流作用在风轮上的推力均匀分布；

（7）不考虑风轮尾流旋转对机组的影响。

风轮捕获风能是一个复杂的非线性流固耦合过程，在 3MW 或更大容量的风电机组中，一般风轮都有一定倾角和锥角，偏航误差在机组运行过程中也是难免的，这些因素会导致无法满足上述假设条件。应用叶素-动量理论来计算风电机组的动态载荷会因为忽略了很多重要的因素而存在较大的误差，必须依靠经验和动力学理论加以修正。

在叶素-动量理论的基础上计算机组的动态载荷还需要考虑以下因素进行修正。

1）叶尖叶根损失

叶片靠近叶尖位置处的轴向诱导因子 a 会很大，那么由

$$\sin\varphi = \frac{U_0(1-a)}{W} \tag{2.66}$$

可知入流角 φ 很小，升力将几乎与风轮平面垂直，向上的分量就会很小。这使得有效气动转矩很小，同时产生的气动转矩和功率也会减小。叶根由于强度的需要往往会设计得和翼型数据差别较大，但也会有相同现象发生。

叶尖叶根损失可以采用 Prandt 方法引入梢部根部损失因子 $F_{\rm pr}$ 进行修正。

$$F_{\rm pr} = F_{\rm t} \cdot F_{\rm r} \tag{2.67}$$

$$F_{\rm t} = \frac{2}{\pi} \cdot \arccos(\mathrm{e}^{-f_{\rm t}}) \tag{2.68}$$

$$f_{\rm t} = \frac{N_{\rm b}}{2} \cdot \frac{R-r}{R\sin\varphi} \tag{2.69}$$

$$F_{\rm r} = \frac{2}{\pi} \cdot \arccos(\mathrm{e}^{-f_{\rm r}}) \tag{2.70}$$

$$f_{\rm r} = \frac{N_{\rm b}}{2} \cdot \frac{r-r_{\rm n}}{r_{\rm n}\sin\varphi} \tag{2.71}$$

式中，$F_{\rm t}$ 为梢部损失修正因子；$F_{\rm r}$ 为根部损失修正因子；$r_{\rm n}$ 为轮毂半径。这时有

$$\mathrm{d}T = 4\pi r\rho V_1^2 a_1(1-a_1)F\mathrm{d}r \tag{2.72}$$

$$dM = 4\pi r^3 \rho V_1 (1 - a_1) a_2 \Omega F dr \tag{2.73}$$

2）塔影效应

为了得到较高的风速，风轮一般由塔架支撑到合适的高度。气流在经过塔架时会分离，造成速度的变化。叶素-动量理论没有考虑塔架对气流的影响，因此在风电机组实际气动载荷计算时需要对叶素-动量理论进行修正。

可以采用位流理论模拟塔架气流效果，得到气流表达式：

$$U = U_\infty \left[1 - \frac{(D/2)^2 (x^2 - y^2)}{(x^2 + y^2)^2} \right] \tag{2.74}$$

式中，D 为塔架直径；x 和 y 为关注点在塔架坐标系中的坐标；中括号中的第二项为气流减少量，把塔影效应引起的气流速度减少量化到风速诱导因子 $U_\infty(1-a)$ 中，可以计算出考虑塔影效应的诱导因子。

3）尾流旋转影响

叶素-动量理论的另一个不足表现在不能区分尾流旋转的能量是来自自由流的动能，还是来自静压能，而后者的作用效果对机组的载荷影响很大。

考虑风轮尾流的旋转，一维动量方程适用的条件是风轮处气流的角速度和风轮角速度相比很小，且假设 $p_1 = p_2$。将风轮看作由许多以风轮中心轴线为对称轴的小圆环（小圆环内半径 r，外半径 $r + dr$）构成，这时

$$dT = d\dot{m}(V_1 - V_2) \tag{2.75}$$

而

$$d\dot{m} = \rho V_T dA = \rho V_T 2\pi r dr \tag{2.76}$$

作用在整个风轮上的轴向力为

$$T = \int dT = 4\pi \rho V_1^2 \int_0^R a_1 (1 - a_1) r dr \tag{2.77}$$

4）不均匀压力分布影响

在 3MW 或更大容量机组中普遍存在的风轮锥角、风电机组运行过程中的偏航误差和俯仰力矩使塔架发生弹性形变，都会使风轮处在不均匀的压力分布下。这时叶素-动量理论要求的严格压力均匀前提不能被满足，需要从非线性守恒系统（欧拉方程）出发进行修正。

为了描述不均匀压力的分布，皮特（Pitt）和彼得斯（Peters）使用三个参数描述风轮平面内的诱导速度分布，将风轮平面内的压力分布转换成诱导速度分布，并给出了一维形式的用加速度方法计算轴向诱导因子的方法。使用式（2.2）和叶素-动量理论进行迭代计算。

$$(a) = \boldsymbol{L}(C) \tag{2.78}$$

即

$$\begin{bmatrix} a_0 \\ a_c \\ a_s \end{bmatrix} = \begin{bmatrix} \dfrac{1}{4} & 0 & -\dfrac{15}{128}\pi\tan\dfrac{\gamma}{2} \\ 0 & -\sec^2\dfrac{\gamma}{2} & 0 \\ \dfrac{15}{128}\pi\tan\dfrac{\gamma}{2} & 0 & -\left(1-\tan^2\dfrac{\gamma}{2}\right) \end{bmatrix} \begin{bmatrix} C_T \\ C_{my} \\ C_{mz} \end{bmatrix} \tag{2.79}$$

式中，γ 表示偏航误差角；C_{my} 表示绕 y 轴的倾斜力矩系数；C_{mz} 表示绕 z 轴的偏航力矩系数；a_0 为平均轴向诱导因子；a_s 和 a_c 为引入的系数。

诱导因子需要用迭代的方法进行计算，具体算法为：

①首先设置诱导因子初始值$(a)_0$；

②用叶素-动量理论由$(a)_n$计算出$(C)_n$的值，然后将新计算的$(C)_n$值代入式(2.79)，计算出$(a)_{n+1}$值；

③判断是否满足精度要求［比较$(a)_n$和$(a)_{n+1}$的误差是否小于设定值］，如果不满足，返回②继续迭代；如果满足，$(a)_{n+1}$为所求的诱导因子。

上述迭代法计算诱导因子对计算叶片的动态载荷，尤其是对 3MW 或更大容量机组非常必要。

5）风切变的影响

当风流经过地面时，会受到地面上各种植被、建筑物等粗糙元的摩擦作用，消耗风的动能，而使得风速下降。一般粗糙元的分布对风流的影响与距离地面高度成反比，风速减小的程度也会随距离地面的高度的变化而变化。由此引起风速随距离地面高度变化而变化，这个现象称为风剪切。

风速沿距离地面高度的变化规律可以表示为

$$V = V_1(h/h_1)^\gamma \tag{2.80}$$

式中，V 为距离地面高度为 h 处的风速；V_1 为高度 h_1 处的风速；γ 为风速廓线指数，它与地面粗糙度有关。

在风轮的扫掠面积内这种风速的变化对风轮所受的气动载荷有明显的影响。考虑垂直方向风剪切后，风轮扫掠平面内不同高度处的来流风速会有差别。为了描述不同位置风速的差异，可以将叶素作用的环按照等圆心角分成一系列的小区域，如果所定义的区域足够小，可以认为一个小区域内来流风速是相同的。每个小区域内的来流风速等于对应高度的风速。以此风速作为来流风速，并应用叶素-动量理论计算叶素在该位置的升力和阻力，同时在计算叶片受力时应考虑叶素所处的位置的升力和阻力的不同。

根据以上分析，三个叶片由于所处的方位角不同，每个叶素所受的升力和阻力都会不同，经过展向积分得到的各叶片的动态载荷就会有所差异，对于整个风轮就会产生不平衡的力和弯矩，而且这种不平衡随着风轮的旋转不停地变化。

6）叶片弯曲和扭转等弹性形变

风电机组叶片是一个弦线短、展向长的柔性结构，在气动力、重力和离心力作用下会产生振动，主要振动形式有挥舞、摆振和扭转。挥舞是指叶片在垂直于旋转平面方向上的弯曲振动；摆振是指叶片在旋转平面内的弯曲振动；扭转是指叶片绕其变桨距轴的扭转振动。这三种机械振动会引起叶片的弹性形变。

这些弹性形变会改变叶片的气动参数，进而会影响叶片所受的气动载荷。目前还未见考虑叶片及塔架动态弹性形变的气动数学建模，普遍采用的计算方法是在稳态分析的基础上进行迭代，而且出于对计算量和计算速度的考虑一般会对迭代的次数严格限制，这使得计算结果和叶片的真实气动载荷存在差距。

综合以上对叶素-动量理论在风轮动态载荷计算方面的局限性及其修正方法的分析，可以看出风轮动态载荷与风速、桨距角及机组运行过程中的一系列动态因素之间呈复杂的非线性关系，很多修正方法是靠经验和迭代计算进行的。建立风轮的准确气动模型目前是很困难的，而且各机组翼型数据的差异会使风轮气动模型的通用性显著降低。

2.2　扭矩传递与传动系统

风轮产生的气动扭矩通过传动系统传递给发电机并转化为电能。在这一过程中，气动扭矩随风速不断地变化，传动系统的柔性和发电机转矩的调节会形成一个具有动态刚度和阻尼的动力学系统。多种低频模态集中是风电机组传动系统的特点。与传动系统扭转相关的模态包括叶片摆振、传动系统旋转、传动系统扭曲、塔筒侧向弯曲等。叶片摆振模态和塔筒侧向弯曲模态对传动系统扭矩传递的影响作为传动系统的外部扰动。传动系统的零部件均为不同程度的弹性机构，其运动规律是由弹性力学的基本方程决定的。

2.2.1　弹性力学方程

在各向同性线性弹性力学中，为了求得应力、应变和位移，先对构成物体的材料以及物体的变形作了五条基本假设，即连续性假设、均匀性假设、各向同性假设、完全弹性假设和小变形假设，然后分别从静力学、几何学和物理学方面出发，推得弹性力学的基本方程和边界条件的表达式。下列各式中，σ_x、σ_y、σ_z、$\tau_{xy}(\tau_{yx})$、$\tau_{yz}(\tau_{zy})$、$\tau_{zx}(\tau_{xz})$为应力分量；u、v、w为位移矢量在三个方向的分量；ε_x、ε_y、ε_z、γ_{xy}、γ_{yz}、γ_{zx}为正应变和剪应变分量；F_{bx}、F_{by}、F_{bz}为单位体积的体力在各方向的分量；μ 为泊松比。

1. 平衡微分方程

$$\begin{aligned}
&\frac{\partial \sigma_x}{\partial x}+\frac{\partial \tau_{yx}}{\partial y}+\frac{\partial \tau_{zx}}{\partial z}+F_{bx}=0\\
&\frac{\partial \tau_{xy}}{\partial x}+\frac{\partial \sigma_y}{\partial y}+\frac{\partial \tau_{zy}}{\partial z}+F_{by}=0\\
&\frac{\partial \tau_{xz}}{\partial x}+\frac{\partial \tau_{yz}}{\partial y}+\frac{\partial \sigma_z}{\partial z}+F_{bz}=0
\end{aligned} \tag{2.81}$$

2. 几何方程

物体受力后变形，其内部任一点的位移与应变的关系如下：

$$\begin{aligned}
&\varepsilon_x=\frac{\partial u}{\partial x},\quad \varepsilon_y=\frac{\partial v}{\partial y},\quad \varepsilon_z=\frac{\partial w}{\partial z}\\
&\gamma_{xy}=\frac{\partial v}{\partial x}+\frac{\partial u}{\partial y},\quad \gamma_{yz}=\frac{\partial w}{\partial y}+\frac{\partial v}{\partial z},\quad \gamma_{zx}=\frac{\partial u}{\partial z}+\frac{\partial w}{\partial x}
\end{aligned} \tag{2.82}$$

3. 物理方程（广义胡克定律）

1）应力表示应变

$$\begin{aligned}
&\varepsilon_x=\frac{1}{E}[\sigma_x-\mu(\sigma_y+\sigma_z)],\quad \varepsilon_y=\frac{1}{E}[\sigma_y-\mu(\sigma_z+\sigma_x)],\quad \varepsilon_z=\frac{1}{E}[\sigma_z-\mu(\sigma_x+\sigma_y)]\\
&\gamma_{xy}=\frac{\tau_{xy}}{G},\quad \gamma_{yz}=\frac{\tau_{yz}}{G},\quad \gamma_{zx}=\frac{\tau_{zx}}{G}
\end{aligned} \tag{2.83}$$

式中，E 为拉压弹性模量，简称为弹性模量；G 为剪切弹性模量，简称为刚度模量，且有

$$G=\frac{E}{2(1+\mu)}$$

2）应变表示应力

$$\begin{aligned}
&\sigma_x=\frac{E}{1+\mu}\left(\frac{\mu}{1-2\mu}e_{\mathrm{v}}+\varepsilon_x\right),\quad \sigma_y=\frac{E}{1+\mu}\left(\frac{\mu}{1-2\mu}e_{\mathrm{v}}+\varepsilon_y\right),\quad \sigma_z=\frac{E}{1+\mu}\left(\frac{\mu}{1-2\mu}e_{\mathrm{v}}+\varepsilon_z\right)\\
&\tau_{xy}=G\gamma_{xy},\quad \tau_{yz}=G\gamma_{yz},\quad \tau_{zx}=G\gamma_{zx}
\end{aligned} \tag{2.84}$$

式中，e_{v} 为体积应变，$e_{\mathrm{v}}=\varepsilon_x+\varepsilon_y+\varepsilon_z$。

总之，上述共有 15 个独立方程（3 个平衡微分方程、6 个几何方程、6 个物理方程），包含 15 个未知变量［3 个位移分量 u、v、w，6 个应力分量 σ_x、σ_y、σ_z、$\tau_{xy}(\tau_{yx})$、$\tau_{yz}(\tau_{zy})$、$\tau_{zx}(\tau_{xz})$，6 个形变分量 ε_x、ε_y、ε_z、γ_{xy}、γ_{yz}、γ_{zx}］。给定边界条件后方程组有定解。

4. 边界条件

若物体表面的面力分量为F_{sx}、F_{sy}和F_{sz}且已知，则表面力边界条件为

$$\begin{aligned}F_{sx} &= \sigma_x l + \tau_{xy} m + \tau_{xz} n \\ F_{sy} &= \tau_{xy} l + \sigma_y m + \tau_{zy} n \\ F_{sz} &= \tau_{xz} l + \tau_{yz} m + \sigma_z n\end{aligned} \tag{2.85}$$

式中，l、m、n为物体表面外法线的三个方向余弦。

若物体表面的位移已知，则位移边界条件为

$$u_s = \bar{u},\quad v_s = \bar{v},\quad w_s = \bar{w} \tag{2.86}$$

式中，u_s、v_s、w_s为位移的边界值；$\bar{u}$、$\bar{v}$、$\bar{w}$为边界坐标上的已知函数。

5. 基本方程的求解

在求解弹性力学问题时，并不需要同时求解 15 个基本未知量，可以做必要的简化。为简化求解的难度，仅选取部分未知量作为基本未知量。在给定的边界条件下，求解偏微分方程组的问题，数学上称为偏微分方程的边值问题。

按照不同的边界条件，弹性力学有三类边值问题。

第一类边值问题：已知弹性体内的体力和其表面的面力分量为F_{sx}、F_{sy}和F_{sz}，边界条件为面力边界条件。

第二类边值问题：已知弹性体内的体力分量以及表面的位移分量，边界条件为位移边界条件。

第三类边值问题：已知弹性体内的体力分量以及物体表面的部分位移分量和部分面力分量，边界条件在面力已知的部分为面力边界条件，位移已知的部分为位移边界条件，称为混合边界条件。

以上三类边值问题，代表了一些简化的实际工程问题。若不考虑物体的刚体位移，则三类边值问题的解是唯一的。

2.2.2 传动链数学模型

传动链是机械上连接空气动力子系统和电磁子系统的一套装置。因此风转矩和电磁转矩是输入量，而转速则是输出量。假定在整个变速范围内有着恒定的机械传动效率，则可以认为结构特性（如振动、齿轮种类、齿隙等）对其性能的影响能够忽略不计。

对于典型的风电机组，传动链由风轮、低速轴、齿轮箱、联轴器、发电机等部件组成，传动系统通过轮毂和柔性叶片以及弹性支承和柔性塔架连接。其物理模型如图 2.7 所示。

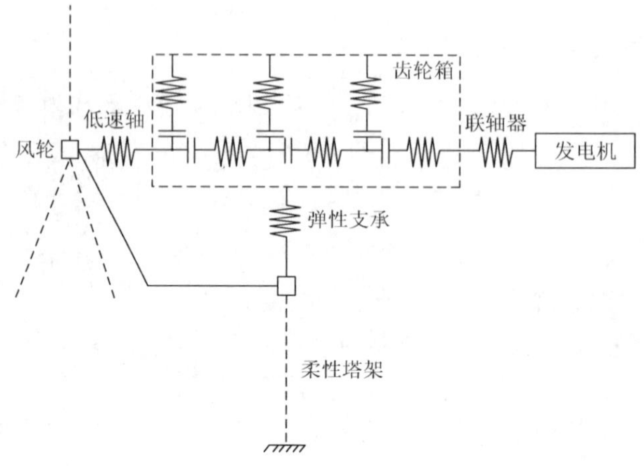

图 2.7　传动系统物理模型

增速器将传动链分为两部分：与风轮直接耦合的低速轴和与发电机相连的高速轴。高速轴和低速轴之间的连接部分可以是刚性的也可以是柔性的。刚性传动链模型中，传动系统的扭转刚度足够大，即低速轴、齿轮箱的传动轴、高速轴是刚性的，转子和发电机只有一个旋转自由度，高速轴与低速轴按定传动比变化。发电机和风电机组转子的加速来自于气动转矩与发电机响应转矩的不平衡。柔性传动链模型中，低速轴和高速轴是柔性的，允许风电机组转子和发电机转子有各自的旋转自由度。风电机组转子的加速度依赖于气动转矩和低速轴转矩之间的不平衡，发电机转子的加速度依赖于高速轴扭矩和发电机响应转矩之间的不平衡。在柔性连接中，高速轴与低速轴具有不同的瞬间转速。这种解耦用来减少由风速或电磁转矩变化而引起的机械应力。由此，它的兼容性和传动的可靠性都明显提高，不容易受暂态负荷和机械疲劳的影响。下面将分别讨论刚性模型和柔性模型。

1. 刚性模型

风电机组主传动链刚性模型如图 2.8 所示。

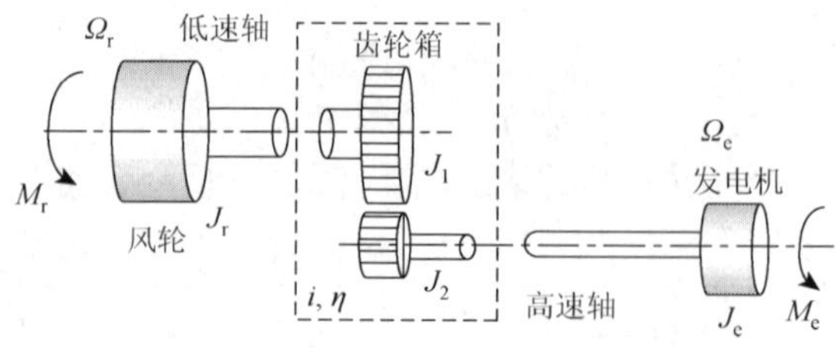

图 2.8　风电机组主传动链刚性模型

主传动链刚性模型的主要组成部分是单级耦合增速器，它的传动比为 i，效率为η，在这种情况下，由于增速器的作用，发电机转矩减少 i 倍且速度增加 i 倍。在上述模型假设下，在高速轴或低速轴下的风能转换系统动态模型可以由下列两个方程表示：

$$J_{\mathrm{H}}\frac{\mathrm{d}\Omega_{\mathrm{e}}}{\mathrm{d}t}=\frac{\eta}{i}M_{\mathrm{r}}(\Omega_{\mathrm{r}},v)-M_{\mathrm{e}}(\Omega_{\mathrm{e}},c) \tag{2.87}$$

$$J_{\mathrm{L}}\frac{\mathrm{d}\Omega_{\mathrm{r}}}{\mathrm{d}t}=M_{\mathrm{r}}(\Omega_{\mathrm{r}},v)-\frac{i}{\eta}M_{\mathrm{e}}(\Omega_{\mathrm{e}},c) \tag{2.88}$$

式中，Ω_{r}为风轮旋转角速度；Ω_{e}为发电机转子机械角速度；$M_{\mathrm{r}}(\Omega_{\mathrm{r}},v)$为空气动力转矩，以风速 v 作为参数；$M_{\mathrm{e}}(\Omega_{\mathrm{e}},c)$为电磁转矩，一般以 c 表示的负荷变量作为参数；J_{H}、J_{L}为高速轴和低速轴处的等效转动惯量，计算如下：

$$J_{\mathrm{H}}=(J_1+J_{\mathrm{r}})\frac{\eta}{i^2}+J_2+J_{\mathrm{e}} \tag{2.89}$$

$$J_{\mathrm{L}}=J_{\mathrm{r}}+J_1+(J_{\mathrm{e}}+J_2)\frac{i^2}{\eta} \tag{2.90}$$

其中，J_1、J_2为增速齿轮的转动惯量；J_{r}、J_{e}为风轮和发电机转子的转动惯量。

由于传动链是刚性的，空气动力转矩仅由一阶线性转速变量给定。

2. 柔性模型

风电机组主传动链柔性模型如图 2.9 所示。

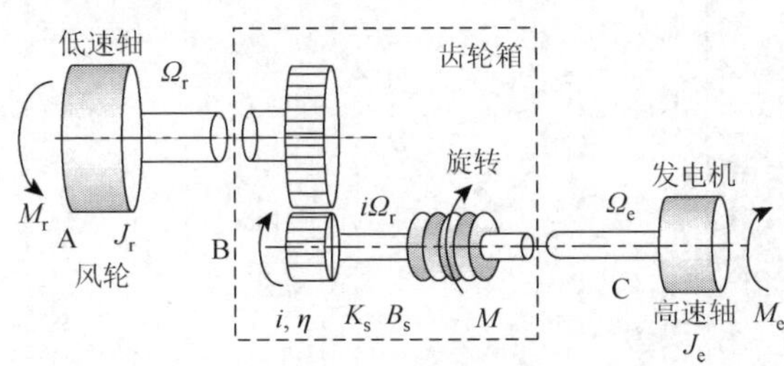

图 2.9　风电机组主传动链柔性模型

高速轴的 B 和 C 两部分以不同的转速旋转，分别是$i\Omega_{\mathrm{r}}$和Ω_{e}，这里 i 是齿轮箱的传动比。弹性能变化量产生一个新的状态变化内转矩 M。J_{e}表示 C 部分的惯量，J_{B}表示 B 部分的惯量，表达式为

$$J_{\mathrm{B}}=\frac{\eta}{i^2}J_{\mathrm{r}} \tag{2.91}$$

式中，η为传动效率；J_{r}为低速部分（主要是风电机组）的转动惯量。

传动装置柔性模型由 B 和 C 部分运动方程和内转矩动态方程构成：

$$\begin{cases}\dot{\Omega}_{\rm r}=\dfrac{M_{\rm r}}{J_{\rm r}}-i\dfrac{M}{J_{\rm r}\eta}\\ \dot{\Omega}_{\rm e}=\dfrac{M}{J_{\rm e}}-\dfrac{M_{\rm e}}{J_{\rm e}}\\ \dot{M}=K_{\rm s}(i\Omega_{\rm r}-\Omega_{\rm e})+B_{\rm s}(i\dot{\Omega}_{\rm r}-\dot{\Omega}_{\rm e})\end{cases} \tag{2.92}$$

得到一个三阶线性模型，状态变量为$\boldsymbol{x}=[\Omega_{\rm r}\quad \Omega_{\rm e}\quad M]^{\rm T}$，输入矢量为$\boldsymbol{u}=[M_{\rm r}\quad M_{\rm e}]^{\rm T}$，输出矢量为$\boldsymbol{y}=[\Omega_{\rm r}\quad \Omega_{\rm e}]^{\rm T}$，则

$$\begin{cases}\dot{\boldsymbol{x}}=\begin{bmatrix}0 & 0 & -\dfrac{1}{iJ_{\rm B}}\\ 0 & 0 & \dfrac{1}{J_{\rm e}}\\ iK_{\rm s} & -K_{\rm s} & -B_{\rm s}\left(\dfrac{1}{J_{\rm B}}+\dfrac{1}{J_{\rm e}}\right)\end{bmatrix}\boldsymbol{x}+\begin{bmatrix}\dfrac{1}{J_{\rm r}} & 0\\ 0 & -\dfrac{1}{J_{\rm e}}\\ \dfrac{iB_{\rm s}}{J_{\rm r}} & \dfrac{B_{\rm s}}{J_{\rm e}}\end{bmatrix}\boldsymbol{u}\\ \boldsymbol{y}=\begin{bmatrix}1 & 0 & 0\\ 0 & 1 & 0\end{bmatrix}\boldsymbol{x}\end{cases} \tag{2.93}$$

式中，$K_{\rm s}$、$B_{\rm s}$为弹性系统的刚性系数和阻尼系数。

上述推导过程也适合于直驱风电机组的传动链，这时，状态方程变为

$$\begin{cases}\dot{\boldsymbol{x}}=\begin{bmatrix}0 & 0 & -\dfrac{1}{J_{\rm r}}\\ 0 & 0 & \dfrac{1}{J_{\rm e}}\\ K_{\rm s} & -K_{\rm s} & -B_{\rm s}\left(\dfrac{1}{J_{\rm r}}+\dfrac{1}{J_{\rm e}}\right)\end{bmatrix}\boldsymbol{x}+\begin{bmatrix}\dfrac{1}{J_{\rm r}} & 0\\ 0 & -\dfrac{1}{J_{\rm e}}\\ \dfrac{B_{\rm s}}{J_{\rm r}} & \dfrac{B_{\rm s}}{J_{\rm e}}\end{bmatrix}\boldsymbol{u}\\ \boldsymbol{y}=\begin{bmatrix}1 & 0 & 0\\ 0 & 1 & 0\end{bmatrix}\boldsymbol{x}\end{cases} \tag{2.94}$$

3. 传动系统中的不确定因素分析

为了便于分析，风电机组仿真和传动系统研究中往往将传动系统假定为刚性系统，忽略了传动系统中存在的弹性形变、啮合误差、动态阻尼和动态刚度等非线性不确定因素，但这些动态的刚度和阻尼事实上时时刻刻在起作用。如果考虑机组的载荷，就必须对传动系统中多处存在的非线性耦合关系和不确定因素进行分析，并在建模和控制中给予考虑。

图 2.7 所示的传动系统中，对扭转振动影响最大的动态因素就是阻尼和刚度，

其中以齿轮啮合动态刚度及联轴器的非线性阻尼和刚度最具代表性。

1）齿轮箱动态特性及其不确定因素分析

作为风电机组传动系统主要部件之一的齿轮箱是一个复杂的动力学子系统，在式（2.95）中与齿轮箱相关的转动惯量、刚度和阻尼只能是多个齿轮轴系统的等效参数。大型双馈风电机组的齿轮箱一般由两级行星齿轮和一级平行轴齿轮共三级增速组成。齿轮箱的扭矩传递由多组齿轮副完成，其扭矩传递过程是个复杂的动态过程。

齿轮箱的扭转动力学模型可以表示为

$$\begin{cases} J_1\ddot{\theta}_1 + c_1(\dot{\theta}_1 - \dot{\theta}_2) + k_1(\theta_1 - \theta_2) = T_{\text{in}} \\ J_2\ddot{\theta}_2 + c_2(\dot{\theta}_2 - \dot{\theta}_1) + k_2(\theta_2 - \theta_1) = 0 \\ \qquad \vdots \\ J_n\ddot{\theta}_n + c_n(\dot{\theta}_n - \dot{\theta}_{n-1}) + k_n(\theta_n - \theta_{n-1}) = -T_{\text{out}} \end{cases} \tag{2.95}$$

式中，T_{in} 和 T_{out} 代表齿轮箱的输入和输出转矩；J_i、c_i、k_i（$i = 1, 2, \cdots, n$）分别为齿轮的转动惯量、阻尼和刚度。

在上述模型中未考虑齿轮的啮合误差和弹性形变引起的动态刚度，选一对齿轮作为研究对象进行详细分析，其物理模型如图 2.10 所示。齿轮副的啮合动力学方程可以表示为

$$m\ddot{x} + c_{\text{g}}\dot{x} + k_{\text{g}}(t)[x + x_{\text{s}} + e(t)] = F_{\text{s}} \tag{2.96}$$

式中，m 为齿轮副等效质量；c_{g} 为阻尼系数；$k_{\text{g}}(t)$为齿轮啮合动态刚度；$e(t)$为齿轮啮合误差；F_{s} 为系统外部载荷；x_{s} 为静态相对位移；$\ddot{x}$、$\dot{x}$、x 分别为扭转的加速度、速度和位移。

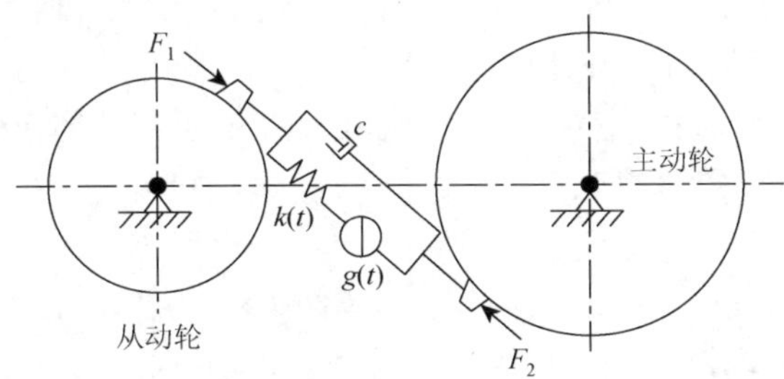

图 2.10　齿轮副物理模型

齿轮啮合过程中弹性形变引起的动态啮合刚度和啮合误差是影响扭矩传递的主要因素。齿轮弹性形变引起的啮合刚度可以表示为

$$k_{\text{g}} = \sum_{i=1}^{n} \frac{F_i}{\delta_{\text{d}i} + \delta_{\text{p}i}} \tag{2.97}$$

式中，F_i 为齿轮啮合齿对接触力；$\delta_{\text{d}i}$、$\delta_{\text{p}i}$ 分别为主动轮和从动轮形变。

齿轮啮合过程中的动态刚度和齿轮弹性形变等因素有关，计算的关键是齿轮形变，但齿轮啮合形变和很多工况因素呈复杂的非线性关系，很难建立数学模型，一般采用有限元方法计算。为了分析方便，齿轮啮合动态刚度用恒定分量$\bar{k}_g$和动态变化分量$\Delta k_g(t)$表示：

$$k_g(t)=\Delta k_g(t)+\bar{k}_g \tag{2.98}$$

齿轮啮合误差是指加工、装配、磨损等各种原因导致在齿轮啮合过程中齿廓偏离理论上的理想啮合位置，从而造成齿与齿之间的碰撞和冲击，对扭矩传递造成影响。啮合误差可以表示为

$$e(t)=e_0+e_r\sin\left(\frac{2\pi t}{T_z}+\varphi\right) \tag{2.99}$$

式中，e_0、e_r分别为齿轮啮合误差的恒定值和变化幅值；T_z为齿轮的啮合周期；φ为相位角。e_0、e_r的取值和齿轮的加工公差、安装误差与运行工况等因素有关，取决于齿轮箱的制造工艺、加工设备和风电机组运行状态，一般只能控制在规定的范围内，具体取值无法用数学的方法加以准确描述。

略去静态相对位移和外部载荷，齿轮啮合动态刚度和啮合误差的综合作用可以表示为

$$F_g=f(\Delta k_g(t),e(t)) \tag{2.100}$$

式中，$f(\Delta k_g(t),e(t))$为一个不确定非线性函数。

2）联轴器非线性刚度和阻尼

联轴器允许机组在传动系统安装过程中齿轮箱和发电机同心度有一定的偏差，并在一定程度上减轻扭转冲击，从而对齿轮箱和发电机给予一定的保护。但同时也会使传动系统的动态特性更加复杂。

联轴器的阻尼和刚度特性直接影响风电机组传动系统的扭转特性。联轴器的刚度和阻尼有三次非线性特征。

联轴器的扭转动力学方程为

$$\begin{cases}J_1\ddot{\theta}_1+c_c(\dot{\theta}_1-\dot{\theta}_2)+k_c(\theta_1-\theta_2)+k_c'(\theta_1-\theta_2)^3+c_c'(\theta_1-\theta_2)^3=M_1\\J_2\ddot{\theta}_2+c_c(\dot{\theta}_2-\dot{\theta}_1)+k_c(\theta_2-\theta_1)+k_c'(\theta_2-\theta_1)^3+c_c'(\theta_2-\theta_1)^3=-M_2\end{cases} \tag{2.101}$$

式中，J_1、M_1为联轴器前端齿轮箱高速输出部分的转动惯量和转矩；J_2、M_2为发电机转子的转动惯量和转矩；k_c、c_c为联轴器的刚度和阻尼恒定分量；k_c'、c_c'为联轴器的刚度和阻尼的非线性动态分量；θ_1、θ_2为联轴器的前端和后端转动角位移。

联轴器的非线性刚度和阻尼的作用可用式（2.102）表述：

$$F_c=c_c'(\theta_1-\theta_2)^3+k_c'(\theta_1-\theta_2)^3 \tag{2.102}$$

式中，c_c'、k_c'的取值和转速及载荷等动态因素有关。

基于以上分析，风电机组传动系统中不仅多处存在着复杂的非线性耦合关系，

而且有很多不确定因素（如齿轮啮合弹性形变、齿轮加工误差、联轴器刚度和阻尼变化等），因此建立完整精确的风电机组传动系统扭转数学模型非常困难。可见，风电机组传动系统是一个非线性不确定系统。

2.3 机电能量转换与发电系统

发电机是用来实现机电能量转换的电磁装置，由电系统、机械系统以及把二者联系成有机整体的耦合电磁场构成。定子、转子绕组构成了电机的电系统，而各种转矩作用下的转轴则构成了电机的机械系统[8]。电机的机电能量转换就是耦合电磁场和与之相对运动的载流导体之间相互作用的结果。

发电机的电系统通过感应电动势与外部电系统相联系，利用感应电动势的作用，向外部电系统输出电功率，这种联系的数学描述就是电压方程式。发电机的机械系统通过电磁转矩与外部机械系统相联系，利用电磁转矩的作用，从外部原动机吸收机械功率，这种联系的数学描述就是转矩方程式。发电机的机械能转换为电能的转换关系则由功率方程式来描述。上述方程式构成了描述发电机内部基本物理关系的基本方程式，是对电机性能进行分析和计算的理论基础。

电机磁场主要是指气隙磁场，电机的磁场能量基本上储存在气隙中。依靠气隙磁场的耦合作用，把电机的电系统和机械系统有机联系在一起，并实现机电能量的转换和传递。因此，电机的气隙虽小，但对电机性能的影响却很大。

本节将对风力发电机实现机电能量转换的基本原理作简要介绍。在对发电机中的基本能量关系和基本电磁关系进行分析的基础上，给出发电机的基本方程式，并对基本方程式在实际问题中的应用作简单介绍。

2.3.1 发电机中的机电能量转换关系

1. 机电能量转换过程中的能量关系

在原动机（如风电机组等）的驱动下，发电机从轴上输入机械功率，扣除耦合电磁场储能的增量和发电机内部的能量损耗后，其余能量转换为电能从电枢绕组的线端输出。发电机中的这种基本能量转换关系可表示成：

$$\begin{pmatrix}\text{轴上输入的}\\\text{机械能}\end{pmatrix}=\begin{pmatrix}\text{耦合电磁场}\\\text{储能的增量}\end{pmatrix}+\begin{pmatrix}\text{发电机内部}\\\text{的能量损耗}\end{pmatrix}+\begin{pmatrix}\text{线端输出}\\\text{的电能}\end{pmatrix} \tag{2.103}$$

发电机内部的能量损耗可分为三类：一是电系统中通过电流时在绕组电阻上产生的 I^2R 损耗，一般称为铜损耗；二是机械系统中的通风损耗和摩擦损耗，一般统称为风摩损耗（或机械损耗）；三是耦合电磁场的介质损耗，如交变磁场在铁心中产生的磁滞损耗和涡流损耗，一般统称为铁损耗。

如果把铜损耗归并到电能中，把风摩损耗归并到机械能中，把铁损耗归并到磁场储能中，则式（2.103）可以改写成

$$\begin{pmatrix}\text{轴上输入的机械能}\\ -\text{风摩损耗}\end{pmatrix}=\begin{pmatrix}\text{耦合电磁场储能的}\\ \text{增量}+\text{铁损耗}\end{pmatrix}+\begin{pmatrix}\text{线端输出的电能}\\ +\text{铜损耗}\end{pmatrix} \tag{2.104}$$

式中，等号左边为扣除风摩损耗后发电机输入的总机械能，也可称为发电机可供转换的总机械能。它将转换成等号右边的两项能量，即被耦合电磁场吸收的总能量（包括耦合电磁场储能的增量和介质的能量损耗）和转换成电能的全部能量（包括绕组电阻的铜损耗和线端输出的电能）。

式（2.103）和式（2.104）所描述的发电机机电能量转换过程中的能量关系可用图 2.11 描述如下。

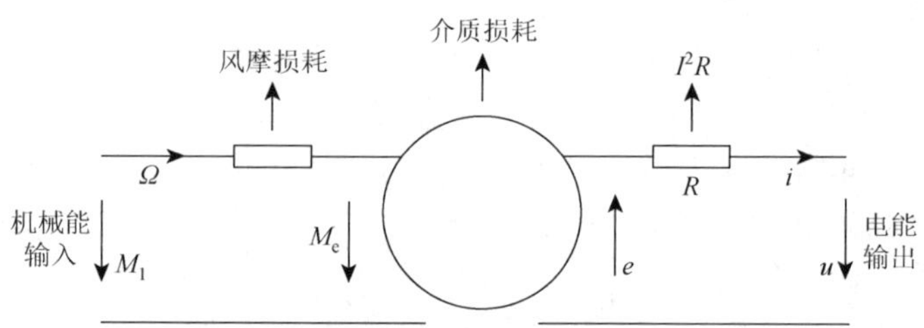

图 2.11　发电机机电能量转换中的能量关系

图 2.11 中，左侧为发电机的机械系统，右侧为电系统，耦合场将从原动机（风电机组）输入的机械能转换成电能并传递到电系统。把损耗分类分别归并到机械系统、耦合场和电系统，是对发电机进行的“理想化”处理，目的是使其机电能量转换过程变得单值、可逆，同时突出了耦合场对发电机电系统和机械系统的耦合反应，便于导出机电耦合项。后面将会了解，机电耦合项是机电能量转换原理中重要的概念之一。

式（2.104）所示能量关系的微分形式如下：

$$\mathrm{d}W_{\mathrm{mec}}=\mathrm{d}W_{\mathrm{m}}+\mathrm{d}W_{\mathrm{e}} \tag{2.105}$$

式中，$\mathrm{d}W_{\mathrm{mec}}$ 为在 $\mathrm{d}t$ 时间内输入耦合场的净机械能；$\mathrm{d}W_{\mathrm{m}}$ 为在 $\mathrm{d}t$ 时间内耦合场吸收的总能量；$\mathrm{d}W_{\mathrm{e}}$ 为在 $\mathrm{d}t$ 时间内转换成电能的总能量。

2. *磁场储能*

发电机以磁场作为耦合场，因此，在后面的分析中，耦合场储能均指磁场储能。

研究表明，发电机的磁场储能仅与其绕组电流（磁链）的大小以及转子位置有关。对于具有 n 个绕组的交流发电机，总的磁场储能 W_{m} 为

$$W_{\mathrm{m}} = \sum_{j=1}^{n} \int_{0}^{\psi_j} i_j \mathrm{d}\psi_j \tag{2.106}$$

可以看出，第 j 个绕组的磁场储能 $(W_{\mathrm{m}})_j$ 可以写成 $(W_{\mathrm{m}})_j = \int_0^{\psi_j} i_j \mathrm{d}\psi_j$，若该磁场的 ψ-i 曲线如图 2.12 所示，则面积 *oabo* 就代表了第 j 个绕组的磁场储能 $(W_{\mathrm{m}})_j$。若以绕组电流 i_j 为自变量，对磁链 ψ_j 积分，则可得 $(W_{\mathrm{m}}')_j = \int_0^{i_j} \psi_j \mathrm{d}i_j$。式中，$W_{\mathrm{m}}'$ 称为磁共能，可以用图 2.12 中的面积 *oaco* 表示。实际应用中，一般说来，利用磁共能进行分析计算较为方便。显然，磁场储能与磁共能之和为 $(W_{\mathrm{m}})_j + (W_{\mathrm{m}}')_j = i_j \psi_j$。

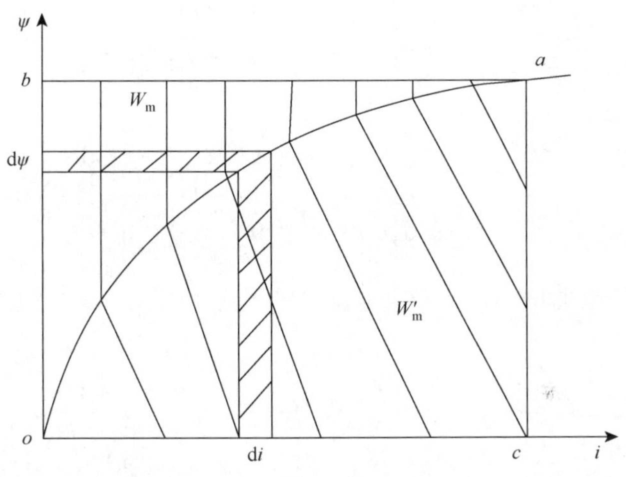

图 2.12　磁场储能与磁共能

具有 n 个绕组的交流发电机，其总的磁共能 W_{m}' 为

$$W_{\mathrm{m}}' = \sum_{j=1}^{n} \int_{0}^{i_j} \psi_j \mathrm{d}i_j \tag{2.107}$$

磁场储能与磁共能的和为

$$W_{\mathrm{m}} + W_{\mathrm{m}}' = \sum_{j=1}^{n} i_j \psi_j \tag{2.108}$$

如果所研究的磁场为线性，则其 ψ-i 曲线为直线，同时，考虑到绕组磁链与电流的关系 $\psi = Li$，则磁场储能 W_{m} 和磁共能 W_{m}' 可以写成如下形式：

$$W_{\mathrm{m}} = W_{\mathrm{m}}' = \frac{1}{2} \sum_{j=1}^{n} i_j \psi_j = \frac{1}{2} \sum_{j=1}^{n} \sum_{k=1}^{n} L_{jk} i_j i_k \tag{2.109}$$

式中，L_{jk} 为发电机第 j 个绕组与第 k 个绕组之间的互感。

3. 磁场储能的变化

前面已经指出，发电机的磁场储能仅与其绕组电流（或磁链）的大小以及转子位置有关，对于具有 n 个绕组的交流发电机，其总的磁场储能 W_m 和磁共能 W'_m 可以写成如下形式：

$$W_m = W_m(\psi_1, \psi_2, \cdots, \psi_n, \theta)$$
$$W'_m = W'_m(i_1, i_2, \cdots, i_n, \theta)$$

因此，在 dt 时间内，由绕组磁链和转子转角变化所引起的磁场储能变化 dW_m 应为

$$\mathrm{d}W_m = \frac{\partial W_m}{\partial \psi_1}\mathrm{d}\psi_1 + \frac{\partial W_m}{\partial \psi_2}\mathrm{d}\psi_2 + \cdots + \frac{\partial W_m}{\partial \psi_n}\mathrm{d}\psi_n + \frac{\partial W_m}{\partial \theta}\mathrm{d}\theta \tag{2.110}$$

考虑到 $\frac{\partial W_m}{\partial \psi_1} = i_1, \frac{\partial W_m}{\partial \psi_2} = i_2, \cdots, \frac{\partial W_m}{\partial \psi_n} = i_n$，式（2.110）可改写成

$$\begin{aligned} \mathrm{d}W_m &= i_1\mathrm{d}\psi_1 + i_2\mathrm{d}\psi_2 + \cdots + i_n\mathrm{d}\psi_n + \frac{\partial W_m}{\partial \theta}\mathrm{d}\theta \\ &= \sum_{j=1}^{n}(i_j\mathrm{d}\psi_j) + \frac{\partial W_m}{\partial \theta}\mathrm{d}\theta \end{aligned} \tag{2.111}$$

相应地，在 dt 时间内，由绕组电流和转子转角变化所引起的磁共能变化 dW'_m 应为

$$\mathrm{d}W'_m = \frac{\partial W'_m}{\partial i_1}\mathrm{d}i_1 + \frac{\partial W'_m}{\partial i_2}\mathrm{d}i_2 + \cdots + \frac{\partial W'_m}{\partial i_n}\mathrm{d}i_n + \frac{\partial W'_m}{\partial \theta}\mathrm{d}\theta \tag{2.112}$$

考虑到 $\frac{\partial W'_m}{\partial i_1} = \psi_1, \frac{\partial W'_m}{\partial i_2} = \psi_2, \cdots, \frac{\partial W'_m}{\partial i_n} = \psi_n$，式（2.112）可改写成

$$\begin{aligned} \mathrm{d}W'_m &= \psi_1\mathrm{d}i_1 + \psi_2\mathrm{d}i_2 + \cdots + \psi_n\mathrm{d}i_n + \frac{\partial W'_m}{\partial \theta}\mathrm{d}\theta \\ &= \sum_{j=1}^{n}(\psi_j\mathrm{d}i_j) + \frac{\partial W'_m}{\partial \theta}\mathrm{d}\theta \end{aligned} \tag{2.113}$$

对于线性系统，绕组的磁链方程为

$$\begin{aligned} \psi_1 &= L_{11}(\theta)i_1 + L_{12}(\theta)i_2 + \cdots + L_{1n}(\theta)i_n \\ \psi_2 &= L_{21}(\theta)i_1 + L_{22}(\theta)i_2 + \cdots + L_{2n}(\theta)i_n \\ &\vdots \\ \psi_n &= L_{n1}(\theta)i_1 + L_{n2}(\theta)i_2 + \cdots + L_{nn}(\theta)i_n \end{aligned} \tag{2.114}$$

可以看出，交流发电机的绕组电感均为转子转角 θ 的函数，而绕组磁链则既是各绕组电流的函数，又是转子转角 θ 的函数。把式（2.114）代入式（2.113），则在 dt 时间内，磁场储能的变化 dW_m 和磁共能的变化 dW'_m 可以改写成如下形式：

$$
\begin{aligned}
\mathrm{d}W_{\mathrm{m}} = \mathrm{d}W'_{\mathrm{m}} = &(L_{11}i_1 + L_{12}i_2 + \cdots + L_{1n}i_n)\mathrm{d}i_1 + (L_{21}i_1 + L_{22}i_2 + \cdots + L_{2n}i_n)\mathrm{d}i_2 + \cdots \\
&+ (L_{n1}i_1 + L_{n2}i_2 + \cdots + L_{nn}i_n)\mathrm{d}i_n + \frac{1}{2}\sum_{j=1}^{n}\sum_{k=1}^{n} i_j i_k \frac{\partial L_{jk}}{\partial \theta}
\end{aligned}
\tag{2.115}
$$

式（2.111）、式（2.113）和式（2.115）中，等号右边的前半部分为绕组电流（或磁链）所引起的磁场储能的变化；等号右边的后半部分是由转子的角位移变化使绕组电感变化所引起的磁场能量的变化，由分析可知，这一项磁场能量变化对发电机来说具有特殊重要的意义。

2.3.2　感应电动势和电磁转矩

1. 感应电动势

根据电磁感应定律并考虑到式（2.114），具有 n 个绕组的交流发电机的各绕组的感应电动势可表示为

$$
\begin{aligned}
e_1 &= -\frac{\mathrm{d}\psi_1}{\partial t} = -\left(\frac{\partial \psi_1}{\partial i_1}\frac{\mathrm{d}i_1}{\mathrm{d}t} + \frac{\partial \psi_1}{\partial i_2}\frac{\mathrm{d}i_2}{\mathrm{d}t} + \cdots + \frac{\partial \psi_1}{\partial i_n}\frac{\mathrm{d}i_n}{\mathrm{d}t} + \frac{\partial \psi_1}{\partial \theta}\frac{\mathrm{d}\theta}{\mathrm{d}t}\right) \\
e_2 &= -\frac{\mathrm{d}\psi_2}{\partial t} = -\left(\frac{\partial \psi_2}{\partial i_1}\frac{\mathrm{d}i_1}{\mathrm{d}t} + \frac{\partial \psi_2}{\partial i_2}\frac{\mathrm{d}i_2}{\mathrm{d}t} + \cdots + \frac{\partial \psi_2}{\partial i_n}\frac{\mathrm{d}i_n}{\mathrm{d}t} + \frac{\partial \psi_2}{\partial \theta}\frac{\mathrm{d}\theta}{\mathrm{d}t}\right) \\
&\vdots \\
e_n &= -\frac{\mathrm{d}\psi_n}{\partial t} = -\left(\frac{\partial \psi_n}{\partial i_1}\frac{\mathrm{d}i_1}{\mathrm{d}t} + \frac{\partial \psi_n}{\partial i_2}\frac{\mathrm{d}i_2}{\mathrm{d}t} + \cdots + \frac{\partial \psi_n}{\partial i_n}\frac{\mathrm{d}i_n}{\mathrm{d}t} + \frac{\partial \psi_n}{\partial \theta}\frac{\mathrm{d}\theta}{\mathrm{d}t}\right)
\end{aligned}
\tag{2.116}
$$

观察式（2.116）可以看出，各绕组电动势右边的前 n 项是由电流变化所引起的电动势，一般称为变压器电动势；而各式的最后一项则是因转子旋转运动和磁链（电感）随转角变化而产生的电动势，通常称为运动电动势。因机械旋转运动而产生运动电动势，是发电机实现机电能量转换的必要条件之一。

对于线性系统，考虑到式（2.114）的关系后，式（2.116）可改写成如下形式：

$$
\begin{aligned}
e_1 &= -\left(L_{11}\frac{\mathrm{d}i_1}{\mathrm{d}t} + L_{12}\frac{\mathrm{d}i_2}{\mathrm{d}t} + \cdots + L_{1n}\frac{\mathrm{d}i_n}{\mathrm{d}t}\right) - \left(i_1\frac{\partial L_{11}}{\partial \theta} + i_2\frac{\partial L_{12}}{\partial \theta} + \cdots + i_n\frac{\partial L_{1n}}{\partial \theta}\right)\frac{\mathrm{d}\theta}{\mathrm{d}t} \\
e_2 &= -\left(L_{21}\frac{\mathrm{d}i_1}{\mathrm{d}t} + L_{22}\frac{\mathrm{d}i_2}{\mathrm{d}t} + \cdots + L_{2n}\frac{\mathrm{d}i_n}{\mathrm{d}t}\right) - \left(i_1\frac{\partial L_{21}}{\partial \theta} + i_2\frac{\partial L_{22}}{\partial \theta} + \cdots + i_n\frac{\partial L_{2n}}{\partial \theta}\right)\frac{\mathrm{d}\theta}{\mathrm{d}t} \\
&\vdots \\
e_n &= -\left(L_{n1}\frac{\mathrm{d}i_1}{\mathrm{d}t} + L_{n2}\frac{\mathrm{d}i_2}{\mathrm{d}t} + \cdots + L_{nn}\frac{\mathrm{d}i_n}{\mathrm{d}t}\right) - \left(i_1\frac{\partial L_{n1}}{\partial \theta} + i_2\frac{\partial L_{n2}}{\partial \theta} + \cdots + i_n\frac{\partial L_{nn}}{\partial \theta}\right)\frac{\mathrm{d}\theta}{\mathrm{d}t}
\end{aligned}
\tag{2.117}
$$

在 $\mathrm{d}t$ 时间内，发电机转换成电能的总能量 $\mathrm{d}W_{\mathrm{e}}$ 为

$$\mathrm{d}W_{\mathrm{e}}=\sum_{j=1}^{n}(e_j i_j)\mathrm{d}t=-\sum_{j=1}^{n}(i_j\mathrm{d}\psi_j) \tag{2.118}$$

可见，发电机把机械能转换成电能是通过旋转运动使线圈内磁链发生变化，并在线圈内产生感应电动势来实现的。

根据基尔霍夫定律，可列写出各绕组的电压方程式如下：

$$\begin{aligned}
u_1&=e_1-i_1R_1=-\left(\frac{\mathrm{d}\psi_1}{\mathrm{d}t}+i_1R_1\right)\\
u_2&=e_2-i_2R_2=-\left(\frac{\mathrm{d}\psi_2}{\mathrm{d}t}+i_2R_2\right)\\
&\vdots\\
u_n&=e_n-i_nR_n=-\left(\frac{\mathrm{d}\psi_n}{\mathrm{d}t}+i_nR_n\right)
\end{aligned} \tag{2.119}$$

2. 电磁转矩

交流发电机的电磁转矩是一种电磁起因的转矩，是电机的旋转磁场与载流导体相互作用的结果。发电机利用电磁转矩吸收由原动机提供的机械功率，再通过磁场的耦合作用，把机械功率转换成电功率输出。那么，电磁转矩与磁场能量之间是否有着某种必然的联系呢？下面来分析这一问题。

现将发电机能量关系的微分形式重写如下：

$$\mathrm{d}W_{\mathrm{mec}}=\mathrm{d}W_{\mathrm{m}}+\mathrm{d}W_{\mathrm{e}} \tag{2.120}$$

对于具有 n 个绕组的交流发电机，当在 $\mathrm{d}t$ 时间内转子转过 $\mathrm{d}\theta$ 角度时，输入耦合场的净机械能为 $\mathrm{d}W_{\mathrm{mec}}=M_{\mathrm{e}}\mathrm{d}\theta$（图 2.12）；耦合场吸收的总磁场能量为 $\mathrm{d}W_{\mathrm{m}}=\sum_{j=1}^{n}(i_j\mathrm{d}\psi_j)+\frac{\partial W_{\mathrm{m}}}{\partial\theta}\mathrm{d}\theta$［式（2.111）］；转换成电能的总能量 $\mathrm{d}W_{\mathrm{e}}=-\sum_{j=1}^{n}(i_j\mathrm{d}\psi_j)$［式（2.118）］，于是，式（2.120）可改写成

$$M_{\mathrm{e}}\mathrm{d}\theta=\sum_{j=1}^{n}(i_j\mathrm{d}\psi_j)+\frac{\partial W_{\mathrm{m}}}{\partial\theta}\mathrm{d}\theta-\sum_{j=1}^{n}(i_j\mathrm{d}\psi_j)=\frac{\partial W_{\mathrm{m}}}{\partial\theta}\mathrm{d}\theta \tag{2.121}$$

可以看出，当发电机在 $\mathrm{d}t$ 时间内转子转过 $\mathrm{d}\theta$ 角度时，输入耦合场的净机械能与耦合场吸收的总磁场能量中转换成电能的那部分能量无关，而只取决于磁场储能（或磁共能）对转子转角的变化率。

因此，以绕组磁链 ψ 和转子转角 θ 作为自变量时，发电机的电磁转矩为

$$M_{\mathrm{e}}=\frac{\partial W_{\mathrm{m}}(\psi_1,\psi_2,\cdots,\psi_n,\theta)}{\partial\theta} \tag{2.122}$$

当以绕组电流 i 和转子转角 θ 作为自变量时，通过类似的推导，可以得到用磁共能 W_{m}' 表示的电磁转矩公式如下：

$$M_{\mathrm{e}}=-\frac{\partial W_{\mathrm{m}}'(i_1,i_2,\cdots,i_n,\theta)}{\partial\theta} \tag{2.123}$$

式（2.122）和式（2.123）表明，当转子的微小角位移引起发电机的磁场储能（或磁共能）发生变化时，就会产生电磁转矩，电磁转矩的大小等于单位微小角位移时磁场储能（或磁共能）的变化率。对于电磁转矩的方向，式（2.122）表明，在恒磁链下 T_{e} 的方向与磁场储能增加的方向一致；而式（2.123）则表明在恒电流下，M_{e} 的方向与磁共能减小的方向一致，参照式（2.108），这一结论是很容易理解的。

前面分析已经说明，式（2.115）右边最后一项的磁场能量变化对发电机来说具有特殊重要的意义，这是因为这一项是由转子的角位移所引起的磁场能量变化而来的。由式（2.122）和式（2.123）可知，发电机的电磁转矩恰好是由转子的角位移所引起的磁场能量变化而产生的，其特殊意义就在于此。进一步的分析表明，电磁转矩中应包括两种不同起因的转矩，一部分转矩是由定子电感和转子电感分别随转角 θ 变化所引起的电磁转矩，实际上，只有气隙磁导（磁阻）随转角变化而变化时，绕组电感才会随之变化，因此，常把这部分转矩称为磁阻转矩，一般情况下，在发电机电磁转矩中，磁阻转矩只占很小一部分；另一部分是定、转子电流和定、转子互感随转角变化而引起的电磁转矩，称为主电磁转矩，是发电机电磁转矩的主要部分。

对于线性系统，可以将式（2.109）的 W_{m}' 代入式（2.123），从而得到发电机电磁转矩的完整公式。为了简明起见，电磁转矩以矩阵形式表示如下：

$$M_{\mathrm{e}}=\frac{1}{2}\boldsymbol{i}^{\mathrm{T}}\frac{\partial\boldsymbol{L}}{\partial\theta}\boldsymbol{i} \tag{2.124}$$

至此，导出了发电机的运动电动势和电磁转矩。发电机因机械旋转运动而产生运动电动势，而转子角位移引起磁场能量变化将产生电磁转矩。运动电动势和电磁转矩是发电机系统中最重要的两个物理量，二者构成了发电机的一对机电耦合项。

3. 机电能量转换与气隙磁场

现在可以完整地描述发电机中所发生的机电能量转换过程。为此，可仍然借助于式（2.111）来加以说明。根据式（2.111），可画出在时间 $\mathrm{d}t$ 内发电机的微分能量关系。

可以看出，磁场储能的增量 $\mathrm{d}W_{\mathrm{m}}$ 包括两个分量：①由转子角位移引起的磁场储能的增量 $\frac{\partial W_{\mathrm{m}}}{\partial\theta}\mathrm{d}\theta$，$\mathrm{d}W_{\mathrm{m}}$ 恰好等于发电机输入的微分净机械能，理想情况下，

这部分能量与从风电机组输入的机械能相平衡；②由磁链变化所引起的磁场储能增量$\left[\sum_{j=1}^{n}\left(i_j\frac{\mathrm{d}\psi_j}{\mathrm{d}t}\right)\right]\mathrm{d}t$，则恰好等于发电机转换成的微分电能的总能量，理想情况下，这部分能量与发电机的输出电能相平衡。

由以上分析可知，发电机在机电能量转换过程中，作为耦合场的磁场既可以从机械系统（如风电机组）吸收机械能，又可以向电系统（如电网）输出电能。实际上，电机的这种机电能量转换过程是可逆的，当把机械能转换成电能时，这是一台发电机；当把电能转换成机械能时，这是一台电动机。二者的区别仅仅在于能量传递的方向不同。在介绍发电机结构时提到，发电机的磁场能量基本上都储存在气隙磁场中，气隙虽小，但对发电机的性能将产生重大影响，也就不足为奇了。这是因为，气隙长度及其在电枢圆周的分布情况的任何变化，都将引起气隙磁场的变化，从而影响机电耦合项（$e_{\Omega}, M_{\mathrm{e}}$）的变化，进而影响到发电机的机械能输入和电能输出。发电机设计的目的就在于选择合适的发电机尺寸（包括铁心尺寸、绕组尺寸、气隙尺寸等），优化设计出机电耦合项，从而使发电机获得优良的性能。

2.3.3　发电机数学模型

在以上分析的基础上，可以写出交流发电机的基本方程式，包括电压方程式、功率方程式和转矩方程式。基本方程式是分析计算发电机性能所依据的基本原理。为了使基本方程式形式简明且具有统一性，这里采用了矩阵形式。

1. 电压方程式

交流发电机的感应电动势 $\boldsymbol{e}$ 包括两个分量，即运动电动势分量和变压器电动势分量，因此，感应电动势的矩阵形式如下：

$$\boldsymbol{e}=\boldsymbol{e}_{\Omega}-\boldsymbol{L}\frac{\mathrm{d}\boldsymbol{i}}{\mathrm{d}t}=\left(\frac{\partial\boldsymbol{L}}{\partial\theta}\Omega\right)\boldsymbol{i}-\boldsymbol{L}\frac{\mathrm{d}\boldsymbol{i}}{\mathrm{d}t} \tag{2.125}$$

式中，$\boldsymbol{e}_{\Omega}$为运动电动势矩阵，$\boldsymbol{e}_{\Omega}=\left(\frac{\partial\boldsymbol{L}}{\partial\theta}\Omega\right)\boldsymbol{i}$；$\boldsymbol{L}\frac{\mathrm{d}\boldsymbol{i}}{\mathrm{d}t}$为变压器电动势矩阵。

具有 n 个绕组的交流发电机的电压方程式（2.119）可用矩阵表示为

$$\boldsymbol{u}=\boldsymbol{e}-\boldsymbol{R}\boldsymbol{i}=\left(\frac{\partial\boldsymbol{L}}{\partial\theta}\Omega\right)\boldsymbol{i}-\boldsymbol{L}\frac{\mathrm{d}\boldsymbol{i}}{\mathrm{d}t}-\boldsymbol{R}\boldsymbol{i} \tag{2.126}$$

式中，$\boldsymbol{u}$、$\boldsymbol{i}$ 分别为发电机绕组的相电压矩阵和相电流矩阵，即

$$\begin{aligned}\boldsymbol{u}&=[\boldsymbol{u}_{\mathrm{s}}\quad\boldsymbol{u}_{\mathrm{r}}]^{\mathrm{T}}=[\boldsymbol{u}_1\quad\boldsymbol{u}_2\quad\cdots\quad\boldsymbol{u}_n]^{\mathrm{T}}\\ \boldsymbol{i}&=[\boldsymbol{i}_{\mathrm{s}}\quad\boldsymbol{i}_{\mathrm{r}}]^{\mathrm{T}}=[\boldsymbol{i}_1\quad\boldsymbol{i}_2\quad\cdots\quad\boldsymbol{i}_n]^{\mathrm{T}}\end{aligned} \tag{2.127}$$

其中，$\boldsymbol{u}_{\mathrm{s}}$、$\boldsymbol{i}_{\mathrm{s}}$ 分别为定子相电压和相电流矩阵；$\boldsymbol{u}_{\mathrm{r}}$、$\boldsymbol{i}_{\mathrm{r}}$ 分别为转子相电压和相电流矩阵。$\boldsymbol{R}$ 为发电机绕组的电阻矩阵，这是一个对角矩阵，即

$$\boldsymbol{R}=\begin{bmatrix}\boldsymbol{R}_{\mathrm{s}} & 0\\ 0 & \boldsymbol{R}_{\mathrm{r}}\end{bmatrix}=\begin{bmatrix}R_1 & 0 & \cdots & 0\\ 0 & R_2 & \cdots & 0\\ \vdots & \vdots & & \vdots\\ 0 & 0 & \cdots & R_n\end{bmatrix} \tag{2.128}$$

其中，$\boldsymbol{R}_{\mathrm{s}}$ 为定子绕组电阻矩阵；$\boldsymbol{R}_{\mathrm{r}}$ 为转子绕组电阻矩阵。$\boldsymbol{L}$ 为发电机的绕组电感矩阵，一般说来，绕组电感是转角 θ 的函数。假定 1～m 为定子绕组，$(m+1)$～n 为转子绕组，即

$$\boldsymbol{L}=\begin{bmatrix}\boldsymbol{L}_{\mathrm{ss}} & \boldsymbol{L}_{\mathrm{sr}}\\ \boldsymbol{L}_{\mathrm{rs}} & \boldsymbol{L}_{\mathrm{rr}}\end{bmatrix}=\begin{bmatrix}L_{11} & \cdots & L_{1m} & L_{1(m+1)} & \cdots & L_{1n}\\ \vdots & & \vdots & \vdots & & \vdots\\ L_{m1} & \cdots & L_{mm} & L_{m(m+1)} & \cdots & L_{mn}\\ L_{(m+1)1} & \cdots & L_{(m+1)m} & L_{(m+1)(m+1)} & \cdots & L_{(m+1)n}\\ \vdots & & \vdots & \vdots & & \vdots\\ L_{n1} & \cdots & L_{nm} & L_{n(m+1)} & \cdots & L_{nn}\end{bmatrix} \tag{2.129}$$

其中，$\boldsymbol{L}_{\mathrm{ss}}$ 为定子绕组电感矩阵；$\boldsymbol{L}_{\mathrm{rr}}$ 为转子绕组电感矩阵；$\boldsymbol{L}_{\mathrm{sr}}$ 和 $\boldsymbol{L}_{\mathrm{rs}}$ 为定子、转子绕组之间的互感矩阵。

2. 功率方程式

在发电机进行机电能量转换过程中，耦合场在吸收从原动机（风电机组）输入的机械能并将其转变为磁场储能的变化之外，还将一部分机械能转换成电能并传递到电系统。下面就来定量讨论这一问题。

将式（2.121）所示的发电机能量关系的微分方程改写成功率方程：

$$\varOmega=\left(\sum_{j=1}^{n}(i_j e_j)+\frac{\partial W_{\mathrm{m}}}{\partial\theta}\mathrm{d}\theta\right)-\sum_{j=1}^{n}(i_j e_j) \tag{2.130}$$

式中，$\varOmega$ 为发电机转子的机械角速度，$\varOmega=\dfrac{\mathrm{d}\theta}{\mathrm{d}t}$；$e_j$ 为第 j 个绕组的感应电动势，$e_j=\dfrac{\mathrm{d}\psi_j}{\mathrm{d}t}$。

将式（2.130）改写成矩阵形式，即

$$\frac{\partial W_{\mathrm{m}}}{\partial\theta}\varOmega=T_{\mathrm{e}}\varOmega=\left(\boldsymbol{i}^{\mathrm{T}}\boldsymbol{e}+\frac{\partial W_{\mathrm{m}}}{\partial\theta}\varOmega\right)-\boldsymbol{i}^{\mathrm{T}}\boldsymbol{e} \tag{2.131}$$

由式（2.131）可以看出，发电机从原动机（风电机组）吸收的净机械功率 $T_{\mathrm{e}}\varOmega$ 中，一部分转换成磁场储能功率，即 $\boldsymbol{i}^{\mathrm{T}}\boldsymbol{e}+\dfrac{\partial W_{\mathrm{m}}}{\partial\theta}\varOmega$，另一部分则转换成电功率 $\boldsymbol{i}^{\mathrm{T}}\boldsymbol{e}$

输出，由机械功率直接转换成电功率的这部分功率称为发电机的转换功率。由式（2.131）还可看出，磁场储能功率包括两部分：由角位移的变化（即转子旋转运动）所引起的磁场储能功率 $\frac{\partial W_{\mathrm{m}}}{\partial \theta}\Omega$ 恰好等于从原动机（风电机组）吸收的净机械功率，即 $\frac{\partial W_{\mathrm{m}}}{\partial \theta}\Omega = T_{\mathrm{e}}\Omega$；而由磁链变化所引起的磁场储能功率 $\boldsymbol{i}^{\mathrm{T}}\boldsymbol{e}$ 恰好等于输出电功率的负值。

将式（2.126）等号两边同时乘以电流 $\boldsymbol{i}$ 的转置矩阵 $\boldsymbol{i}^{\mathrm{T}}$，就可以得到发电机电系统的功率方程式，即

$$\boldsymbol{i}^{\mathrm{T}}\boldsymbol{u} = \boldsymbol{i}^{\mathrm{T}}\boldsymbol{e}_{\Omega} - \boldsymbol{i}^{\mathrm{T}}\boldsymbol{L}\frac{\mathrm{d}\boldsymbol{i}}{\mathrm{d}t} - \boldsymbol{i}^{\mathrm{T}}\boldsymbol{R}\boldsymbol{i} \tag{2.132}$$

式中，$\boldsymbol{i}^{\mathrm{T}}\boldsymbol{u}$ 为发电机线端输出的电功率；$\boldsymbol{i}^{\mathrm{T}}\boldsymbol{e}_{\Omega}$ 为被绕组运动电动势吸收的电功率；$\boldsymbol{i}^{\mathrm{T}}\boldsymbol{L}\frac{\mathrm{d}\boldsymbol{i}}{\mathrm{d}t}$ 为被绕组变压器电动势吸收的电功率；$\boldsymbol{i}^{\mathrm{T}}\boldsymbol{R}\boldsymbol{i}$ 为绕组的电阻损耗。

3. 转矩方程式

对发电机来说，需要从原动机输入机械转矩，并带动发电机转子旋转，当磁场储能随转角发生变化时，发电机将产生电磁转矩，电磁转矩是一种制动性质的转矩。当发电机稳态运行时，电磁转矩将与轴上输入的机械转矩相平衡，维持机组以恒定的转速稳定运行；当发电机动态运行时，由于发电机的转速发生了变化，以及旋转系统的惯性，发电机轴上除了承受稳态运行时的输入转矩和电磁转矩，还将承受一个动态转矩，转速变化率越大这一动态转矩的值越大。

因此，发电机稳态运行时，其机械系统的转矩方程式为

$$T_1 = T_{\mathrm{e}} + T_0 \tag{2.133}$$

式中，T_1 为来自原动机的输入转矩；T_{e} 为发电机的电磁转矩；T_0 为与发电机的风摩损耗相对应的损耗转矩，一般说来，这一损耗转矩是转子机械角速度 Ω 的函数。

发电机动态运行时的转矩方程式为

$$T_1 = T_0 + T_{\mathrm{e}} + J\frac{\mathrm{d}\Omega}{\mathrm{d}t} \tag{2.134}$$

式中，J 为发电机旋转系统的转动惯量，单位为 $\mathrm{N{\cdot}m{\cdot}s^2}$；$\Omega$ 为发电机转子旋转的机械角速度，单位为 rad/s。

显然，当 $M_1 > (M_{\mathrm{e}} + M_0)$、$T_1 > (T_{\mathrm{e}} + T_0)$ 时，$\frac{\mathrm{d}\Omega}{\mathrm{d}t} > 0$，这时发电机升速；当 $M_1 < (M_{\mathrm{e}} + M_0)$、$T_1 < (T_{\mathrm{e}} + T_0)$ 时，$\frac{\mathrm{d}\Omega}{\mathrm{d}t} < 0$，这时发电机降速。在风力发电系统

中，由于风速变化的随机性，风电机组的转速将随风速的变化而变化，使风电机组经常处于动态运行过程中，这是风电机组运行的一个特点。试想，如果由于风速的突然变大，机组出现较大的 $\frac{\mathrm{d}\Omega}{\mathrm{d}t}$ ，这时，机组将出现一个较大的动态转矩 $J\frac{\mathrm{d}\Omega}{\mathrm{d}t}$，这一转矩可能是发电机额定转矩的几倍以上，可能使风电机组的风轮（叶片轮毂等）、传动系统（包括主轴、联轴器、齿轮箱等）以及发电机轴和底脚等受到损伤。因此在进行风电机组的机械系统设计时，必须充分考虑到这种动态转矩对机组安全性的影响。

2.4　风轮推力与塔架

风轮的轴向载荷主要是气动载荷，表现为风轮的轴向推力，它和风轮的能量转换密切相关。风轮的轴向推力和吸收的功率如式（2.135）和式（2.136）所示，风能利用系数 C_P 和推力系数 C_T 都取决于诱导因子 a。

$$F=\frac{1}{2}\rho U_{\infty}^{2}A_{\mathrm{d}}C_{\mathrm{T}}=\frac{1}{2}\rho U_{\infty}^{2}A_{\mathrm{d}}[4a(1-a)^{2}] \tag{2.135}$$

$$P=\frac{1}{2}\rho U_{\infty}^{2}A_{\mathrm{d}}C_{\mathrm{P}}=\frac{1}{2}\rho U_{\infty}^{2}A_{\mathrm{d}}[4a(1-a)] \tag{2.136}$$

式中，ρ 为空气密度；U_∞ 为风速；A_d 为风轮扫掠面积。

风轮轴向推力和塔架之间的动力学系统如图 2.13 所示，其耦合振动是造成塔架及风电机组地基疲劳损伤的主要原因。因此在风电机组发电运行控制过程中，需要格外注意。

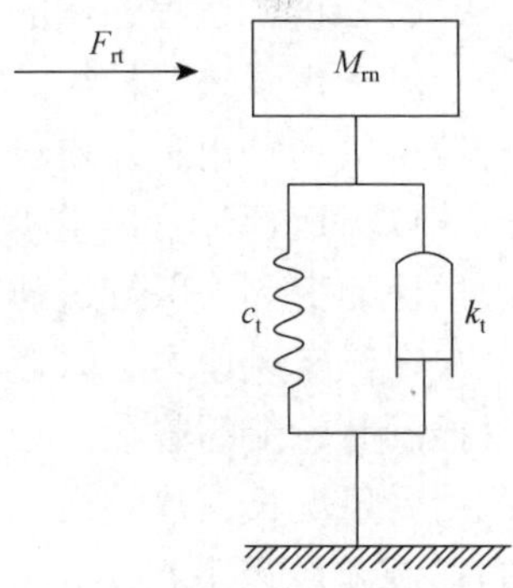

图 2.13　风轮轴向推力和塔架之间的耦合模型

根据拉格朗日动力学方程，风轮轴向推力和塔架之间的耦合振动可以描述为

$$F_{\mathrm{rt}}+\Delta F_{\mathrm{rt}}=M_{\mathrm{rn}}\ddot{x}_{\mathrm{af}}+k_{\mathrm{t}}\dot{x}_{\mathrm{af}}+c_{\mathrm{t}}x_{\mathrm{af}} \tag{2.137}$$

式中，M_rn 为风轮和机舱质量；$\ddot{x}_\mathrm{af}$、$\dot{x}_\mathrm{af}$、x_af 分别为塔架前后方向振动的加速度、速度和位移；F_rt 为风轮气动推力；ΔF_rt 为由桨叶微调引起的气动推力变化量。在 $\ddot{x}_\mathrm{af}$、$\dot{x}_\mathrm{af}$、x_af 中，测量加速度要比测量位移和速度容易得多，因此通过对塔架加速度的测量，并以此为基础进行积分来推出 $\dot{x}_\mathrm{af}$、x_af 的变化，风轮推力的变化量就可以用塔顶的加速度来确定。

第 3 章　风电机组运行控制策略

3.1　大功率风电机组控制要求

作为一种大型发电设备，风电机组的基本评价标准为可利用率。根据国际标准《基于时间的风电机组可利用率》（IEC 61400-26-1）、《基于发电量的风电机组可利用率要求》（IEC 61400-26-2），可利用率可从发电量和无故障运行时间两个角度计算。因此，在进行并网型风电机组控制系统和控制策略的设计时，要在保证机组人员安全的前提下，尽量提高机组的发电能力，同时要尽量提高机组的可靠性。

为了实现安全、可靠、无人值守运行，并网运行的风电机组控制系统必须具备以下功能：

（1）自动检查外界条件，实现机组的启动和停机等状态切换；

（2）根据发电机和电网运行实现并/脱网转换；

（3）根据风速大小自动进行转速和功率控制；

（4）参照风向信号自动对风，并防止电缆过度缠绕；

（5）发生故障和异常时，能确保机组安全停机；

（6）对电网、风况和机组的运行状况进行监测和记录，生成各种图表；

（7）设备远程通信的功能。

对于定桨失速机组，功率的调节依赖于叶片的失速性能，无须任何人为控制。转速由气动转矩和发电机电磁转矩的平衡决定。对于变速恒频风电机组，在额定风速以下运行时，风电机组应通过对发电机转矩进行控制，使叶轮的转速能够跟踪风速的变化，保持最佳叶尖速比运行，并尽可能地提高能量转换效率。

在额定风速之上时，变桨距控制可以有效地调节风电机组所吸收的能量，同时控制叶轮上的载荷，使之限定在安全设计值以内。机组运行过程中承受的动态载荷受风况、叶片特性、机组结构和机组控制策略等多方面因素影响，采取有效的措施减少风电机组运行过程中所受的载荷是大型风电机组设计必须考虑的问题，也是风电机组设计优化的最根本及最有效的途径。

风电机组载荷来源如图 3.1 所示，在自然风况下，风切变、湍流、阵风、塔影效应、风轮旋转、变桨距动作等都会使机组受到力的作用，如气动力、离心力、惯性力、重力等。根据风电机组设计国际标准对机组安全的要求，风电机组在设计过程中需要考虑的载荷可以分为如下几种。

（1）气动载荷：载荷的主要来源。

（2）重力载荷：由风轮和机舱重量等引起的载荷。

（3）惯性载荷：由部件运动产生的载荷。

（4）由控制系统动作引起的载荷：由变桨距、偏航等控制动作引起的载荷。

（5）其他载荷：由波浪、结冰和电网等因素引起的载荷。

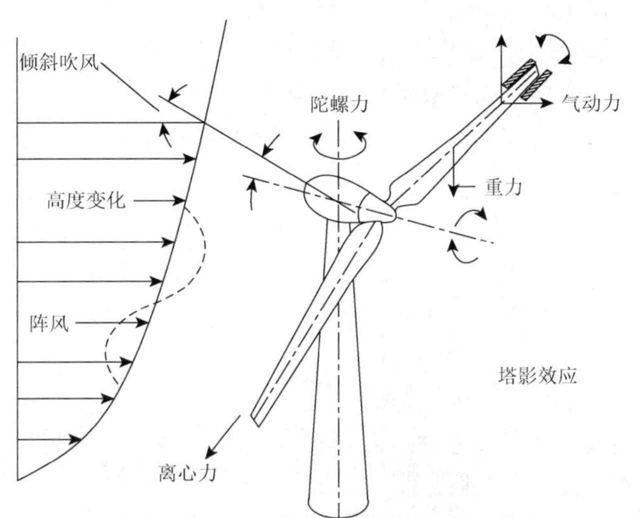

图3.1　风电机组载荷来源

风电机组控制系统对载荷有影响的因素主要包括：

（1）开机、停机过程；

（2）并网、脱网控制；

（3）偏航控制；

（4）制动控制；

（5）发电运行控制策略。

一个较完整的风电机组控制系统除了能够保证良好的发电能力和电能品质，还应承担以下任务：

（1）减小传动链的转矩峰值和波动；

（2）避免过量的变桨距动作和发电机转矩调节；

（3）减小塔架、基础的载荷；

（4）功率、转速突变引起载荷；

（5）减小和补偿气动或风轮不平衡引起的风轮载荷。

某些目标相互间存在冲突，各种载荷不仅影响部件的成本，而且影响各部件的可靠性。因此，控制的设计过程需要进行相互权衡，实现最优化设计。

3.2 机组状态定义与切换控制

为了能够清楚地了解机组在各种状态条件下，控制系统是如何反应的，必须对每种工作状态作出精确的定义。这样，控制软件就可以根据机组所处的工作状态和外部情况，按设定的控制策略对偏航系统、液压系统、变桨距系统、制动系统、变流器等进行操作，实现状态之间的转换。

由于不同的机组运行状态定义和切换条件不同，以下内容以案例形式阐述。

1. 运行状态定义

每种工作状态可看作风电机组的一个活动层次，运行状态处在最高层次，紧急停机状态处在最低层次。风电机组总是工作在如下状态之一。

1）运行状态

（1）制动装置松开。

（2）允许风机运行和发电。

（3）允许风机发电机并网。

（4）叶尖回收（定桨机组）或桨距调节系统选择的最佳运行模式（变桨距机组）。

（5）风机自动偏航。

（6）冷却系统自动冷却。

对变桨距型风电机组，变桨距系统选择最佳工作状态是指控制器根据发电机是否并入电网，机组处于何种运行状态来进行速度控制和功率控制的转换，并选择最佳桨叶节距角。

2）暂停状态

（1）制动装置松开。

（2）液压泵保持工作压力。

（3）自动偏航处于激活状态。

（4）叶尖扰流器释放（定桨机组）或桨距调节系统调节叶片至顺桨（变桨距机组）。

（5）风轮已经停止或空转。

（6）冷却系统自动冷却。

这个工作状态在调试风电机组时非常有用，因为调试风电机组的目的是要求机组的各种功能正常，而不是发电运行。

3）停机状态

（1）制动装置松开。

（2）叶尖扰流器释放（定桨机组）或桨距调节系统调节叶片至顺桨（变桨距机组）。

（3）液压泵保持工作压力。

（4）自动偏航系统不工作。

（5）自动冷却系统不工作。

4）紧急停机状态

（1）对定桨机组，当风轮低于一定转速后，施加制动。

（2）对变桨距机组，制动装置松开。只有当急停按钮被按下时，才施加制动。

（3）安全链断开。

（4）所有的计算机输出量被设为停用。

（5）计算机依然运行，并测量所有输入量。

2. 运行状态切换

在运行、暂停、停机、急停四种运行状态的基础上，控制系统需要根据外围工况、运行数据的变化进行切换，如图 3.2 所示，提高工作状态层次时只能一层一层地上升，而要降低工作状态层次可以是一层或多层地下降。这种工作状态之间转变最典型的过程则是启动、停机。

1）工作状态层次上升

（1）急停→停机。如果停机的条件满足，则：①关闭急停电路；②建立液压工作压力；③松开机械制动。

（2）停机→暂停。如果暂停的条件满足，则：①启动偏航系统；②对于变桨距风电机组，接通变桨距系统压力阀。

（3）暂停→运行。如果运行的条件满足，则机组进入启动程序，启动过程可分为自动启动和手动启动。

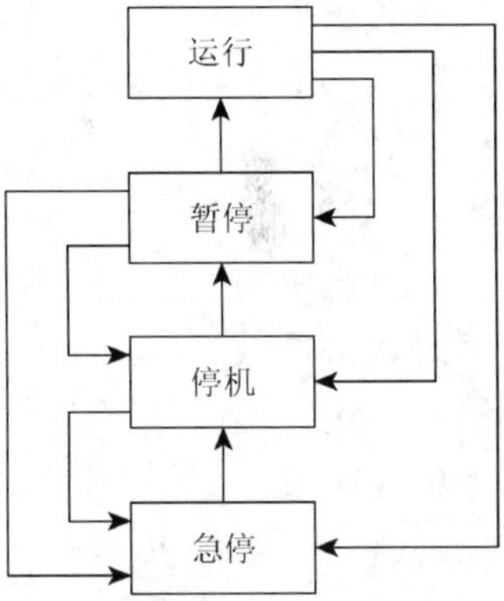

图 3.2　机组运行状态切换

2）工作状态层次下降

工作状态层次下降包括以下情况。

（1）紧急停机。紧急停机又包含了 3 种情况：停机→急停；暂停→急停；运行→急停。

（2）停机。停机操作包含了 2 种情况：暂停→停机；运行→停机。不同原因导致的停机可分为正常停机、紧急停机。

（3）暂停。暂停操作包括：①如果发电机并网，调节功率降到 0 后通过晶闸管切出发电机；②如果发电机没有并入电网，则降低风轮转速至 0。

3. 典型的状态切换过程

1）机组启动

风电机组的启动模式应分为自动和手动两种，可以通过主控系统人机界面或远程监控系统自由切换。主控系统重新上电启动后，一般可以是手动模式。当风速过低（小于切入风速）自动脱网停机时，为了避免发生频繁启动和停止的现象，平均风速大于切入风速并持续一段时间后，才能允许机组自动启动。具体启动功能的设计如下。

（1）自动启动机组功能。当风电机组的主控系统正常运行时，机组无任何故障和警告，平均风速（一般为 10min 平均风速）大于切入风速且小于切出风速，则机组进入自动启动状态；当主控系统检查温度、油压等机组必备条件完毕并通过以后，通过转速控制，使发电机转速提升至并网允许的转速范围，然后向变流器发出启动并网命令，由变流器完成并网操作；主控系统接着实施转矩控制和变桨距控制，使输出功率平稳上升，达到机组的稳态平衡，这样机组就实现了并网发电，同时自动启动功能完成。

（2）手动启动机组功能。当风电机组的主控系统正常运行时，机组无任何故障和警告，平均风速（一般为 10min 平均风速）大于切入风速且小于切出风速，技术人员通过主控系统的手动启动按钮进行手动启动操作或者通过监控系统进行远程手动启动操作；当主控系统接收到上述手动启动命令后，机组进入手动启动阶段。

2）停机

风电机组的主控系统应采用多个级别停机控制程序，当风电机组的故障码激活时，根据故障码所对应的停机程序等级，执行相应的停机程序，在确保风电机组安全运行的前提下，尽可能地减小机组在停机过程中的载荷，具体不同级别的停机功能设计如下。

（1）正常停机模式 1。当主控系统接收到正常停机命令或者较低级别的故障码激活时，主控系统首先协调控制变流器和变桨距系统等相关部件，逐步降低机组的输出功率，降低发电机转速，待功率降至停机允许的功率设定值时，主控系统向变流器发出停机脱网命令，断开与电网的连接，3 个叶片以正常停机模式 1 的变桨距速度顺桨至正常停机模式 1 的停机位置，风轮自由旋转，机组进入待机状态，正常停机模式 1 过程完成。

（2）正常停机模式 2。当主控系统接收到较低级别的故障码激活并且发生电网故障时，主控系统应立即向变流器发出停机脱网命令，断开与电网的连接，同时协调控制变桨距系统，3 个叶片以正常停机模式 2 的变桨距速度顺桨至正常停机模式 2 的停机位置，机组进入停机状态，正常停机模式 2 过程完成。

（3）紧急停机模式 1。当主控系统接收到较高级别的故障码激活时，主控系统首先协调控制变流器和变桨距系统等相关部件的动作，逐步降低机组的输出功率，降低发电机转速，待功率降至停机允许的功率设定值时，主控系统向变流器发出停机脱网命令，断开与电网的连接，3 个叶片以紧急停机模式 1 的变桨距速度快速顺桨至紧急停机模式 1 的停机位置，机组进入停机状态，紧急停机模式 1 过程完成。

（4）紧急停机模式 2。当主控系统接收到较高级别的故障码激活并且发生电网故障时，主控系统应立即向变流器发出停机脱网命令，断开与电网的连接，同时协调控制变桨距系统，3 个叶片以紧急停机模式 2 的变桨距速度快速顺桨至紧急停机模式 2 的停机位置，机组进入停机状态，紧急停机模式 2 过程完成。

3.3　发电运行区域划分与控制策略

变速机型与恒速机型相比，低风速时它能够根据风速变化，在运行中保持最佳叶尖速比以获得最大风能利用系数；高风速时利用风轮转速变化，储存或释放部分能量，提高传动系统的柔性，使功率输出更加平稳。通过变桨距、发电机转矩两个闭环控制实现机组的变速恒频发电运行，其控制框图如图 3.3 所示。

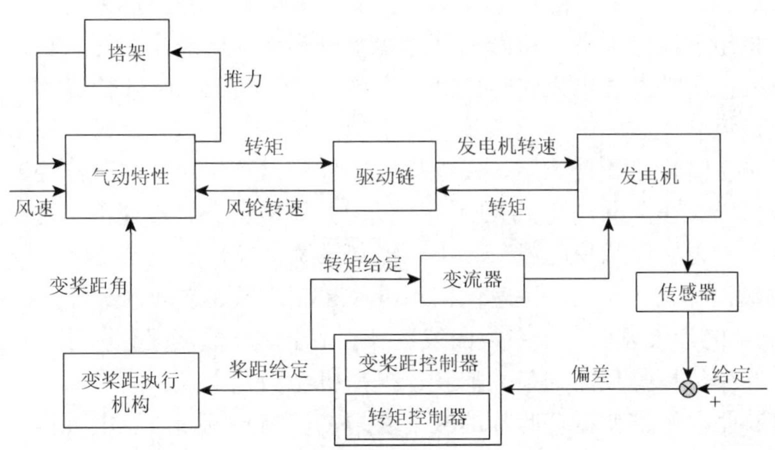

图 3.3　风电机组闭环控制框图

3.3.1　工作区划分

根据发电机转速的不同（对应不同的风速），风电机组可按照图 3.4 进行运行区域划分。在正常发电运行工况下，不同工况变桨距控制和转矩控制所起的作用和它们的控制策略都有各自的侧重点。

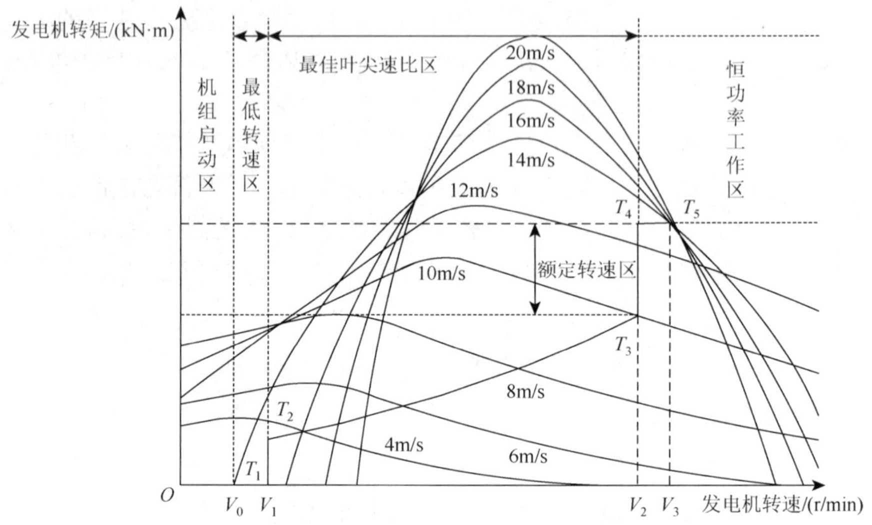

图 3.4　发电运行控制策略区域划分

如图 3.4 所示，变速风力发电机的运行可分为以下几个阶段。

（1）机组启动区，发电机转速从静止上升到切入转速。在切入转速下，发电机没有并网，不涉及发电机转矩控制，只是通过变桨距控制叶轮转速。

（2）最低转速区，机组无故障且发电机刚刚并网。这一阶段，发电机虽已并网，但发电机转矩设置仍为零，发电机转矩控制器不工作；桨距角控制的目标是保持发电机转速在并网转速 V_1 附近，不低于并网最低允许转速 V_0。这一阶段发电机功率接近零，机组承受的载荷较小，控制系统目标是避免频繁地并脱网。

（3）最佳叶尖速比区，风速在切入风速和额定风速之间，机组按照图 3.4 中 T_2 和 T_3 所示的最大风能利用系数曲线运行。由于这一区间风速低于额定风速，机组的基本控制目标是风能的最大捕获，提高机组的发电量。为了尽可能多地吸收风能，变桨距系统需要保持叶片的最佳攻角，控制系统通过发电机转矩调节控制风轮转速按照最佳叶尖速比运行。由于风速较低，机组承受的动态载荷也相对较小，但发电机转矩的调节可能会引起传动系统转矩的波动，需要通过发电机转矩控制抑制传动系统的扭矩波动，以尽可能减小齿轮箱、联轴器等关键零部件的扭转载荷。

（4）额定转速区，随着风速的增加，风轮转速达到额定转速，这时机组进入额定转速区。在这个区间内控制的基本目标是将机组转速维持在额定转速。考虑到此时功率未上升至额定功率，变桨距系统需要和处在最佳叶尖速比区一样保持风轮的最佳攻角，主要通过对发电机转矩控制来实现对转速的控制，转矩运行点循着轨迹 T_3、T_4 移动，并最终达到最大值 T。同样，该区域也需要抑制传动系统的扭矩波动，控制需求和方式类似于最佳叶尖速比区。

（5）恒功率工作区，风速等于或大于额定风速，发电机转矩达到额定转矩（T_4 点），电机转矩给定量基本保持恒定，由桨距角调节来限制风轮获取能量，使风电机组保持在额定功率点。在这一区域，控制的基本目标是保持风电机组获得恒定的功率输出。高风速工况下，湍流和风剪切导致三个叶片受到的气动载荷不同，风轮承受的不平衡载荷也比较大。由于风速的变化，为了使风电机组工作在额定点，控制系统必须频繁地对桨距角进行调节，风轮推力也会随之变化，对塔架振动产生激励。由于发电机转矩基本保持恒定，风轮气动转矩的变化可能会引起传动系统扭转和发电机功率输出的波动。因此，这个区域是动态载荷控制的重点区域，需要在保证基本控制目标的前提下，尽可能地通过变桨距控制减小风轮不平衡载荷、风轮推力的变化，通过发电机转矩控制抑制传动系统扭矩的波动。

3.3.2　发电运行控制策略

根据变速风电机组在不同区域的运行，我们将基本控制策略确定为：低于额定风速时，跟踪 C_{Pmax} 曲线，以获得最大能量；高于额定风速时，保持输出稳定。

当风速达到启动风速后，风轮转速由零增大到发电机可以切入的转速，C_P 不断上升，风电机组开始作发电运行。通过对发电机转速进行控制，风电机组逐渐进入 C_P 恒定区（$C_P = C_{Pmax}$），这时机组在最佳状态下运行。随着风速增大，转速也增大，最终达到一个允许的最大值，这时，只要功率低于允许的最大功率，转速便保持恒定。在转速恒定区，随着风速增大，C_P 减小，但功率仍然增大。达到功率极限后，机组进入功率恒定区，这时随风速的增大，转速必须降低，使叶尖速比减少的速度比在转速恒定区更快，从而使风电机组在更小的 C_P 下作恒功率运行。变速风电机组在三个工作区运行时，C_P 的变化情况如下。

1）C_P 恒定区

在 C_P 恒定区，风电机组受到给定的功率——转速曲线控制。P_{opt} 的给定参考值随转速变化，由转速反馈算出。P_{opt} 以计算值为依据，连续控制发电机输出功率，使其跟踪 P_{opt} 曲线变化。用目标功率与发电机实测功率的偏差驱动系统达到平衡。

2）转速恒定区

如果保持 C_{Pmax}（或 λ_{opt}）恒定，即使没有达到额定功率，发电机最终也将达到其转速极限。此后风力机进入转速恒定区。在这个区域，随着风速增大，发电机转速保持恒定，功率在达到极限值之前一直增大。控制系统按转速控制方式工作。风力机在较小的 λ 区（C_{Pmax} 的左面）工作。

3）功率恒定区

随着功率增大，发电机和变流器将最终达到其功率极限。在功率恒定区，必须靠降低发电机的转速使功率低于其极限。随着风速增大，发电机转速降低，使 C_P 迅速降低，从而保持功率不变。

增大发电机负荷可以降低转速，只是风力机惯性较大，要降低发电机转速，就要有动能转换为电能。

由于系统惯性较大，必须增大发电机的功率极限，使之大于风力机的功率极限，以便有足够空间承接风轮转速降低所释放的能量。这样，一旦发电机的输出功率高于设定点，那就直接控制风轮，以便降低其转速。因此，在转速慢慢降低，功率重新低于功率极限之前，功率会有一个变化范围。

高于额定风速时，变速风电机组的变速能力主要用来提高传动系统的柔性。为了获得良好的动态特性和稳定性，在高于额定风速的条件下采用节距控制可得到较为理想的效果。在变速风力机的开发过程中，对采用单一的转速控制和加入变桨距控制两种方法均作了大量的实验研究。结果表明：在高于额定风速的条件下，加入变桨距调节的风电机组，显著提高了传动系统的柔性及输出的稳定性。因为在高于额定风速时，追求的是稳定的功率输出。采用变桨距调节，可以限制转速变化的幅度。当桨叶节距角向增大方向变化时，C_P 得到了迅速有效的调整，从而控制了由转速引起的发电机反力矩及输出电压的变化。采用转速与节距双重调节，虽然增加了额外的变桨距机构和相应的控制系统，但由于改善了控制系统的动态特性，仍然被普遍认为是变速风电机组理想的控制方案。

在低于额定风速的条件下，变速风电机组的基本控制目标是跟踪 C_{Pmax} 曲线。改变桨距叶节距角会迅速降低风能利用系数 C_P，这与控制目标相违背，因此在低于额定风速条件下加入变桨距调节不合适。

基于表 3.1 所示控制策略，某 1.5MW 风电机组的不同风速下对应的工作区（1）～（5）的转速、输出功率和桨距角如图 3.5 所示。

表 3.1　发电运行工作区及控制策略

工作区	风速范围	控制目标	变桨距控制策略	发电机转矩控制
（1）机组启动	任何风速	转速控制	转速闭环	—
（2）最低转速	切入风速	维持并网转速	最大攻角 0°	最小转矩
（3）最佳叶尖速比	低风速	最大风能利用	最大攻角 0°	最佳叶尖速比
（4）额定转速	额定风速附近	额定转速	最大攻角 0°	转速闭环
（5）恒功率	高于额定风速	恒功率输出	转速或功率闭环	恒功率

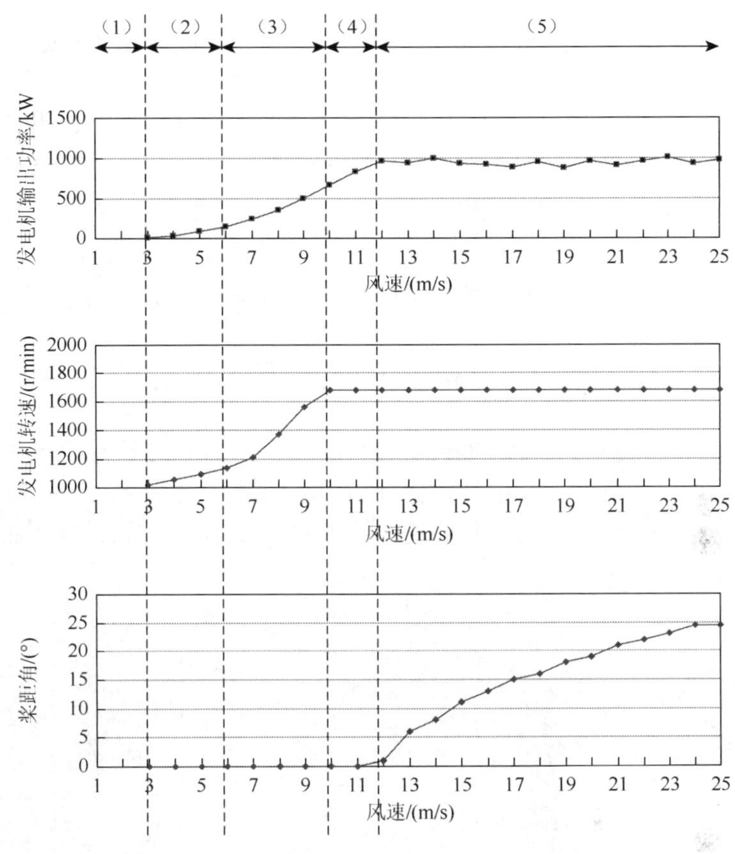

图 3.5　某 1.5MW 风电机组发电运行数据

3.3.3　变桨距和转矩控制器切换

在变速变桨距机组的控制中，额定风速之下，应采用转矩控制来调节发电机、风轮转速，保持最佳叶尖速比、最大风能捕获运行；额定风速之上，采用变桨距控制限制功率输出，维持风轮转速恒定。但在额定风速附近的额定转速区，功率达到额定输出前，有一个转速到达额定且功率逐步爬坡的上升区。这段区域是转矩控制器和变桨距控制器的转换过渡区。

在控制器的转换中，如果设置临界点，需要在此点实现二者间解耦，采用一些逻辑开关来保证只有一个控制器激活。这种逻辑看起来简单易实现，但有时会出现不符合逻辑的情况。例如，风速在额定风速之下时上升很快，如果在转矩达到额定之前进行一些变桨距调节会很有效，否则会使转矩达到额定转矩之上，即超速。

一种方法是使其中一个控制器状态饱和，另一个控制器激活有效，使两个控制器同时运行，但只有远低于或远高于额定风速时，此方法才有效。当接近额定点时，两个控制器会相互干扰。

还有一种有效的方法，是在速度偏差环外增加转矩偏差控制信号，共同作为变桨距 PID（比例、积分、微分）控制器的输入。额定风速之上时，转矩给定为额定转矩，转速偏差信号为 0；额定风速之下时，转矩偏差信号为负，控制器会使桨距角向较小角度动作，并阻止额定风速下的变桨距调节器动作，如果风速快速变化，在转矩达到额定转矩之前，控制器会提前驱动变桨距调节器动作，有效地防止超速。

3.4　风电机组闭环控制设计流程

变桨距、转矩控制器对风电机组的平稳运行有直接的影响，而且某种程度上决定风电机组的可靠性和发电量，因此风电机组闭环控制需要由专业人员按照一定的流程完成。一个典型的控制系统设计过程可分为如下步骤，如图 3.6 所示。

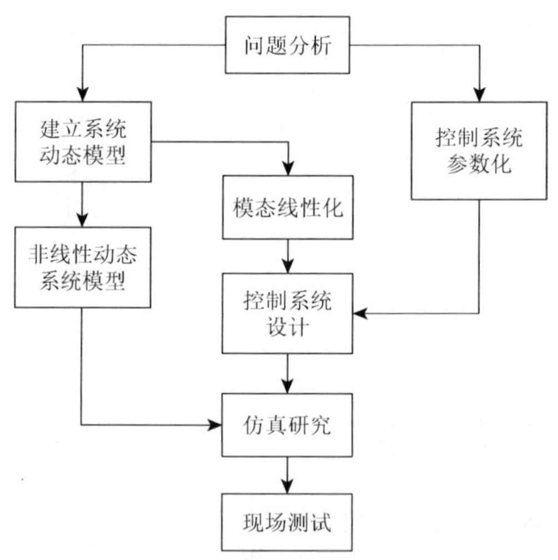

图 3.6　风电机组闭环区控制器设计过程

第一步：问题分析。分析系统构成、传感器、执行机构、设计方面的一些限制因素等，归纳出要设计的控制器结构。

第二步：控制系统参数化。根据控制环路里各部件的特征和构成，将其参数化，并把系统的响应时间考虑进去。

第三步：建立系统动态模型。建立正确描述系统动态特性的线性或非线性模型，反映系统动态响应和频率特性。

第四步：模态线性化。可以把控制系统初始动态进行模态线性化，依此开展后续的控制器设计。

第五步：控制系统设计。按照各种先进的控制器设计方法进行动态控制系统的设计，一般来说，设计的结果是系统在低频区可以跟踪给定，中频区可以保持稳定，有足够的响应时间，高频区可以不受噪声等干扰信号的影响。

第六步：仿真研究。在非线性动态系统模型上测试控制器的设计，并反复修正设计。

第七步：现场测试。控制器设计完成后，可以在现场运行机组上进行测试[9]。

第 4 章　最大功率追踪与发电机转矩控制

变速变桨距较突出的优势之一就是低风速工况下可以改变转速并保持最大风能利用系数，从而具有较好的功率曲线和发电量，因此风电机组的最大功率追踪控制方法就成为风电机组核心控制技术之一。本章主要介绍变桨距变速风电机组的功率特性，并基于功率特性阐述通过发电机转矩控制进行最大功率追踪方法。

4.1　转矩转速特性及查表法转矩控制

从理论上讲，随着风速增加风电机组的输出功率是增大的，它与风速的立方呈正比关系。但实际上，由于机械强度和电力电子器件容量的限制，每台风电机组都有额定功率，如果发电运行过程中机组功率超过这个限度，风电机组的某些设备就不能工作。

如图 4.1 所示，根据风电机组的气动特性，在不同的风速下，定桨失速运行的风电机组的工作轨迹为直线 XY。从图中可以看到，定桨失速风电机组只有一个工作点运行在 C_{Pmax} 上。

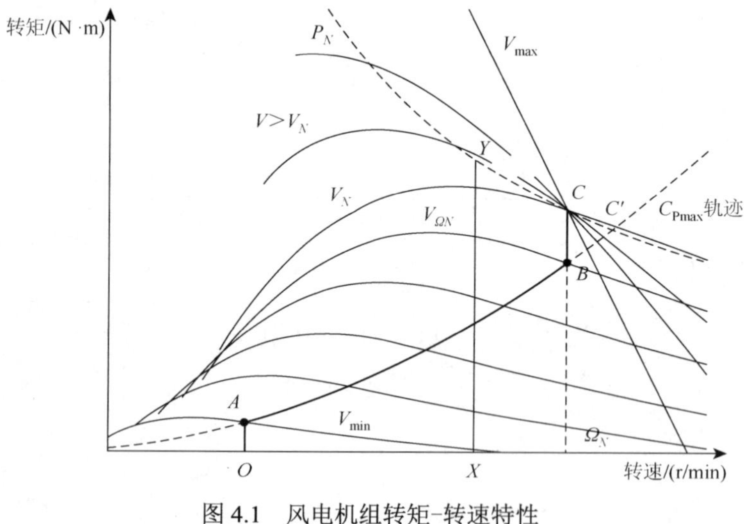

图 4.1　风电机组转矩-转速特性

根据 3.3 节的分析，变桨距变速风电机组运行的工作点由若干条曲线组成，其中在额定风速以下的 OA 段为切入阶段，O 点对应的是切入转速。AB 段为变速运行阶段，风电机组在此区域获得 C_{Pmax}。在 B 点，机组已经达到额定转速，当风速继续增加时，机组运行在 BC 段，直至在 C 点受到功率限制。稳态情况下，机组在 C 点实现额定运行。如果风速继续上升，那么机组将调整桨距角以限制叶轮的吸收功率。在动态情况下，由于变桨距调整的响应较慢，机组为保证额定功率输出，在安全限制内将允许动态转速超过额定值，在变桨距系统的气动调节达到限制叶轮吸收功率的效果后，向额定运行点 C 进行回调，即在大于额定风速的情况下，机组在 C 点附近进行动态调整，具体的调整幅度，即转矩上限值和转速上限值由机组本身的特性决定[10]。

图 4.1 所示的运行轨迹 AB 段，是由风电机组气动特性决定的曲线。早期风电机组采用的控制器运算能力有限，为了便于采用查表法简单快速实现发电机转矩控制，机组在运行过程中需要保证转速和转矩呈现一一对应的关系。因此需对风电机组原有的理想运行曲线进行修改，如图 4.2 所示，理想的运行曲线是 $ACEF$，修改成为 $ADGF$。虽然由 AD、GF 替代原有的 AC、EF，在特定的风速下机组偏离 C_{Pmax}，发电量略有损失，但使得查表法控制成为可能，可以生成类似表 4.1 所示的转速转矩表。由于转速转矩表点数有限，不同的对应点之间可以采用线性插值的方法。

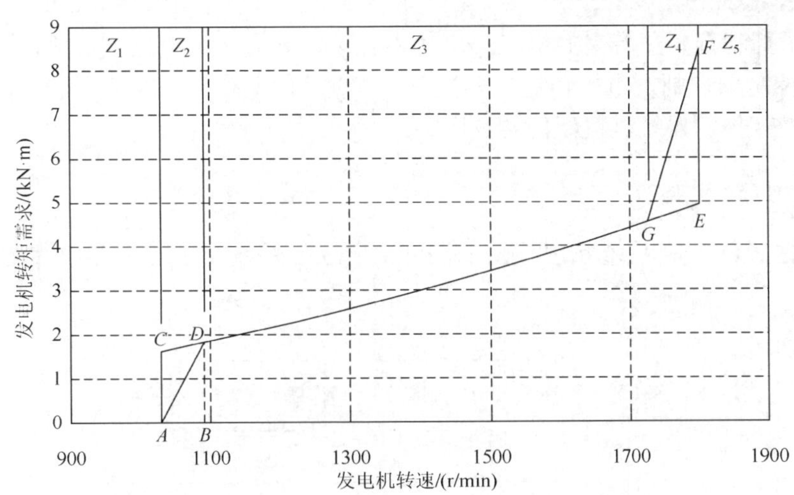

图 4.2　变速风力机的转矩-转速对应关系

表 4.1　转速转矩表

转速/(r/min)	风轮转速/(r/min)	发电机转矩/(N·m)
1200	11.54	0
1250	12.02	1753.9
1340	12.88	2015.6

续表

转速/(r/min)	风轮转速/(r/min)	发电机转矩/(N·m)
1430	13.75	2295.4
1520	14.62	2593.4
1610	15.48	2909.6
1650	15.87	3056.0
1700	16.35	8460.34
1800	17.31	8460.34

查表法的最大优势是实现简单，而且适用于 Z_1～Z_5 所有的工作区，尤其是对运算能力有限的 PLC 或简单的微处理器，但缺点是功率随着转速的波动而波动。由于目前装机容量在电网中占的比重越来越大，电网对风电机组功率波动有严格的限制，同时考虑到有一定的发电量损失，早期工程普遍采用的查表法逐渐退出主力机型。

4.2　发电机转矩 PID 控制

为了抑制查表法带来的机组输出功率波动，并提高发电量，目前市场普遍采用 PID 控制器控制发电机转矩，根据 3.3 节划分的工作区，在第（2）、（4）工作区采用 PID 控制器控制机组的转速[11]。

1. PID 控制器

常规 PID 控制系统原理框图如图 4.3 所示。系统由 PID 控制器和被控对象组成。

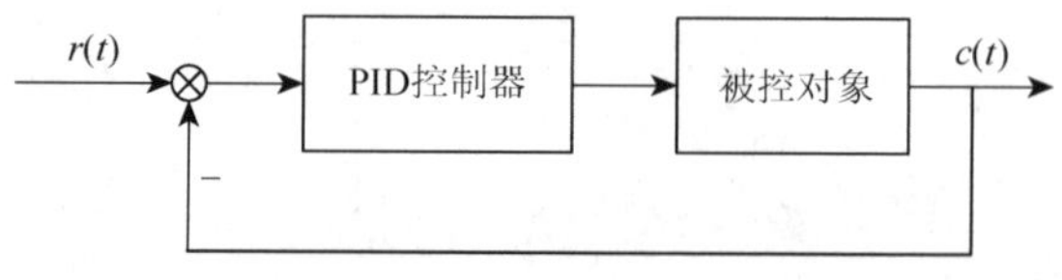

图 4.3　PID 控制系统原理框图

PID 控制器是一种线性控制器，它根据给定值 $r(t)$与实际输出值 $c(t)$构成控制偏差：

$$e(t) = r(t) - c(t) \tag{4.1}$$

将偏差的比例（P）、积分（I）和微分（D）通过线性组合构成控制量，对被控对象进行控制，故称 PID 控制器。其控制规律为

$$u(t)=K_{\mathrm{P}}\left[e(t)+\frac{1}{T_{\mathrm{I}}}\int_{0}^{t}e(t)\mathrm{d}t+T_{\mathrm{D}}\frac{\mathrm{d}e(t)}{\mathrm{d}t}\right] \tag{4.2}$$

或写成传递函数形式为

$$G(s)=\frac{U(s)}{E(s)}=K_{\mathrm{P}}\left(1+\frac{1}{T_{\mathrm{I}}s}+T_{\mathrm{D}}s\right) \tag{4.3}$$

式中，K_{P} 为比例系数；T_{I} 为积分时间常数；T_{D} 为微分时间常数。

简单说来，PID 控制器各校正环节的作用如下。

（1）比例环节。即成比例地反映控制系统偏差信号 $e(t)$，一旦产生偏差，控制器立即产生控制作用，以减少偏差。

（2）积分环节。主要用于消除静差，提高系统的无差度。积分作用的强弱取决于积分时间常数 T_{I}。T_{I} 越大，积分作用越弱，反之则越强。

（3）微分环节。能反映偏差信号的变化趋势（变化速率），并能在偏差信号值变大之前，在系统中引入一个有效的早期修正信号，从而加快系统的动作速度，减小调节时间。

PID 控制中，各参数对系统的性能影响如下。

（1）比例系数 K_{P} 的作用在于加快系统的响应速度，提高系统调节精度。K_{P} 越大，系统的响应速度越快，系统的调节精度越高，也就是对误差的分辨率越高，但容易产生超调，甚至导致系统不稳定。K_{P} 取值过小，则会降低调节精度，尤其是使响应速度变慢，从而延长调节时间，使系统稳态、动态特性变坏。

（2）积分系数 $K_{\mathrm{I}}=K_{\mathrm{P}}T/T_{\mathrm{I}}$ 的作用在于消除系统的稳态误差。K_{I} 越大，系统稳态误差消除越快。但 K_{I} 过大，在响应过程的初期会产生饱和现象，从而引起响应过程的较大超调。若 K_{I} 过小，将使系统静差难以消除，影响系统的调节精度。

（3）微分系数 $K_{\mathrm{D}}=K_{\mathrm{P}}T_{\mathrm{D}}/T$ 的作用在于改善系统的动态特性。因为 PID 调节器的微分作用环节是响应系统误差的变化率，其作用主要是在响应过程中抑制误差向任何方向的变化，对误差变化进行提前预报。但 K_{D} 过大，则会使响应过程提前制动量加大，从而延长调节时间，且系统的抗干扰性能较差。

2. 发电机转矩 PID 控制器

依照第（2）、（4）工作区采用 PID 控制器控制机组的转速的控制策略，控制器的输出为发电机转矩给定，反馈输入为发电机转速，其控制器框图如图 4.4 所示。控制目标参考转速根据工作区确定，一般第（2）工作区为并网转速，第（4）工作区为额定转速。

发电机转矩控制器具体的控制律可表示为

$$y=\left(\frac{K_{\mathrm{I}}}{s}+K_{\mathrm{P}}+\frac{K_{\mathrm{D}}s}{1+\tau s}\right)x \tag{4.4}$$

式中，x 为输入转速；y 为输出转矩给定。

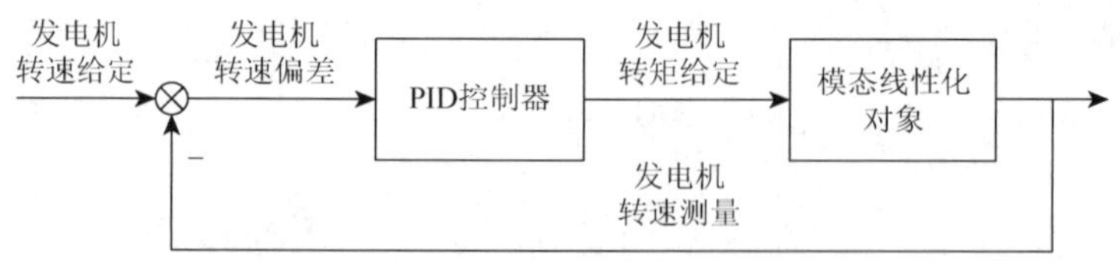

图 4.4　额定风速下发电机转矩控制器框图

4.3　最佳叶尖速比控制

根据 3.3 节划分的工作区，在第（3）工作区需要实现风电机组的最大功率追踪，而实现最大功率追踪的最常用办法为最佳叶尖速比控制。

由叶片气动特性可计算得到风能利用系数 C_P、叶尖速比 λ 和桨距角 β 的特定关系，如图 4.5 所示。

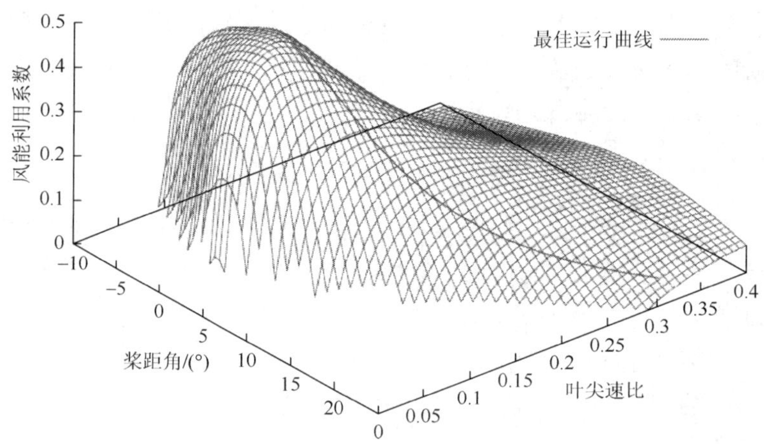

图 4.5　风能利用系数 C_P、叶尖速比 λ、桨距角 β 的关系

如 3.3 节所述，额定风速下第（3）工作区主要是采用满足最佳叶尖速比控制目标的速度调节方式，以达到额定风速下的最大能量捕获，这是变速机组的优点。

气动转矩与风速 U 和叶尖速比 λ 的关系如下：

$$Q_a = \frac{1}{2}\rho A C_Q U^2 R = \frac{1}{2}\rho \pi A R^3 \frac{C_P}{\lambda} U^2 \tag{4.5}$$

式中，R 为风轮半径；ρ 为空气密度；A 为叶轮扫掠面积；C_Q 为转矩利用系数；C_P 为风能利用系数。根据风速、叶轮转速、叶尖速比之间的关系 $U = \Omega R/\lambda$，可得

$$Q_a = \frac{1}{2}\rho\pi R^5 \frac{C_P}{\lambda^2}\Omega^2 \tag{4.6}$$

发电机转速 ω_g 与叶轮转速 Ω 的关系为 $\omega_g = G\Omega$，其中，G 为齿轮箱传输比。

机组在额定风速下运行，可以通过发电机转矩的给定来保持 C_P 为最大风能利用系数。考虑经过驱动链的机械损耗 Q_L 可以表示为转速和转矩的函数，则发电机转矩可表示为

$$Q_g = \frac{1}{2}\frac{\pi\rho R^5 C_P}{\lambda^3 G^3}\omega_g^2 - Q_L \tag{4.7}$$

机组在额定风速下进行转矩控制时，式（4.7）可以作为依据发电机转速测量而给定的发电机转矩参考值。但机组在实际运行中，由于风轮为大质量惯性环节，转速的调节无法准确跟踪风速的变化，这样会导致 C_P 在峰值附近上下波动，C_P-λ 曲线出现尖峰，而最佳叶尖速比控制最主要的目的是有一个平滑的 C_P 曲线。

最佳叶尖速比控制的实施方法主要有两种。

（1）恒定叶尖速比控制策略，控制风机最佳叶尖速比运行，获得最大能量吸收效率，风机的功率特性曲线 $C_P(\lambda,\theta)$ 存储在控制器的内存中，通过不断测量风速和风轮转速，计算出实际叶尖速比，并与最佳叶尖速比参考值 λ_{opt} 比较，得到的误差信号反馈到控制器中，从而使控制器调节转速，最小化误差信号。这种策略的缺点是由于上风向机组风速传感器在风轮后面，测量不准确，此外，$C_P(\lambda,\theta)$ 特性曲线随叶片翼面的改变而改变，也不准确。

（2）最大功率点跟踪控制策略，基于功率与速度的变化率来控制，即跟踪峰值 $\mathrm{d}P/\mathrm{d}\omega = 0$，在机组运行时，风轮转速有微小的增加或减少时，测量功率变化，并观测 $\mathrm{d}P/\mathrm{d}\omega$ 的变化，如果 $\mathrm{d}P/\mathrm{d}\omega > 0$，则调节风轮转速增加，如果 $\mathrm{d}P/\mathrm{d}\omega < 0$，则调节风轮转速减小，最终 $\mathrm{d}P/\mathrm{d}\omega \approx 0$，使叶轮转速不再改变，达到最大功率捕获点。这种控制策略对风速和叶片特性的改变不敏感。

用参数 K_λ 来定义恒叶尖速比：

$$K_\lambda = \frac{\pi\rho R^5 C_P(\lambda)}{2\lambda^3 G^3} \tag{4.8}$$

以某 1.5MW 双馈变速电动变桨距风电机组叶片基本模型参数为例，可以计算出表 4.2 所示的结果。

表 4.2　最佳叶尖速比控制参数

参数	案例
空气密度 ρ/(kg/m^3)	1.225
风轮半径 A/m	35

续表

参数	案例
风能利用系数 C_P	0.451866
叶尖速比 λ	6.1
齿轮箱传输比 G	90
K_λ	0.275987123

4.4 滤波器及其在转速反馈环节的应用

在风电机组发电机转矩控制中，一般采用转速作为控制输入量。工程实际中，机组的转速不仅受到气动转矩、发电机转矩和传动系统模态的影响，还会受到塔影效应、传感器噪声等因素影响，机组转速处于随时波动的状态，那么为了避免不必要的动作，发电机转矩控制只针对由风速变化引起的转速变化，这种控制的实现需要在控制器的转速反馈环节添加滤波器对信号进行滤波。

通用滤波器的二阶传递函数表达式为

$$G(s)=\frac{a_0 s^2+a_1\xi_1\omega_1 s+a_2\omega_1^2}{b_0 s^2+b_1\xi_2\omega_2 s+b_2\omega_2^2} \tag{4.9}$$

式中，ξ_1 和 ξ_2 为滤波器阻尼；ω_1 和 ω_2 为角频率。经过 z 变换之后可以用图 4.6 表示。

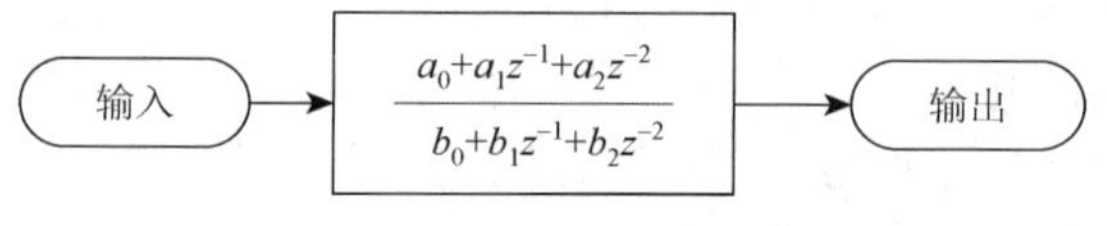

图 4.6 通用二阶滤波器

调节参数 ω_1、ω_2、ξ_1、ξ_2 可以生成不同的滤波器：

（1）如果 $\omega_1=\omega_2$ 且 $\xi_1=0$，则为陷波滤波器；

（2）如果 $\xi_1>\xi_2$，滤波器为带通滤波器；

（3）如果 $\xi_1<\xi_2$，滤波器为带阻滤波器。

为了避免不必要的发电机转矩变化，考虑到风速变化的低频特性，通常在转矩反馈环节添加低通滤波器。设 $\omega=10\text{rad/s}$，则在阻尼比 ξ 分别为 0.1、0.3、0.7 和 1.0 时，其频率特性如图 4.7 所示。

如果在机组的整个变速运行范围内，叶片的面内一阶振动模态和叶片旋转频率的三倍频和六倍频发生交越，那么认为在该交越点可能发生共振，则必须在变桨距控制中进行规避。在控制上可采用带阻滤波器的方法，带阻中心频率为叶片面内一阶振动频率，其参数为：设 $\omega_1=\omega_2=4\text{rad/s}$，则在阻尼比 ξ_1 和 ξ_2 分别为 0 和 0.2 时，其频率特性如图 4.8 所示。

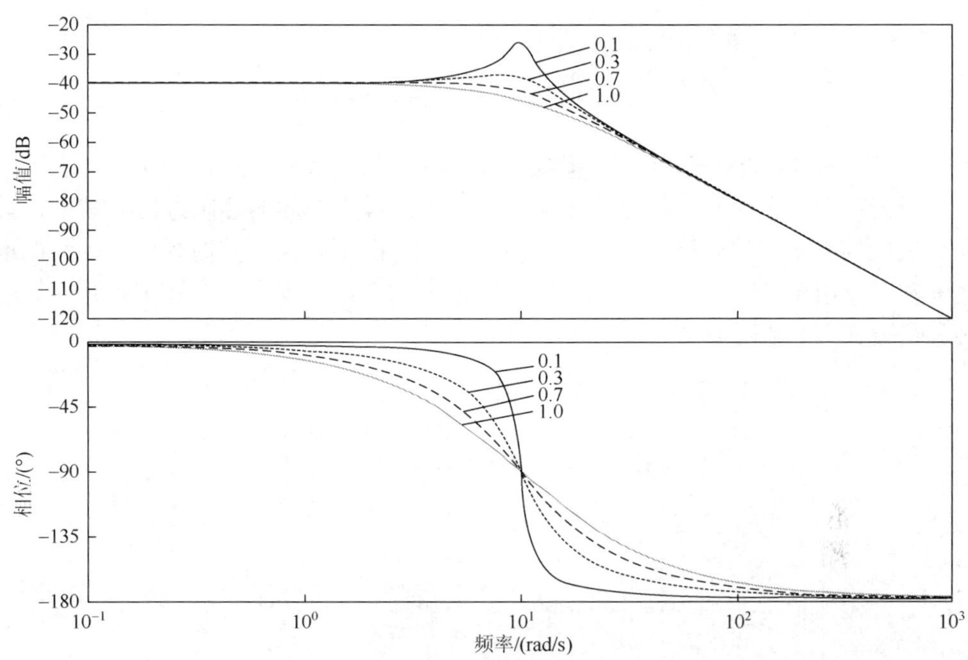

图 4.7　低通滤波器的频率特性

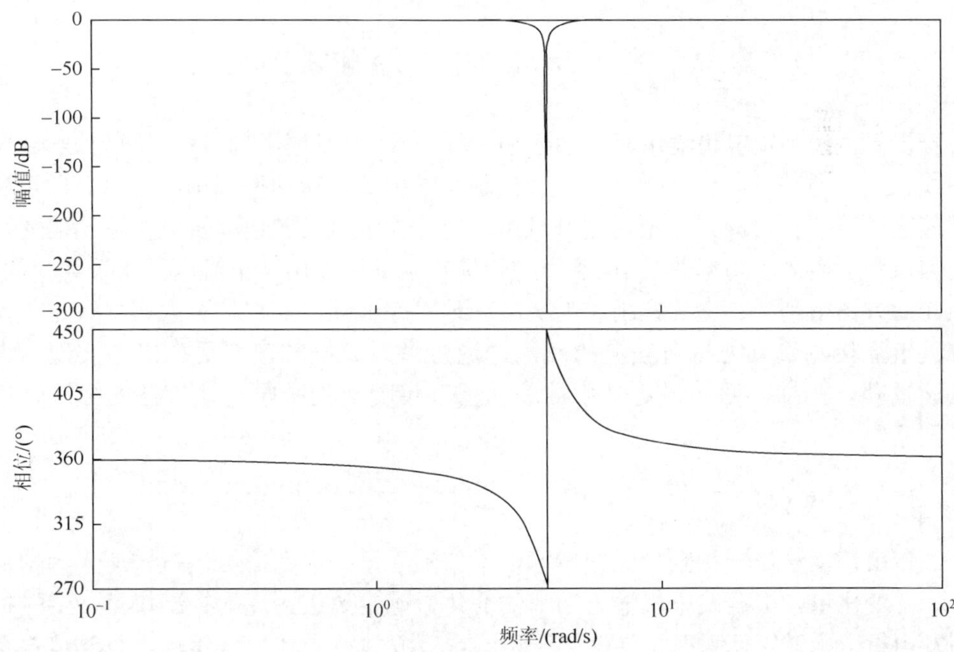

图 4.8　带阻滤波器的频率特性

4.5 其他最大功率追踪方法

为了尽可能多地利用风能，世界各国的风能利用研究机构、企业的专家进行了大量调研和相关实验，提出了很多种风电机组最大功率的控制方法。其中，具有代表性的有功率信号反馈法、最优转矩法、爬山搜索法、模糊控制法等，但这些方法多仅限于数字的仿真，并未进行大规模的商业化推广。下面仅对其中的两种做简要介绍，供读者参考。

1. 功率信号反馈法

功率信号反馈法的系统框图如图 4.9 所示。

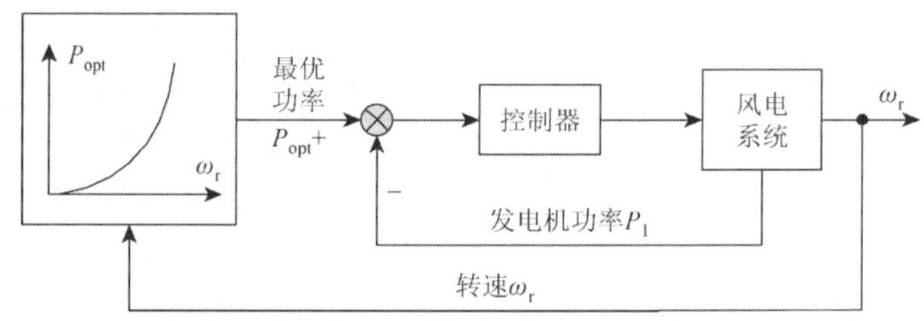

图 4.9 功率信号反馈法系统框图

以直接控制发电机输出有功功率为目标，若不同风速下的最优风机转速-功率曲线已知，通过发电机电磁转矩直接控制其输出的有功功率跟踪此曲线，即可实现最大风能捕获。该方法无须测量风速，但需检测风机转速和发电机输出功率，还需已知上述最优功率曲线。由于发电机输出功率可以由其电流电压值计算得到，因此此方法得到了广泛的应用。为更准确地跟踪最佳风能点，有人研究采用飞轮等装置直接测量风力机所获取的风能，通过调节风机转速而更准确地实现最大风能捕获。同样，由于最优功率曲线易受环境变化的影响，该方法的控制精度受到了限制。

2. 爬山搜索法

爬山搜索法是一种数学优化技术，不依赖于系统参数，给风机转速人为地加入一个变化量，根据发电机输出功率的变化来确定风机转速的控制增量，通过控制发电机电磁转矩使得风机转速趋于给定，反复执行上述搜索策略，直到风电系统运行在最大功率点。由于在不同风速下，风机的转速-功率曲线呈类抛物线，爬山搜索法通过不断改变风机转速控制，使风电系统的运行点沿抛物线变化，直到其最优点。其过程形似爬山，因此称为爬山搜索法。根据搜索步长的不同，该方法又有恒定步长法、变步长搜索法等。

尽管该方法不需要风机系统的参数，但是当风机惯性较大时，该方法却很难适用。风力机的输出机械功率一部分转换为发电机的输出电功率；一部分转换为系统损耗，包括轴上摩擦损耗和定转子电损耗；还有一部分转换为动能储存在风机桨叶中。对于大惯性风机，改变风机转速时，由于桨叶的缓冲作用，发电机输出电功率的变化并不明显，这些因素将导致该方法每一步的搜索过程都明显加长。

在系统给定搜索时间的限制下，有时甚至无法搜索到最大风能捕获点。为解决上述问题，许多学者将智能控制融合到该方法，例如，通过不断在线存储最大风能点信息以建立数据库，并用于以后的寻优控制。这种控制方法加快了最大风能追踪的速度，同时也可以通过神经网络的离线训练，实现快速的最大风能捕获控制。但从工程应用角度出发，上述方法实现起来都有一定的难度。

第5章　风电机组变桨距控制

风轮空气动力性能取决于叶尖速比和叶片桨距角，对变桨距变速风力机来说，桨距角的微小变化对功率输出、机组所受载荷都有显著的影响。桨距角的变化改变了攻角，攻角的减小将使升力和力矩减小。因此对于一定的风况条件，可以通过对叶片桨距角和转速进行适当的调节，使风电机组的功率、转速按预定曲线运行。本章在介绍变桨距控制目标的基础上，讲解了最基础的PID变桨距控制器，并以此为基础和对比，针对变桨距控制中的不确定因素和周期转速扰动问题，讲解定量反馈控制、重复控制等变桨距控制方法。

5.1　变桨距控制的目标

风速变化的随机性给风电机组的输出功率带来波动，通过调整风力发电机叶片的桨距角，可以减小风电机组输出功率的波动。变桨距系统还可以被用来辅助启动过程，这是因为两叶片或三叶片风力发电机的启动转矩相对较小，适当的变桨距控制可以增加风轮的启动转矩。当风速变化时，特别是超过额定风速后，通过调整叶片的桨距角，可以控制风电机组的转速和输出功率的稳定性；而通过控制叶片的攻角，则可以减小风电机组传动轴的负荷以及机械载荷的变化。当安全链断开时，变桨距系统转向顺桨位置，从而起到一种空气动力学的制动作用等。

通过变桨距控制，变桨距风电机组与定桨距风电机组相比可以达到如下目标。

（1）对于定桨距风电机组，当功率达到最大功率后，由于它的失速特性，在高于额定风速时输出功率将下降。而变桨距风电机组的输出功率达到最大值后，桨距系统仍能将功率保持在额定功率。

（2）变桨距系统能控制叶片的转动，使风力机具有最佳的制动性能。在发电机与电网断开之前，可以通过桨距调节使其输出功率达到最大。这意味着当风力发电机与电网断开时没有力矩作用于传动系统，从而增加了系统的安全性。特别是在需要紧急停车时，定桨距风力机停车过程通常是偏航、断电、下闸，其缺点是动作时间长、对系统冲击大。而变桨距风力发电机停车过程则是将桨距角调到最大节距角，以增大空气阻力，实现气动制动。

（3）变桨距系统能够起到主动调节和优化功率的作用。在低风速时，叶片可以调整到合适的桨距角以确保叶轮具有最大启动力矩，这意味着风机能够在更低风速下开始发电，无须把发电机作为电动机使用。当并入弱电网时能够限制风力发电机的输出功率，通过简单地改变变桨距系统的参数，就能够永久或暂时地调节风力机的额定功率，不必重新设计风力机。无论安装地点的空气密度为多少，变桨距系统都能使叶片角度调到最佳值，从而达到额定功率。这也意味着变桨距风电机组对由温度和海拔的变化而引起的空气密度变化并不敏感。

（4）在高风速段变桨距风力机发出的噪声更小。风速越高，叶片角度越大，这意味着叶尖发出的噪声越小。

5.2　风力发电机变桨距 PID 控制

受到控制器计算能力、信号测量精度、稳态误差等问题的约束，在实际风力发电机变桨距控制系统中普遍采用 PID 控制器。PID 控制器具有结构简单、易于实现、不依赖于被控对象模型等优势。但 PID 控制器的缺点也同样明显，控制器中的参数需要通过大量的机组实验得到，而对于大容量风电机组变桨距控制器的设计，这些参数并不具备普遍的适用性。

变桨距 PID 控制器框图如图 5.1 所示，其主要控制目标是控制机组的转速在设定值附近。在高风速（风速大于额定风速）工况下，变桨距控制限制转速，从而间接限制功率输出。

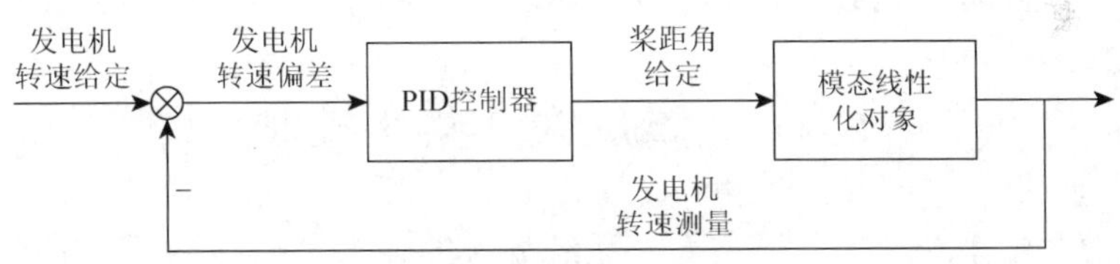

图 5.1　变桨距 PID 控制器框图

由于桨距角和功率之间的非线性关系，风轮输入轴转矩的变化随桨距角变化的敏感度有所不同。在小角度时，桨距角的改变不会引起明显的转矩变化，随着桨距角的增大，转矩的变化程度对其越来越敏感，如图 5.2 所示。

在额定风速之上，可以采用增益调度的形式进行 PID 参数的调整，使得 PID 控制器适应所有的工况。具体设计时可以在不同的风速下分别进行 PID 参数的整定，选出最优参数。表 5.1 为某机组在不同风速下的 PID 参数整定结果。

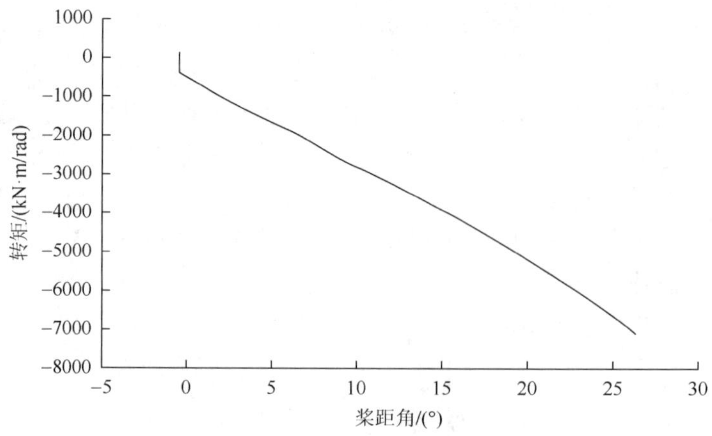

图 5.2 桨距角变化对转矩响应的敏感程度

表 5.1 某机组变桨距参数整定结果

参数		风速/(m/s)						
		12	14	16	18	20	22	24
比例控制参数	K_P	1000	50	40	35	30	25	20
积分控制参数	K_I	0.40	0.35	0.30	0.25	0.20	0.15	0.1

由于风速变化、风轮旋转等不平衡载荷控制相关量都是低频变化的，在变桨距转速控制器的转速反馈通道有必要参照 4.4 节的方法添加滤波器，以减少变桨距系统动作，同时必须避免变桨距动作和塔架之间形成共振。

5.3 定量反馈变桨距控制

对风力发电系统而言，一方面，系统外部的输入风速存在不确定的影响，其实际值常偏离其测量值，难以提供准确的输入；另一方面，风力发电系统模型线性化处理后，由于实际运行点偏离系统线性化点，模型中会产生多个取值范围可确定但参数值随工作点变化而改变的参量。这些数值不确定的摄动参量会对系统的稳定运行产生影响，从而导致所设计的变桨距控制器有时难以达到预期的输出指标。因此在对风电机组变桨距控制器进行设计时，考虑控制器输出性能的同时还必须具备较强的鲁棒性，使其提高风力发电系统的运行性能，降低系统中不确定性参数的影响。

定量反馈变桨距控制主要针对在扰动风速作用下，风力发电机转速的稳定控制。通过分析系统扰动输入、稳定性要求和跟踪要求等确定设计目标，在 Nichols 图上给出定量的上下边界。因为定量反馈理论（QFT）控制器是一种频域设计方案，因此时域中的跟踪必须要转换到频域中。无论风力发电机参数在不确定的区域如何变化，鲁棒稳定性规范确保了闭环系统的稳定性[12]。

5.3.1　定量反馈理论

定量反馈理论主要基于对频域内图形分析来设计控制器，其设计将控制系统的不确定参数范围和要实现的控制性能指标，以定量的方式和给定的形式在 Nichols 图上画出其边界，并且根据基准对象模板以及开环频率曲线的边界条件限制，在图形上对控制器性能指标进行设计，计算出可以满足系统设计要求的控制器的相应参数。QFT 是一种对频域内进行设计的鲁棒控制方法，是对经典控制理论的延伸发展，具有较强的工程实用价值。

定量反馈理论是一种鲁棒控制设计方法，在设计过程中 QFT 充分考虑了被控对象模型中的不确定参数的影响和控制器要达到的性能指标要求，设计出来的控制器在系统不确定的参数取值范围内具有较好的鲁棒性，并且其反馈值受被控对象系统中的不确定参数的取值范围、控制系统的性能指标和外界扰动因素影响。定量反馈理论可以应用在单输入单输出系统或多输入多输出系统中，被控对象可以是非线性、时变系统，当控制系统的性能指标没有实现时，可以通过改变限制条件重新设计控制器参数。定量反馈理论的设计优势为：它是一种鲁棒控制方法，所以设计过程中不需要建立复杂的被控对象模型；同时由于其设计简单、易实现，现已成为实际工程设计中的实用控制器的设计方法。

1. 控制理论描述

QFT 基于单自由度基本结构 QFT 控制器设计通常针对的是图 5.3 所示的结构，描述方程为

$$\begin{cases} Y = PU + D_2 \\ U = -GY + GR + D_1 \end{cases} \tag{5.1}$$

式中，Y 为系统输出；P 为被控对象的传递函数；D_1、D_2 分别为外部干扰输入和外部干扰输出；G 为设计的控制器。

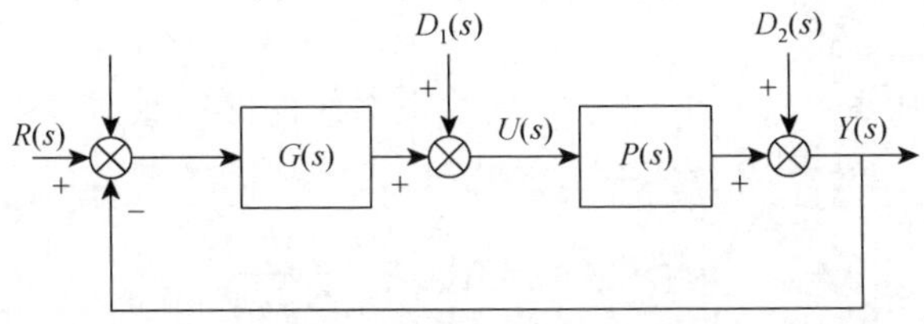

图 5.3　定量反馈单自由度反馈控制系统结构

被控对象 $P(s)$中可含有相应的取值不确定参数，但要求被控对象中不确定参数的取值范围必须是明确的。这一设计要求符合风力发电系统实际数学模型。在图 5.3 所示的系统中，针对有限个包含不确定参数的被控对象集$\{P\}$，QFT 控制器设计需要计算出相应的控制器 $G(s)$的固定参数，使得闭环系统输出 $Y(s)$稳定，并且满足设计需要达到的鲁棒性能指标。

在图 5.3 中，控制系统的闭环传递函数可以表示为

$$\frac{G(s)P(s)}{1+G(s)P(s)}=\frac{L(s)}{1+L(s)},\quad D_1=D_2=0 \tag{5.2}$$

式中，$L(s)=P(s)G(s)$。

输入扰动 $D_1(s)$到输出 $Y(s)$的闭环传递函数为

$$\frac{P(s)}{1+G(s)P(s)}=\frac{P(s)}{1+L(s)},\quad R=D_2=0 \tag{5.3}$$

输出扰动 $D_2(s)$到输出 $Y(s)$的闭环传递函数为

$$\frac{1}{1+G(s)P(s)}=\frac{1}{1+L(s)},\quad R=D_1=0 \tag{5.4}$$

QFT 控制器设计需要考虑的性能指标包括稳定裕度性能指标、跟踪性能指标和输入输出扰动抑制性能指标等。根据系统模型和设计要求不同，控制器 $G(s)$需要满足其中的部分性能指标要求。

1）稳定裕度性能指标

稳定裕度性能指标也就是鲁棒稳定性要求，是指闭环控制系统在整个频域内应该具有的相位裕量（phase margin，PM）和增益裕量（gain margin，GM）体现，在 QFT 控制器设计中稳定裕度性能指标由输入量 $R(s)$与输出量 $Y(s)$之间的被控对象的传递函数约束来实现。

$$\left|\frac{L(\mathrm{j}\omega)}{1+L(\mathrm{j}\omega)}\right|\leqslant W_{s1}(\omega),\quad \forall P\in\{P\} \tag{5.5}$$

在整个频域内，如果 W_{s1} 取值为W_{s1}^{-1}，则式（5.5）具有的相位裕量和增益裕量可以近似地表示为

$$\mathrm{PM}=180°-\theta,\quad \theta=\cos(0.5W_{s1}^{-1}-1)\geqslant 0 \tag{5.6}$$

$$\mathrm{GM}=1+W_{s1}^{-1} \tag{5.7}$$

2）跟踪性能指标

在闭环系统中需要通过边界 $T(s)$来约束系统的跟踪性能指标。由于闭环传递函数的不确定性与 $L(s)$、$P(s)$有关，因此有

$$\Delta\lg T(\mathrm{j}\omega)=\Delta\lg\left[\frac{L(\mathrm{j}\omega)}{1+L(\mathrm{j}\omega)}\right] \tag{5.8}$$

由于 $L=PG$，闭环跟踪指标要求系统闭环响应必须满足

$$T_{\mathrm{L}}(\omega)\leqslant\Delta\lg\left[\frac{P(\mathrm{j}\omega)G(\mathrm{j}\omega)}{1+P(\mathrm{j}\omega)G(\mathrm{j}\omega)}\right]\leqslant T_{\mathrm{U}}(\omega),\quad \forall P\in\{P\} \tag{5.9}$$

式中，$T_{\mathrm{U}}(\omega)$ 和 $T_{\mathrm{L}}(\omega)$ 分别为给定跟踪指标的上下边界。因此有

$$\Delta 20\lg\left|T(\mathrm{j}\omega)\right|\leqslant 20\lg\left|T_{\mathrm{U}}(\mathrm{j}\omega)\right|-20\lg\left|T_{\mathrm{L}}(\mathrm{j}\omega)\right|=\sigma(\mathrm{j}\omega) \tag{5.10}$$

在频率点 $\forall P\in\{P\}$，控制器 $G(\mathrm{j}\omega)$ 需要满足

$$\max\left|\frac{G(\mathrm{j}\omega_k)P(\mathrm{j}\omega_k)}{1+G(\mathrm{j}\omega_k)P(\mathrm{j}\omega_k)}\right|-\min\left|\frac{G(\mathrm{j}\omega_k)P(\mathrm{j}\omega_k)}{1+G(\mathrm{j}\omega_k)P(\mathrm{j}\omega_k)}\right|\leqslant\frac{T_{\mathrm{U}}(\mathrm{j}\omega_k)}{T_{\mathrm{L}}(\mathrm{j}\omega_k)} \tag{5.11}$$

闭环系统的跟踪性能指标是以超调量、上升时间、调整时间等时域指标给出的，在应用定量反馈理论设计方法时，需要将预先给定的时域性能指标转换为相应的频域性能指标。

3）输入扰动抑制性能指标

对输入扰动抑制性能指标的要求为

$$\left|\frac{P(\mathrm{j}\omega)}{1+G(\mathrm{j}\omega)P(\mathrm{j}\omega)}\right|\leqslant\sigma_{\mathrm{p}}(\mathrm{j}\omega),\quad \forall P\in\{P\} \tag{5.12}$$

式中，$\sigma_{\mathrm{p}}(\mathrm{j}\omega)$ 为跟踪性能上下限的常用对数的差值。

4）输出扰动抑制性能指标

对输出扰动抑制性能指标的要求为

$$\left|\frac{1}{1+G(\mathrm{j}\omega)P(\mathrm{j}\omega)}\right|\leqslant\sigma_{\mathrm{s}}(\mathrm{j}\omega),\quad \forall P\in\{P\} \tag{5.13}$$

定量反馈理论的基本设计思想是：将系统开环传递函数 $L(s)=P(s)G(s)$ 标注在 Nichols 图上，通过改变标称对象模板坐标，将其移动到 Nichols 图上适合的等幅值线之间；当两条等幅值线之间的差值等于 $\sigma(\mathrm{j}\omega)$ 时，边界条件 $T(\mathrm{j}\omega)$ 的取值就符合设计指标；在对象模板中选择一个基准对象模型并选择适当的频率点，在选择的有限频率点相角对应的垂直线上移动基准对象模型，记录符合前面移动要求的每个基准点位置，并把这些点连成曲线，从而形成对基准对象模型开环频率响应具有给定约束条件的跟踪边界曲线。

在鲁棒控制器设计中，预设的鲁棒性能指标需要被限定在一定的带宽范围内，这些给定的性能指标通常与闭环系统的扰动和带宽有关。在 QFT 控制器设计中，鲁棒性能指标的带宽范围需要根据被控对象模型和需要达到的控制目标来限定。根据要实现的性能指标计算出稳定性边界、跟踪边界及抗干扰边界，并对这些边界条件取交集，得到控制器设计所需的预设频域边界条件。

2. QFT 控制器设计流程

通过前面的介绍可总结出 QFT 控制器设计基本步骤流程图如图 5.4 所示，简要概括如下。

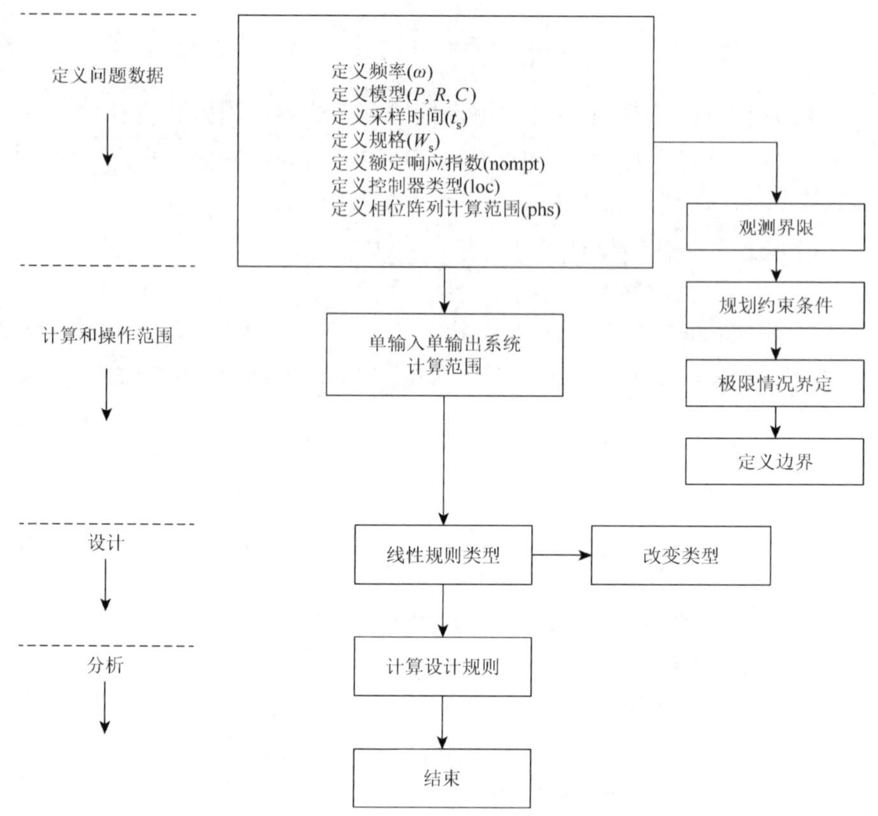

图 5.4 QFT 控制器设计基本步骤流程图

（1）对象模板的设计：首先对系统数学模型进行分析，然后对一系列在运行范围内的不同稳定点的线性化时不变传递函数进行描述，这里的运行范围是根据控制目标要实现的指标来制定的。对象模板为被控对象传递函数在某一频率点处的不确定参数的取值范围，并将其映射到 Nichols 图上形成的区域。选取的频率点处不确定参数的取值范围被定义为有限取值点的集合。

（2）设计规范：设计规范主要是针对期望的动态性能和闭环系统的稳态性能。跟踪规范中规定了由不确定参数的取值和干扰引起的系统闭环跟踪边界范围，时域内表示为

$$T_L(t) \leqslant T(t) \leqslant T_U(t) \tag{5.14}$$

式中，$T(t)$为系统的跟踪阶跃响应；$T_L(t)$和 $T_U(t)$分别为阶跃响应的下限和上限。因为 QFT 是一种频域设计方法，所以时域中的跟踪必须转换到相应的频域中。

无论系统参数在不确定的区域内如何变化，鲁棒稳定性规范确保了闭环系统的稳定性。鲁棒稳定性规范可以表示为式（5.5），其中 $W_{s1}(\omega)$的取值范围通常为 $W_{s1}(\omega)<x$，x 为固定常值，单位为 dB。

（3）选择频率序列：频率序列需在具体的设计阶段之前进行选择，它由不同的频率点组成，在这些频率点处会设计出各种模板和限制。选择这些频率时没有严格的标准，即判断频率。

（4）不确定性分析：风力发电机系统中包括多种不确定因素和计算模型的不准确性，系统的不确定性可以是参数（结构）的不确定，也可以是非参数（非结构性）的不确定。

（5）系统模型的选择：必须选定一个风力发电机模型以便在参数不确定的情况下加以使用。

（6）限制条件的确定和结合：利用步骤（2）和步骤（4）可以确定各种限制条件。图 5.3 所示系统的开环传递函数为 $L(s) = G(s)P(s)$，设计中有各种不同的限制：鲁棒稳定性限制、跟踪限制、超高频限制和分布限制等。传递函数 $L(\mathrm{j}\omega)$在每一个判断频率处必须满足这些条件。

（7）环路形成：设计的控制器是以一种非常透明的方式进行的，在 Nichols 图平面内形成环路。确定环路时，将判断频率处的各种限制条件和开环传递函数结合在一起作为参考。在设计时，通过每个频率处必须满足各种限制条件来确定频率响应的增益、零极点。

（8）分析和验证：对所得到的闭环控制系统进行分析和验证，以确保在频域内给定的设计指标能够得到满足。由于定量反馈理论是一种近似设计方法，在控制器设计过程中选取的频率点是有代表性的部分点，因此由计算得到的控制器还必须使用不同的频率点对闭环系统进行性能验证，在验证控制系统时，对于不能满足设计性能指标的验证频率点，需要重新设计控制器相关参数。

5.3.2　基于定量反馈理论的变桨距控制器

图 5.5 为变桨距风力发电机系统线性化模型，模型中包括风能转换过程中风电机组能量转换传递的传动链子系统及变桨距执行机构等，能够完整体现变桨距控制过程中系统的动态性能。

变桨距控制器的目的是：当风速大于额定风速时，在一个风电机组的实际工作点，变桨距控制器通过调整叶片的桨距角，实现系统转速和输出功率的稳定，使得机组仍能够运行在工作点的额定转速附近。

针对高风速区风力发电机的变桨距控制，系统存在两种不确定因素：外部不确定因素为输入风速的随机性变化；内部不确定因素为系统线性化转换过程中产生的增益值 k_v、k_ω 和 k_β。由于风力发电机运行过程中工作点状态不同，增益值为一定范围内的常数。这里选择的线性化点为在额定风速作用下，风电机组在额定转速状态的工作点。

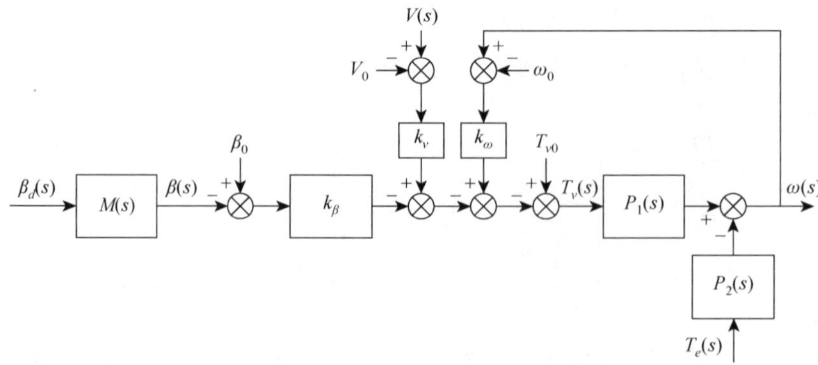

图 5.5　变桨距风力发电机系统线性化模型

风电机组变桨距控制系统的性能指标如下。

（1）系统稳定裕度指标：

$$\left|\frac{P(\mathrm{j}\omega)G(\mathrm{j}\omega)}{1+P(\mathrm{j}\omega)G(\mathrm{j}\omega)}\right|<1.1 \tag{5.15}$$

为了保证系统的稳定性，其闭环稳定裕度需要满足：最小幅值裕度为 5.61dB，最小相角裕度为 54°。

（2）扰动抑制指标：

$$\left|\frac{P(\mathrm{j}\omega)k_v}{1+G(\mathrm{j}\omega)M(\mathrm{j}\omega)k_\beta P(\mathrm{j}\omega)}\right|<\left|\frac{\mathrm{j}\omega}{3\mathrm{j}\omega+0.25}\right| \tag{5.16}$$

（3）系统抗干扰性能指标：

$$\left|\frac{1}{1+G(\mathrm{j}\omega)M(\mathrm{j}\omega)k_\beta P(\mathrm{j}\omega)}\right|<0.5 \tag{5.17}$$

根据扰动抑制指标，可以在 Nichols 图上设计风机系统变桨距角控制器。

风力发电机简化数学模型为

$$\omega(s)=\frac{1}{J_\mathrm{r}+NJ_\mathrm{g}}[\beta(s)\cdot a+V(s)\cdot b]=P(s)\cdot[\beta(s)\cdot a+V(s)\cdot b] \tag{5.18}$$

QFT 控制器的设计主要针对扰动风速作用下风力发电机转速的稳定控制。无论风力发电机参数在不确定的区域如何变化，鲁棒稳定性规范确保了闭环系统的稳定性。

频域序列在具体的设计过程中，由不同的频域点组成，通过计算这些点处不确定对象的频率响应集合，得到对象模板以及各种限制。在 Nichols 图上水平移动和垂直移动对象模板，使得闭环频率特性满足设计目标，可以得到开环传递函数的边界曲线。

最后，在 Nichols 图上针对开环频域进行回路整形，使得开环频域响应满足边界要求，根据系统的闭环传递函数得到系统桨距角控制器。通过对所得到的闭环控制系统进行分析，可以确保频域的设计规范能够得到满足。同时，根据仿真结果适当调整控制器参数，检测设计的控制器控制结果。

以某 1.5MW 变速变桨距风力发电机为被控系统模型，当风机运行在高风速区时，系统的输入风速为 $V_s \in \{12.5\text{m/s} \leqslant V_s \leqslant 25\text{m/s}\}$。图 5.6 为 QFT 控制器回路曲线。

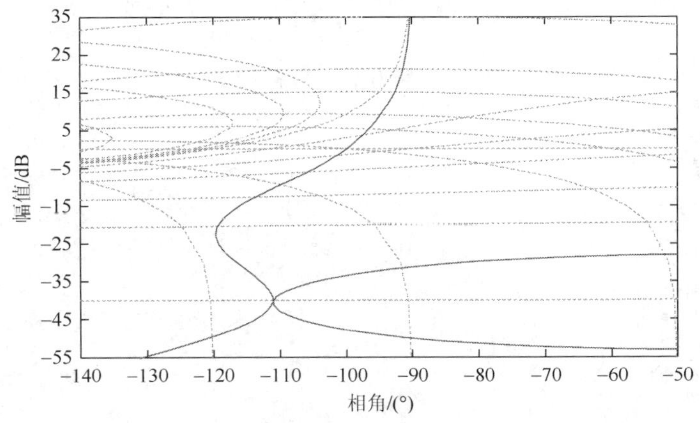

图 5.6　QFT 控制器回路曲线

通过 MATLAB 中 QFT 设计工具箱，根据图 5.6 计算得到的各频率点下整合边界的控制器闭环曲线，可以计算出系统的 QFT 控制器传递函数为

$$G(s) = \frac{23(s+0.09)(s+1.86)}{s(s+0.73)} \tag{5.19}$$

5.3.3　定量反馈控制仿真及其分析

为了验证基于定量反馈理论设计的桨距角控制器对提高风力发电系统转速控制的效果，以某 1.5MW 变桨距变速风电机组为例进行仿真，通过对比验证传统 PID 变桨距控制器与变桨距鲁棒控制器性能差异。

1. 恒定风速作用下的变桨距控制

为验证变桨距控制器在风力发电机启动时的控制效果，给定风速保持为额定风速 12m/s，桨距角初始值为 90°，仿真时间为 220s。风力发电机系统的动态变桨距控制仿真结果如图 5.7～图 5.9 所示。

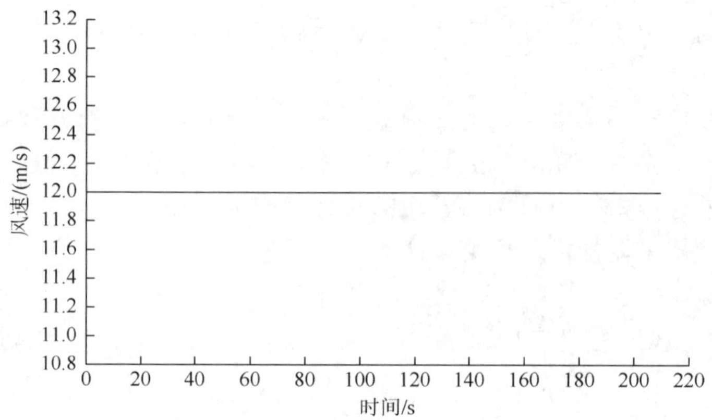

图 5.7　风力发电机输入风速

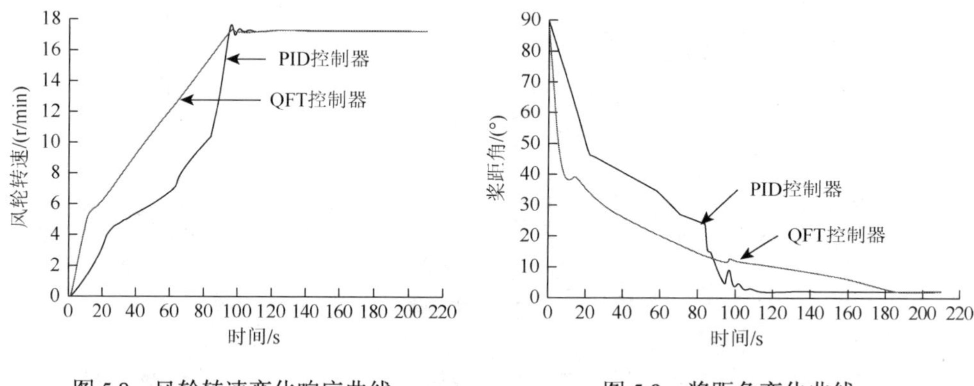

图 5.8　风轮转速变化响应曲线

图 5.9　桨距角变化曲线

图 5.8 和图 5.9 为基于定量反馈理论设计的桨距角鲁棒控制器与传统 PID 桨距角控制器在风力发电机启动过程中控制效果对比。通过对比风力发电机风轮转速响应曲线以及桨距角变化曲线，可以看出以下几点。

（1）如图 5.8 所示，相对于传统 PID 控制器，QFT 控制器在给定风速 12m/s 作用下，控制风力发电机启动过程中风轮转速响应曲线变化更为平稳。在第 100s 左右，传统 PID 控制器作用下风轮转速波动较大，由于兆瓦级风电机组风轮的转动惯量很大，这种转速的波动意味着整个系统的机械装置承受载荷必然发生剧烈变化，这将会产生较强的机械疲劳，从而更加影响发电机输出功率的稳定。

（2）如图 5.9 所示，在 QFT 控制器作用下桨距角变化频率比传统 PID 控制更平稳一些，而变化频率较高的桨距角变化需要通过变桨距执行机构的频繁动作来实现，不可避免地加剧了变桨距执行机构的机械疲劳度。因此，在风电机组启动过程中，从变桨距执行机构动态响应角度看，QFT 控制器优于传统 PID 控制器。

2. 阶跃风速作用下的变桨距控制

风速在给定值 15m/s 下，0.2s 内分别以阶跃形式跳变为 12m/s 和 17m/s，以模拟湍流突变风速变化，进而考察两种变桨距控制器的效果，风速变化如图 5.10 所示。仿真模型中发电机电磁转矩 T_e 保持不变。在两种控制器下，仿真结果如图 5.11 和图 5.12 所示。

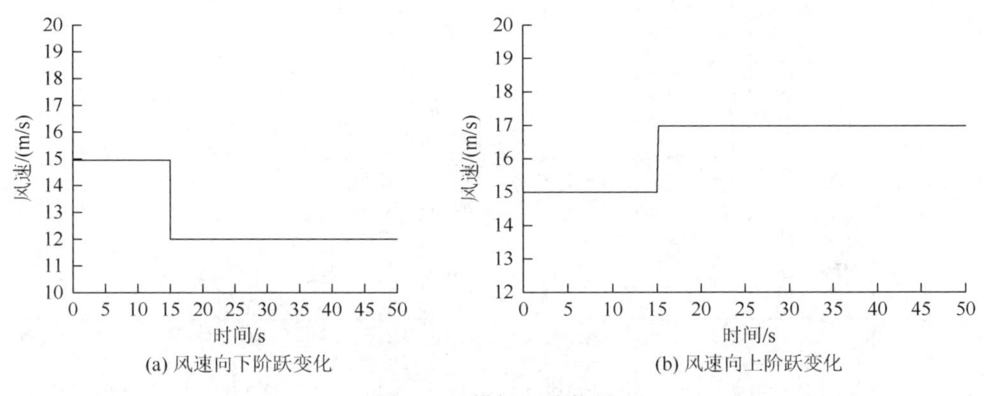

图 5.10　模拟风速信号

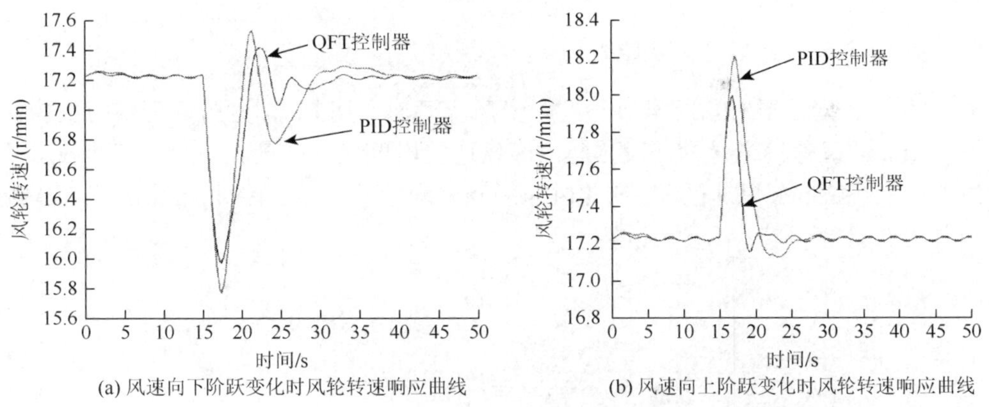

图 5.11　风轮转速变化响应曲线

高风速区风速变化范围为从额定风速到切出风速。仿真所用机组额定风速为 12m/s，切出风速为 25m/s。仿真给定的两种阶跃风速变化符合系统变桨距控制的风速变化要求。

两种控制器分别作用于风力发电机时，风轮转速响应结果如图 5.11 所示。从图中可以看出，在 QFT 控制器作用下，风轮转速响应速度较快，风速稳定后，风力发电机转速波动较小；图 5.10（a）中风速阶跃变化值比图 5.10（b）中风速阶跃变化值大，相应的图 5.11（a）中风轮转速的振荡也较图 5.11（b）中风轮转速振荡要大。可见，QFT 控制器与传统 PID 控制器相比，在高风速区内不同阶跃风速作用下，对风力发电机系统转速的控制效果更好。

图 5.12 为在两种控制器下风力发电机桨距角的动态响应变化。随着风速的阶跃变化，两种控制器都能实时控制桨距角变化。QFT 控制器与 PID 控制器的控制效果相比，系统桨距角稳定时间基本相同，但桨距角变化较大。

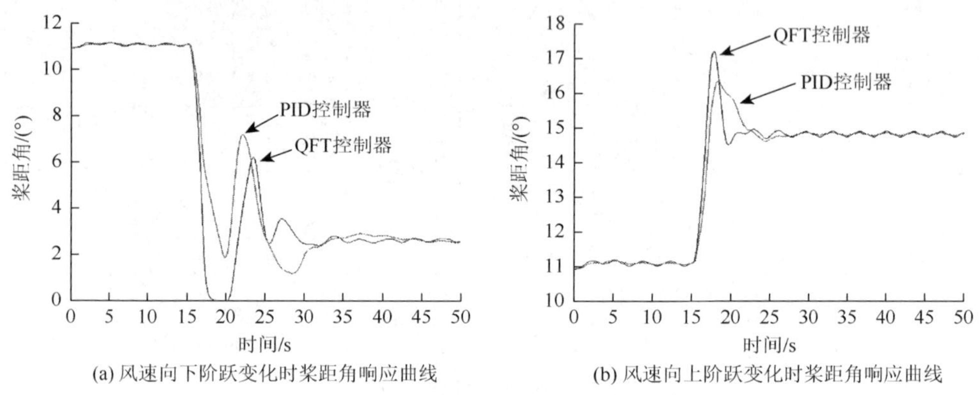

图 5.12　桨距角变化曲线

3. 时变风速作用下变桨距控制

图 5.13 为根据 IEC 标准进行的时变风况风速变化曲线。为验证变桨距控制效果，选取的风速模拟量为一段时间内高风速区内风况模拟量，图中风速曲线主要集中在 15～25m/s 风速区间。在此风速区间分别检验了 QFT 控制器和传统 PID 控制器的性能。

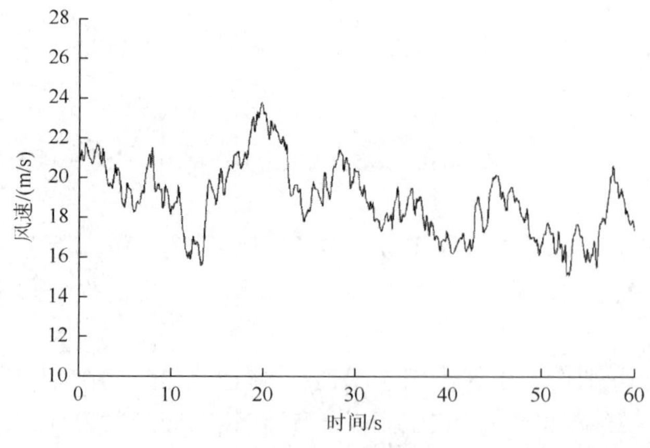

图 5.13　模拟风速信号

风力发电机风轮转速及桨距角响应结果如图 5.14 和图 5.15 所示。

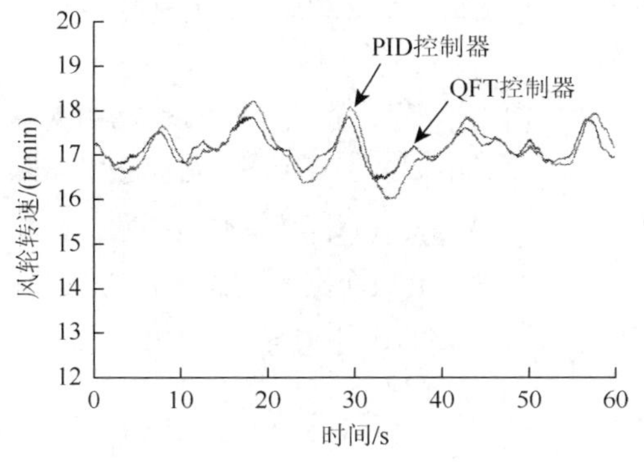

图 5.14　风速扰动下风力发电机转速响应曲线

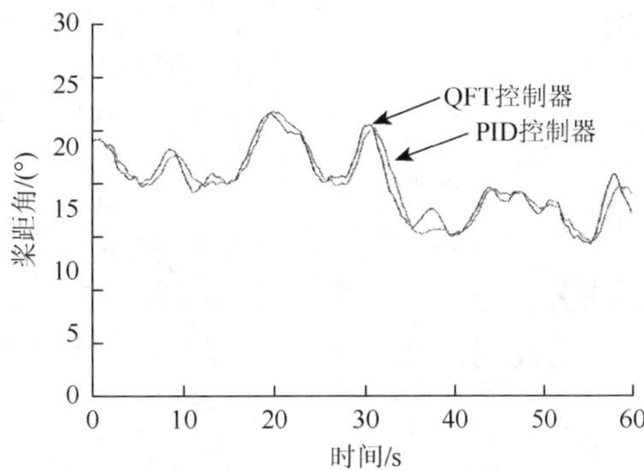

图 5.15　桨距角变化曲线

图 5.15 比较了在 QFT 控制器与传统 PID 控制器作用下风力发电机系统转速的响应结果。从图中可以看出，高风速区采用 QFT 控制器，风力发电机系统转速的稳定控制效果要优于传统的 PID 控制器。

5.4　变桨距重复控制

风速变化对机组的转速、功率有直接的影响，尤其是高风速工况下由于输出功率恒定，湍流对变桨距控制会产生周期性的影响。基于定量反馈理论设计的桨距角鲁棒控制器，主要抑制由湍流风速引起的风力发电机系统转速的波动。

5.4.1　重复控制理论

重复控制理论是基于内模控制发展起来的一种控制方法。由内模控制原理可知，在稳态闭环控制系统中如果含有一个周期性信号发生模型，则该模型可以有效地跟踪系统的参考输入，并抑制系统的外部扰动信号。

如图 5.16 所示的基本反馈控制系统中，$R(s)$、$E(s)$和 $Y(s)$分别为系统模型的输入信号 $r(t)$、误差信号 $e(t)$和输出信号 $y(t)$的拉氏变换函数表达式；$P(s)$为系统被

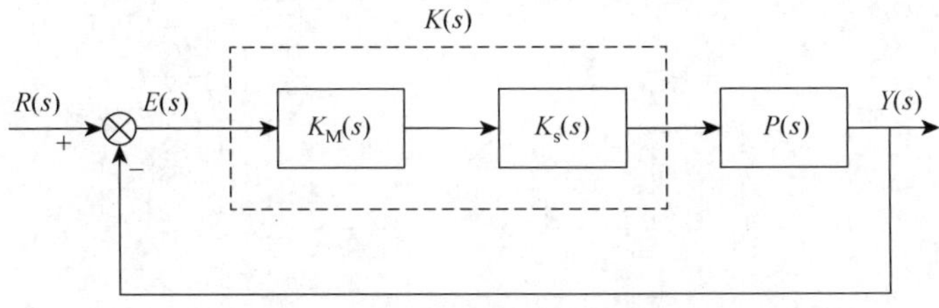

图 5.16　反馈控制系统

控对象的传递函数表达式；控制器 $K(s)$ 由 $K_M(s)$ 和 $K_s(s)$ 两部分组成。反馈控制系统通过计算设置控制器 $K(s)$ 中 $K_M(s)$ 的参数，使得控制器 $K(s)$ 可有效地抑制系统内周期为 T 的误差信号 $e(t)$ 的稳态误差。

由上面分析可知，在稳定的闭环反馈控制系统中：控制器 $K_M(s)$ 为系统输入信号 $r(t)$ 的内部模型，根据内模控制理论，$K_M(s)$ 可对输入信号 $r(t)$ 进行无稳态误差跟踪控制，抑制系统输出信号 $y(t)$ 的周期性波动；控制器 $K_s(s)$ 可作为基本控制器，其作用是对系统的扰动信号进行有效的抑制，使系统达到稳定从而提高动态响应能力。

假设系统输入信号 $r(t)$ 的周期为 T，那么输入信号的傅里叶级数表达式为

$$r(t)=\sum_{k\to-\infty}^{\infty}c_k\mathrm{e}^{\mathrm{j}k\omega_r t},\quad t\geqslant 0 \tag{5.20}$$

式中，$\omega_r=2\pi/T$；$k=0,\pm1,\pm2,\pm3,\cdots$。由前面分析可知，控制器 $K(s)$ 中的内部模型 $K_M(s)$ 可以对系统输入信号 $r(t)$ 进行有效跟踪控制，稳定系统输出信号 $y(t)$。其中，$K_M(s)$ 可以表示为

$$K_M(s)=\cdots\times\frac{-\mathrm{j}2\pi/T}{s+\mathrm{j}2\pi/T}\times\frac{1}{s}\times\frac{\mathrm{j}2\pi/T}{s-\mathrm{j}2\pi/T}\times\cdots=\frac{1}{s}\prod_{k=1}^{\infty}\frac{(\mathrm{j}\omega_r)^2}{s^2+(\mathrm{j}\omega_r)^2} \tag{5.21}$$

根据

$$\sinh(\pi s)=\pi s\prod_{k=1}^{\infty}\left(1+\frac{s^2}{k^2}\right) \tag{5.22}$$

通过对式（5.21）进行推导得到

$$K_M(s)=T\mathrm{e}^{-Ts/2}\frac{1}{1-\mathrm{e}^{-Ts}} \tag{5.23}$$

假设忽略式（5.23）中的系统延时 $T\mathrm{e}^{-Ts/2}$ 作用，则内部模型 $K_M(s)$ 可表示为

$$K_M(s)=\frac{1}{1-\mathrm{e}^{-Ts}} \tag{5.24}$$

综上，内部模型 $K_M(s)$ 结构如图 5.17 所示，此时 $K_M(s)$ 可作为反馈系统中的重复控制器。闭环系统中可以抑制周期性输入信号的内部模型 $K_M(s)$ 为重复控制器。

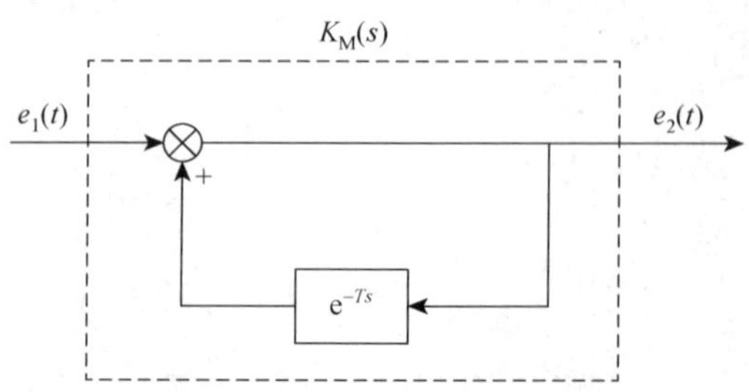

图 5.17　任意周期信号的内部模型

若将 $s = \mathrm{j}\omega$ 代入式（5.24）中，则重复控制器 $K_{\mathrm{M}}(s)$ 的幅值特性为

$$|K_{\mathrm{M}}(\mathrm{j}\omega)| = \frac{1}{|1-\cos(\omega T)+\mathrm{j}\sin(\omega T)|} = \frac{1}{\sqrt{2[1-\cos(\omega T)]}} \tag{5.25}$$

式中，假设 $\omega = k\omega_{\mathrm{r}}$，其中 $k = 0, \pm 1, \pm 2, \pm 3, \cdots$，则有 $|K_{\mathrm{M}}(\mathrm{j}\omega)| = \infty$，即在输入信号 $r(t)$内任意频率点处增益取值是无穷大。因此，在稳定闭环系统中，如果外部输入量中包含以 T 为周期的扰动信号，那么可以在系统内加入重复控制器抑制这一周期性扰动。

在图 5.16 所示的反馈控制系统中引入重复控制器 $K_{\mathrm{M}}(s)$（控制器结构如图 5.17 所示），得到结构如图 5.18 所示的基本重复控制系统。

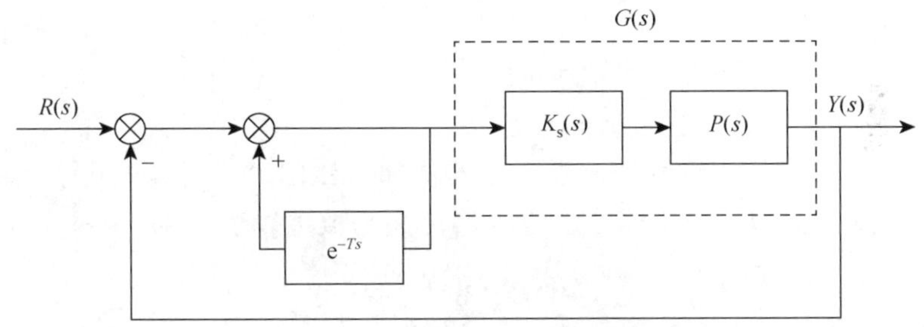

图 5.18　基本重复控制系统

图 5.18 中经过补偿的广义被控对象 $G(s)$为

$$G(s) = K_{\mathrm{s}}(s)P(s) \tag{5.26}$$

式中，$K_{\mathrm{s}}(s)$为系统的基本控制器；$P(s)$为被控对象传递函数。其中，基本控制器 $K_{\mathrm{s}}(s)$的作用是提高系统输出的稳定性，并提高控制系统抑制噪声的能力和控制器鲁棒稳定性能。

图 5.18 所示的基本重复控制系统中，假设 $G_{\mathrm{c}}(s) = \dfrac{G(s)}{1+G(s)}$，则依据小增益定理可知，如果满足

$$\|1-G_{\mathrm{c}}(s)\|_{\infty} < 1 \tag{5.27}$$

且 $G_{\mathrm{c}}(s)$ 是稳定的，那么基本重复控制系统 L_2 必定是稳定的，且该控制系统可以对周期为 T 的扰动信号进行无稳态误差的跟踪控制。

满足式（5.27）成立的条件为：稳定闭环系统中被控对象 $P(s)$具有低通特性。如果控制系统跟踪的扰动周期信号频率过高，则系统输出信号将为无穷大。

5.4.2　变桨距重复控制器

针对风剪切、湍流作用下的风轮转速 ω 的周期性脉动，可以通过基于重复控

制理论的桨距角控制方法进行补偿。风力发电系统中基于重复控制理论的桨距角补偿控制系统如图 5.19 所示。

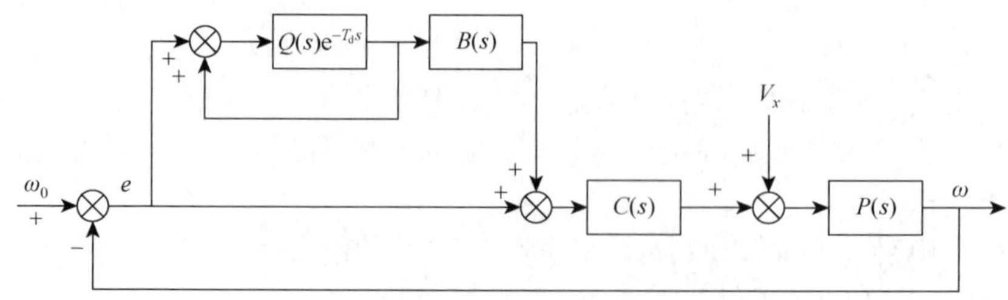

图 5.19 重复理论桨距角补偿控制系统

桨距角补偿控制器的具体设计步骤如下。

1）控制对象 $P(s)$传递函数的确定

由图 5.19 可以看出，系统被控对象的传递函数由风力发电机传动链系统 $P(s)$与桨距角鲁棒控制器 $C(s)$两部分组成，其传递函数可以表示为

$$G(s)=C(s)\cdot P(s) \tag{5.28}$$

所以风力发电机系统的开环被控对象的传递函数 $P(s)$为

$$P(s)=\frac{1}{C(s)}G(s) \tag{5.29}$$

2）低通滤波器 $Q(s)$的确定

低通滤波器 $Q(s)$选取二阶低通滤波器，为

$$Q(s)=\frac{\omega_{\mathrm{q}}^2}{s^2+2\xi_{\mathrm{q}}\omega_{\mathrm{q}}s+\omega_{\mathrm{q}}^2} \tag{5.30}$$

式中，ξ_{q}为低通滤波器的阻尼比；ω_{q}为截止频率。在满足系统暂态性能指标的前提下，需要确定动态补偿器 $B(\mathrm{s})$的带宽以及具体参数，并求得低通滤波器 $Q(s)$的具体参数，以满足系统的输出指标要求。

由重复控制原理分析可知，在闭环控制系统中为了保证输出信号的稳定，实际设计中低通滤波器 $Q(s)$越接近于 1，则系统的稳态误差越小。除此之外，为了保证系统具有一定的稳定裕度和较好的暂态特性，系统重构谱的峰值应小于并接近于 1。这里指定系统的暂态性能指标为

$$\left|Q(\mathrm{j}\omega)[1-B(\mathrm{j}\omega)G_{\mathrm{c}}(\mathrm{j}\omega)]\right|\leqslant\gamma\leqslant 1 \tag{5.31}$$

由于 $Q(s)\approx 1$，则由式（5.31）可以得到

$$\left|[1-B(\mathrm{j}\omega)G_{\mathrm{c}}(\mathrm{j}\omega)]\right| \leqslant \gamma \leqslant 1, \quad \forall \omega \in (0, \omega_{\mathrm{c}}] \tag{5.32}$$

可以看出，$G_c(j\omega)$的幅值和相角可以通过动态补偿器 $B(s)$进行补偿，以达到合适的稳定频率范围。通过前面介绍的改进型重复控制器设计过程，可以求得合适的τ_0值，确定一个合理的超前相角补偿系数，在实际应用中，$B(s)$一般取$\dfrac{1}{Ts+1}$的形式，其中 T 取决于风力发电机系统的额定转速。

5.4.3　重复控制仿真及其分析

为了验证重复桨距角补偿控制器的控制效果，以及变桨距控制器对系统周期性转速脉动的抑制作用。体现风剪切效应下重复补偿控制器的效果，仿真中将对重复桨距角补偿鲁棒控制器与单一桨距角鲁棒控制器进行对比。仿真结果如图 5.20～图 5.22 所示，分别为在两种变桨距控制策略作用下的风力发电机的风轮转速响应曲线、风轮转速误差曲线及桨距角响应曲线。

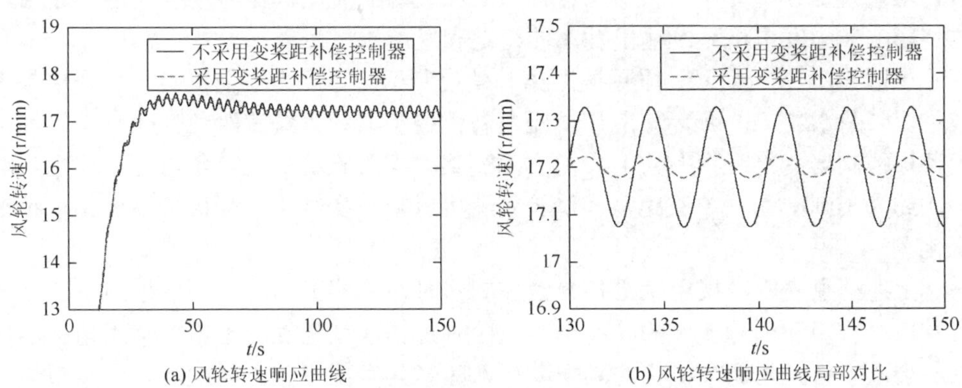

(a) 风轮转速响应曲线　　(b) 风轮转速响应曲线局部对比

图 5.20　风轮转速变化曲线

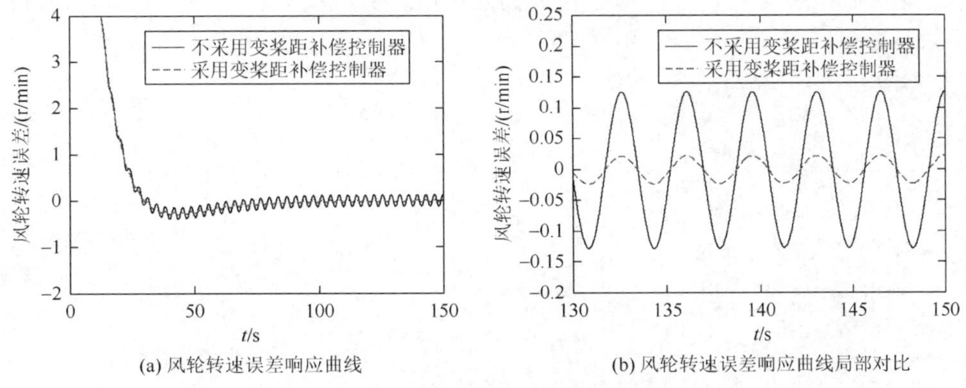

(a) 风轮转速误差响应曲线　　(b) 风轮转速误差响应曲线局部对比

图 5.21　转速变化响应曲线

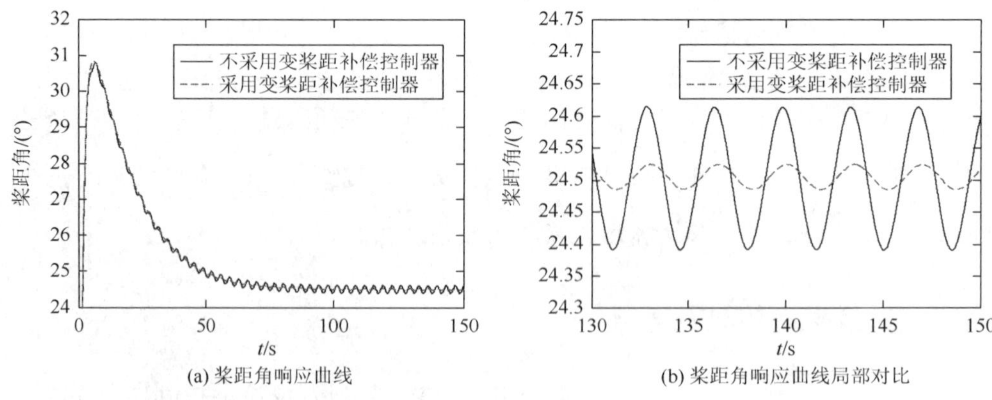

(a) 桨距角响应曲线

(b) 桨距角响应曲线局部对比

图 5.22　桨距角响应曲线

由图 5.20 和图 5.21 可见，在重复桨距角补偿控制器作用下，风力发电机风轮转速周期性波动较小。算例中风轮转速波动最大幅值接近 0.13r/min，在风力发电机传动系统变速箱变比作用下，这种周期性波动在发电机端将被放大近 100 倍，这将影响风力发电机系统输出功率的稳定和发电质量。

如图 5.22（a）所示，采用桨距角补偿控制器时，风力发电机桨距角变化频率较小。如图 5.22（b）所示，应用桨距角补偿控制器的系统桨距角变化频率约为一般鲁棒控制器变桨距频率的 1/4，而实际变桨距伺服电机定位转角与叶片桨距角的变比约为 1000，可见，桨距角补偿控制器可以减小变桨距执行机构的变桨距频率变化。

上述结果表明，采用桨距角补偿控制器时，鲁棒变桨距控制器性能更佳，风力发电机转矩和风轮转速的脉动更小。同时，基于重复控制理论的桨距角补偿控制器会减小桨距角调节机构的频繁动作，减轻其机械疲劳。因此，采用桨距角鲁棒控制器与重复补偿控制器相结合的循环变桨距鲁棒控制器既能保证风力发电机桨距角控制的鲁棒性，又能减小由风力发电机自身气动效应产生的系统转速周期性脉动影响。

第6章　减载荷控制策略

迫于市场竞争的压力，风电场运营商必须尽可能地降低发电成本。提高风电机组单机容量是降低发电成本有效的途径之一，目前世界上已并网运行的机组容量最大可达到7MW，欧洲“Upwind”计划研发的风电机组可达到8～10MW。伴随着单机容量的增加，风电机组风轮直径不断增大，叶片、传动系统和塔架等零部件变得柔性大、阻尼小，机组低频模态越来越密集，各模态耦合概率加大，机组承受的动态载荷更加复杂严峻，使得通过控制减小整机或关键部位载荷的需求日益突出。

6.1　减载荷控制的必要性

1. 3MW以上大功率风电机组特点

单机容量的增加不仅显著增加了机械设计的难度，而且对机组控制系统的要求也更高。无论整机还是零部件设计制造都遇到了一些不可回避的问题。

（1）单机容量增大，风轮直径和扫掠面积增加使机组承受的载荷更大、更复杂。

随着机组单机容量的增加，风轮直径和叶片的重量都急剧增加。1MW机组风轮直径只有60m; 3MW机组风轮直径就达到了100m，风轮重量达到85t; 而5MW机组风轮直径达126m，每只叶片重18t，风轮重量达125t。风轮直径的增加使得在风轮扫掠范围内的风切变得更加显著，湍流更加复杂，叶片的重量及其分布差异也更加明显。风轮三只叶片受到气动力的差异，再加上由制造、安装工艺等引起的风轮的机械结构不平衡，会造成严重的风轮不平衡载荷，最有代表性的是轮毂所受的弯矩。该弯矩会产生轮毂的碟形力矩和传动轴的弯曲力矩，进而影响轮毂、主轴乃至传动系统的寿命。如果通过一定的控制手段减小风轮的不平衡载荷，将会减轻机组对结构部件的强度要求，降低机组零部件故障率，延长机组使用寿命。

（2）由于载荷增大，塔架尺寸和重量急剧增加。

塔架在风电机组中是体积最大、重量最重的大型零部件。3MW风电机组的塔架重量超过200t，最大处直径超过4.2m，这给机组的运输、安装都造成了很大的困难，而且塔架成本在整个风电机组中超过20%。更大容量的风电机组一般需要针对塔架重量和尺寸进行优化设计，一方面是寻求新的塔架结构型式，另一方面通过各种手段减小塔架所受的载荷。这两方面的优化都是为了最大限度地减小机组运行过程中所受的动态载荷。

（3）由传动系统扭矩波动造成的齿轮箱、联轴器等部件损坏率居高不下。

由于风速的时刻变化和风切变、湍流等对叶片的影响，再加上风电机组传动系统的阻尼较小，而传动系统扭矩波动（甚至扭振）一直是造成齿轮箱和联轴器故障并影响机组可靠性的重要因素，3MW 及以上装机容量的机组这一点更加明显。

根据运行经验及统计数据，齿轮箱故障是影响双馈风电机组可利用率的首要问题，有的风电场齿轮箱损坏率高达 20%～30%。齿轮箱发生损坏不仅仅在我国出现，全世界很多风电场都面临同样的问题。由于设备安装在几十米高空，送到工厂检修耗时，费力且代价很大，进一步加大了传动系统故障的损失。

相同功率的齿轮箱、联轴器等在其他行业都有应用并运行效果良好，但在风电机组中齿轮箱故障率居高不下。其原因很多，一个最重要的原因就是在齿轮箱设计过程中未能充分地考虑风电机组传动系统复杂的动态载荷。齿轮箱作为传递机械能的主要部件之一，在运行期间同时承受动态、静态载荷。其动态载荷部分取决于风轮的载荷、传动系统特性（传动轴和联轴器的重量、刚度、阻尼）以及发电机的特性和外部工作条件。主轴传递给齿轮箱的扭矩载荷谱是齿轮箱设计和分析的基础，在保证安全和发电量不受影响的前提下，通过特定的控制策略设计抑制机组传动系统扭矩的波动无论对风电机组还是对齿轮箱的设计都具有重要意义，对 3MW 及以上装机容量机组尤为突出。

（4）零部件固有频率降低，各零部件之间的振动耦合程度提高。

单机容量的不断增大，载荷的增加使得对各部件的强度要求增加，同时部件的刚度增加、固有频率下降。叶片的挥舞、风轮的旋转、塔影效应、风轮的不平衡载荷以及外界风的变化使各零部件的振动耦合概率增加，这就要求控制系统能够抑制风轮、塔筒和传动系统振动，减小振动带来的动态载荷。

2. 减载荷控制

减载荷控制是指在风电机组设计过程中通过一定的手段有效地减小载荷源或抑制机组振动，将载荷控制在合理的范围内，它是风电机组控制领域的一个新兴研究方向。风电机组减载荷控制可分为被动控制与主动控制两类。被动控制是指合理选择弹性支撑构件的材料和形状，对机组进行阻尼处理，达到抑制振动进而减小动态载荷的目的，主要通过改变机械结构、零部件材料等手段实现。

风电机组减载荷控制是指在机组的运行过程中，根据传感器所检测到的载荷相关信号（如结构应变、弯矩、加速度等），经过控制器实时计算，应用一定的控制策略，对机组施加影响，达到减小载荷源、抑制振动，进而减小载荷的目的。也就是通过控制系统的控制策略减小机组运行过程中所承受的载荷。

结合减小风轮载荷不平衡、传动系统扭转疲劳、塔架振动的具体控制目标，风电机组减载荷控制主要通过在发电机转矩控制和变桨距控制中叠加一定的微动调节来抑制振动和消除不平衡，从而达到减小机组载荷的目的。

减载荷控制是以不影响风电机组的能量捕获和转化效率为前提的，其控制的目标是将动态载荷减小到合理的范围内。根据各工况对功率、转速和动态载荷的控制要求，风电机组减载荷控制框图如图 6.1 所示。外环对机组的功率和转速进行控制，内环分别以变桨距系统、变流器为作动器实现风轮和传动系统的减载荷控制[13]。

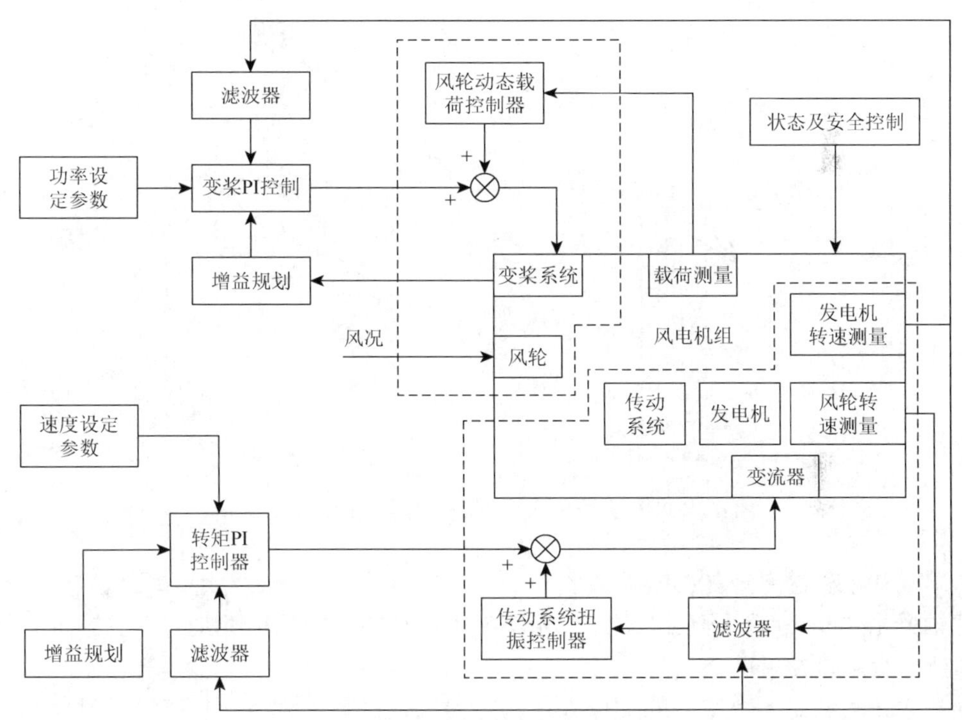

图 6.1　风电机组减载荷控制框图

6.2　独立变桨距与风轮不平衡载荷控制

风轮所受的气动载荷是机组动态载荷中最复杂的部分，对机组整体动态载荷的影响也最大，控制系统通过桨距角的调节可以减小机组运行过程中风轮受到的动态载荷，但复合翼型、湍流、叶片弹性形变等因素使得风轮成为一个无法准确建模的复杂非线性系统，这将给减载荷控制带来很多的困难。

6.2.1 风轮不平衡载荷辨识

风轮在自然风况中的受力很复杂，所有的气动载荷、重力载荷、惯性载荷等都通过叶根作用到轮毂上，在轮毂坐标系中，风轮所受到的不平衡载荷主要包括水平与垂直方向的力（F_{YN} 与 F_{ZN}）和弯矩（M_{YN} 和 M_{ZN}），对机组产生影响的主要因素是风轮平面内绕水平轴（Y 轴）的弯矩 M_{YN} 和垂直轴（Z 轴）的弯矩 M_{ZN}，如图 6.2 所示。

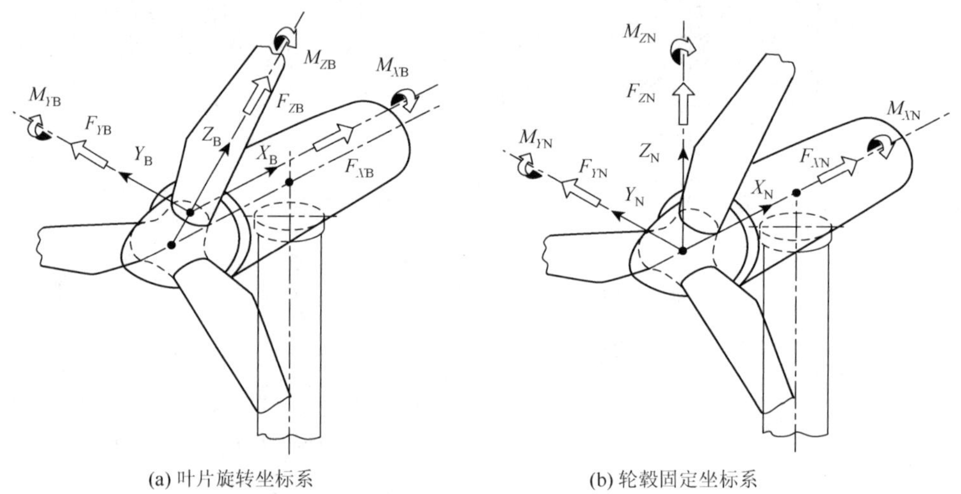

图 6.2　叶片旋转坐标系和轮毂固定坐标系下的载荷

轮毂承受的弯矩能影响轮毂的碟形力矩和传动轴的弯曲力矩，进而影响轮毂、主轴乃至传动系统的强度要求。风轮不平衡载荷控制的目标就是减小轮毂中心的弯矩（M_{YN} 和 M_{ZN}）。

由于轮毂是一个空心的类球壳结构，无法直接测量轮毂中心弯矩。只能对轮毂中心弯矩进行间接的测量，根据风电机组载荷的传递方式和换算关系，可以通过以下两种方法进行测量。

1. 通过叶根挥舞方向弯矩换算

考虑到轮毂的弯矩主要来自叶根，风轮不平衡载荷控制中用到的载荷反馈可以通过旋转叶片坐标系下叶根挥舞方向弯矩 M_{YB} 进行坐标变换得到，在换算过程中由于力的平移而带来的附加力矩不予考虑。相应的载荷测量传感器可以安装在叶根部位，而且叶根也便于载荷测量传感器的安装。

风轮在不停地绕 X 轴旋转，轮毂所承受的弯矩是在轮毂固定坐标系下定义的，且

弯矩 M_{YN} 和 M_{ZN} 是在两个相互垂直的方向上，可以认为是互相独立的，如图 6.2（b）所示；叶片叶根挥舞方向弯矩 M_{YB} 是在旋转叶片坐标系下定义的，如图 6.2（a）所示。图 6.2（b）中，M_{ZN} 为绕垂直轴方向的弯矩，M_{YN} 为绕水平轴方向弯矩。从旋转坐标系到固定坐标系的矢量换算可以利用坐标变换理论。

由三个叶根弯矩 M_{YB1}、M_{YB2}、M_{YB3} 变换为轮毂中心两个方向弯矩 M_{YN} 和 M_{ZN} 的坐标变换如式（6.1）所示：

$$\begin{pmatrix} M_{ZN} \\ M_{YN} \end{pmatrix} = \left(\frac{2}{3}\right) \begin{pmatrix} \cos\theta & \cos(\theta + 2\pi/3) & \cos(\theta + 4\pi/3) \\ \sin\theta & \sin(\theta + 2\pi/3) & \sin(\theta + 4\pi/3) \end{pmatrix} \begin{pmatrix} M_{YB1} \\ M_{YB2} \\ M_{YB3} \end{pmatrix} \tag{6.1}$$

式中，θ 为风轮的方位角，可通过安装在齿轮箱尾部的绝对值编码器测得。

由于两个弯矩分量相互垂直，可以通过两个控制器进行相互独立的控制。两个方向载荷控制器的输出经坐标反变换得到三个独立的叶片桨距角需求，反变换如式（6.2）所示：

$$\begin{pmatrix} p_1 \\ p_2 \\ p_3 \end{pmatrix} \begin{pmatrix} \cos\theta & \sin\theta \\ \cos(\theta + 2\pi/3) & \sin(\theta + 2\pi/3) \\ \cos(\theta + 4\pi/3) & \sin(\theta + 4\pi/3) \end{pmatrix} \begin{pmatrix} p_Z \\ p_Y \end{pmatrix} \tag{6.2}$$

式中，p_1、p_2、p_3 分别为三个叶片的桨距角需求；p_Z、p_Y 分别为两个控制器的输出。

叶根弯矩的测量需要在每个叶片的根部安装应变传感器，通过测量叶片根部所受载荷引起的形变得到叶片的根部弯矩。相应传感器安装示意图如图 6.3 所示。

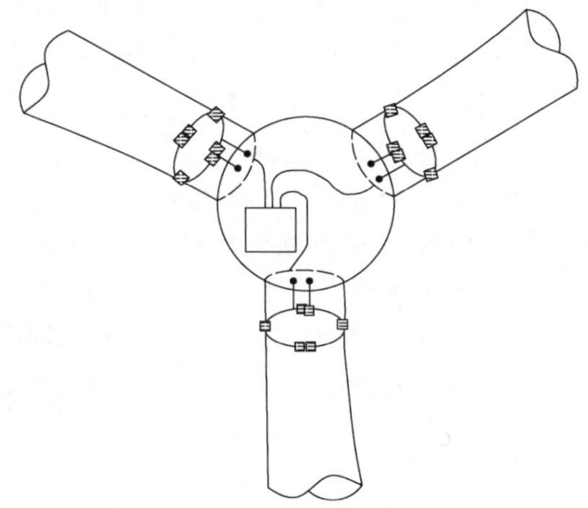

图 6.3　叶根载荷测量传感器安装位置

2. 通过低速轴径向弯矩换算

轮毂通过法兰和低速轴刚性连接，轮毂中心的弯矩会直接传递到低速轴，表现为低速轴的径向弯矩（M_Z和 M_Y）。由于主轴弯矩是在旋转坐标系下定义的，所以转换需要进行坐标变换：

$$\begin{pmatrix} M_{ZN} \\ M_{YN} \end{pmatrix} = \begin{pmatrix} \sin\theta & \cos\theta \\ \cos\theta & \sin\theta \end{pmatrix} \begin{pmatrix} M_Y \\ M_Z \end{pmatrix} \tag{6.3}$$

和叶根弯矩测量方法相似，在主轴界面圆周上需要均匀布置四个光纤应变传感器，主轴径向弯矩会通过主轴承传递到机舱底盘，因此主轴应变传感器需要安装在主轴承之前。具体位置如图 6.4 所示。

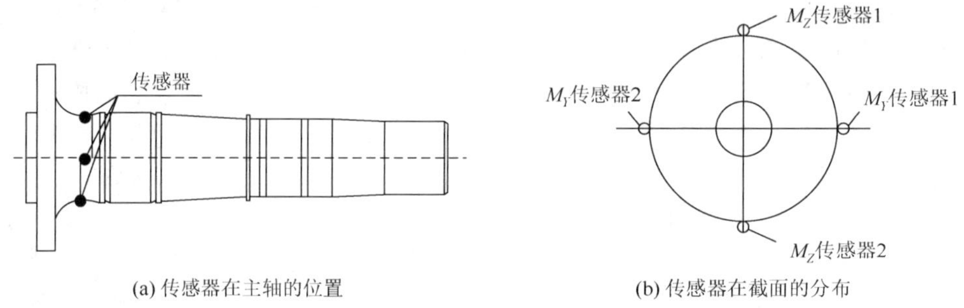

(a) 传感器在主轴的位置　　(b) 传感器在截面的分布

图 6.4　低速轴径向弯矩测量

6.2.2　风轮不平衡载荷控制

1. 控制策略

机组运行过程中，叶根弯矩受风速变化、风轮方位角变化、各叶片的桨距角变化的影响，由于三个叶片所处位置的风速不同、叶片本身制造差异等原因，三个叶片所受的气动力也不同。风的变化迅速、难以预测，而且无法控制，只能根据测算到的实时不平衡载荷对三个叶片的桨距角进行调节来达到减小风轮整体所受载荷不平衡的目的。即在变桨距控制的基础上，对三个叶片进行不同的桨距角微动调节来抵消风轮所受气动力差异[14]。

根据本章对轮毂中心不平衡弯矩的分析，M_{YN}和 M_{ZN}是两个互相垂直的矢量，两者的相互影响较小，所以针对轮毂中心的两个弯矩 M_{YN}和 M_{ZN}，采用两个相对独立的单输入单输出控制器进行不平衡载荷闭环控制，然后通过坐标变换得出三个叶片的桨距角需求。基于叶根弯矩测量的风轮不平衡载荷变桨距控制的具体框图如图 6.5 所示。与基于主轴径向弯矩测量的风轮不平衡载荷变桨距控制唯一不同的就是作为控制器反馈的风轮不平衡弯矩测算的方法不同。

风速、桨距角以及载荷之间是复杂的非线性关系，且无法建立准确的数学模型，为此风轮不平衡载荷的控制采用不依赖于被控对象模型的控制算法较为适宜，

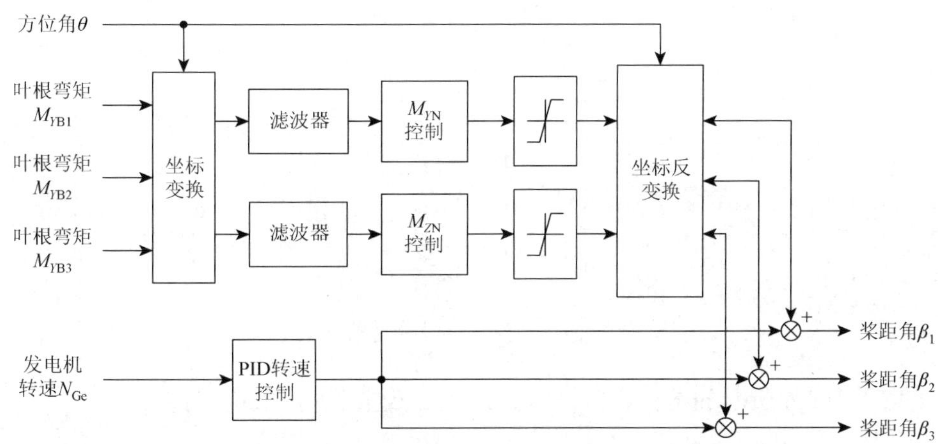

图 6.5　基于叶根弯矩测量的风轮不平衡载荷控制框图

如 PID 控制、自适应控制、无模型控制等。风电机组风轮不平衡载荷控制器以风轮的不平衡弯矩为输入，以桨距角 β 为输出。

2. 滤波器设计

由于风速的变化、风轮的旋转等不平衡载荷控制相关量都是低频变化，在风轮不平衡载荷控制器输入通道中添加滤波器以减少变桨距系统动作，同时必须避免变桨距动作和塔架之间形成共振。

通用滤波器的二阶传递函数表达式为

$$G(s)=\frac{a_0s^2+a_1\xi_1\omega_1s+a_2\omega_1^2}{b_0s^2+b_1\xi_2\omega_2s+b_2\omega_2^2} \tag{6.4}$$

式中，ξ_1 和 ξ_2 为滤波器阻尼；ω_1 和 ω_2 为角频率。通用二阶滤波器经过 z 变换之后可以用图 6.6 表示。

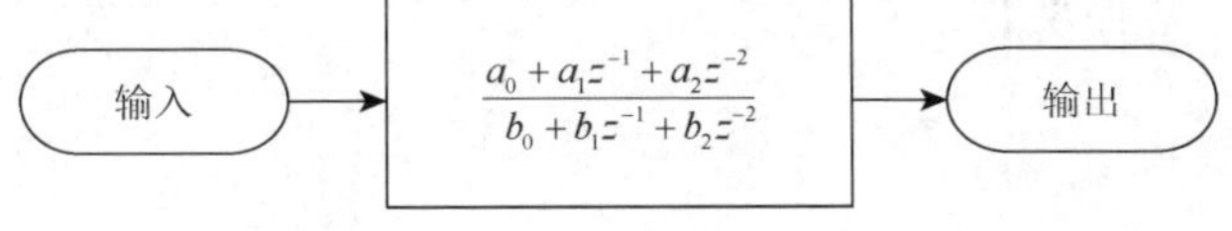

图 6.6　通用二阶滤波器

图 6.5 所示的风轮不平衡载荷控制中对载荷测量信号进行前处理的滤波器由低通滤波器和陷波滤波器串联而成，低通滤波器是限制控制器对高频噪声信号的响应，避免不必要的变桨距动作；塔影效应在上风向风电机组中是不可避免的，通过陷波滤波器限制动态载荷控制器对塔影效应引起的载荷变化。

根据图 6.6 的通用形式，低通滤波器的各参数按照式（6.5）计算：

$$\begin{cases} a_0 = 1 \\ a_1 = 2 \\ a_2 = 1 \\ b_0 = \dfrac{4}{\omega^2} + \dfrac{4dT}{\omega} + T^2 \\ b_1 = 2T^2 - \dfrac{8}{\omega^2} \\ b_2 = \dfrac{4}{\omega^2} - \dfrac{4dT}{\omega} + T^2 \end{cases} \tag{6.5}$$

按照图 6.6 所示的结构，陷波滤波器各参数按照式（6.6）计算：

$$\begin{cases} a_0 = \dfrac{4}{\omega_1^2} + \dfrac{4d_1T}{\omega_1} + T^2 \\ a_1 = 2T^2 - \dfrac{8}{\omega_1^2} \\ a_2 = \dfrac{4}{\omega_1^2} - \dfrac{4d_1T}{\omega_1} + T^2 \\ b_0 = \dfrac{4}{\omega_2^2} + \dfrac{4d_2T}{\omega_2} + T^2 \\ b_1 = 2T^2 - \dfrac{8}{\omega_2^2} \\ b_2 = \dfrac{4}{\omega_2^2} - \dfrac{4d_2T}{\omega_2} + T^2 \end{cases} \tag{6.6}$$

根据机组不同工况下的载荷特点分析，在恒功率区（风速大于额定风速）机组受到的载荷较大，风轮不平衡载荷控制适用于风速大于额定风速的工况，由于风轮不平衡主要是由风剪切、湍流及耦合振动引起的，风轮不平衡载荷控制器在风剪切和湍流工况的效果会更加明显。

3. 减载荷效果

为了验证减载荷控制算法的可行性和有效性，在 GH Bladed 软件外部控制中以一台 3MW 双馈变速机组模型为例，进行了仿真分析和载荷计算。

所采用的 3MW 双馈变速机组，风轮直径 100m，轮毂中心高 86.56m，风轮转速范围为 8～15.7r/min，桨距角变化范围为–2.5°～90°，最大变桨距速度为 7.5°/s，三个叶片的桨距角差被限制在 5°以内。

图 6.7 中三条曲线代表风轮扫掠平面内不同位置 A、B、C 三个点的风速。在图 6.7 所示风况下，独立变桨距控制算法和同步变桨距算法仿真对比如图 6.8 所示。

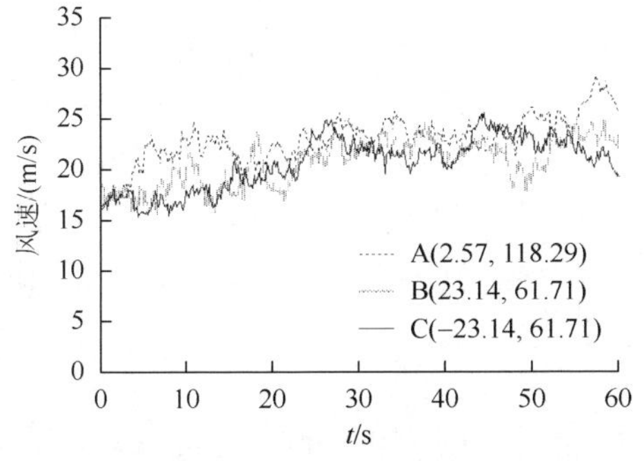

图 6.7　风轮平面内不同位置风速变化对比

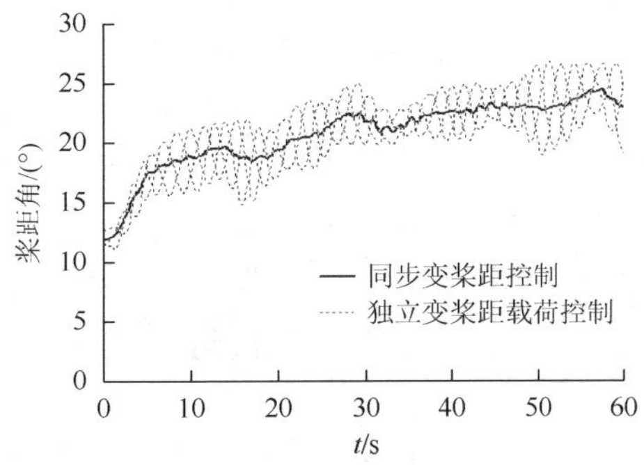

图 6.8　桨距角变化对比

图 6.9 是两种控制方法在叶片坐标系下叶片 1 叶根弯矩 M_y 情况对比。图 6.10 和图 6.11 分别是采用两种控制方法在 GL 轮毂固定坐标系下轮毂所承受弯矩 M_d 和 M_q 的对比。由图 6.7 中数据可见，不平衡载荷独立变桨距控制算法和同步变桨距算法相比，首先独立变桨载荷控制可以明显减小三个叶片叶根所受的弯矩，更重要的是可以有效减小轮毂所承受的弯矩（风轮的不平衡载荷）。

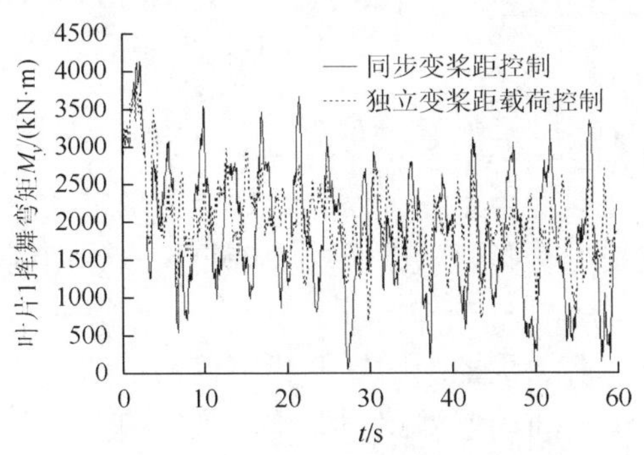

图 6.9　叶片 1 叶根弯矩 M_y 对比

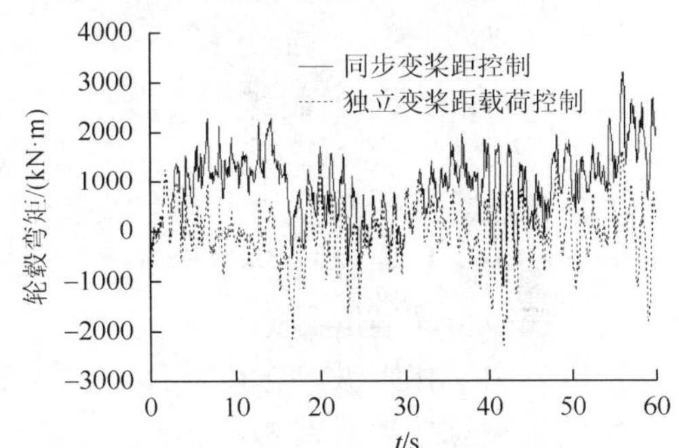

图 6.10　轮毂弯矩 M_d 对比

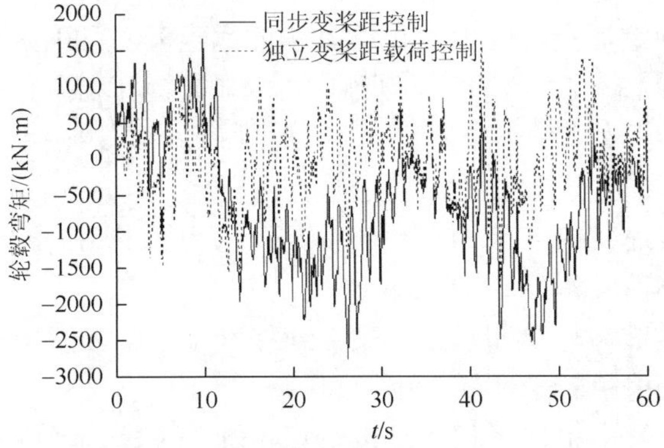

图 6.11　轮毂弯矩 M_q 对比

通过变桨距控制减小机组的风轮不平衡载荷可以延长机组的疲劳寿命，可以对机组的轮毂、主轴等重要部件进行优化设计，从而降低发电成本。仿真结果证明通过基于泛模型的自适应控制器对三个叶片进行独立的变桨距控制可以减少风轮的不平衡载荷和叶根的载荷；解决了在不平衡载荷控制中由风轮非线性且难以建立精准模型带来的问题。但需要注意的是，载荷闭环控制算法依赖于载荷测试设备，因此必须保证载荷测试传感器的可靠性。

6.3 传动系统阻尼与扭转载荷控制

扭矩波动是造成风电机组传动系统故障和影响传动系统扭转载荷的主要原因之一[15]。发电机转矩的控制对传动系统扭矩传递和扭转载荷有着很大的影响，可以通过变流器改变机组发电转矩，抑制传动系统转矩波动，减少扭转载荷对传动系统造成的疲劳损伤。由于风电机组传动系统中存在非线性耦合关系和不确定因素，在扭转载荷主动控制器设计时，需要考虑齿轮弹性形变引起的啮合刚度变化、齿轮啮合误差、柔性联轴器刚度和阻尼等不确定因素[16]。

6.3.1 传动系统扭转载荷辨识

风电机组的传动系统是一个复杂的非线性耦合系统，而且参数受不确定动态因素影响很大。在传动系统载荷辨识和控制中有必要构建考虑不确定因素作用的传动系统模型，其原因如下。

（1）由于扭矩波动幅度不能直接测量，自抗扰控制所需的状态误差反馈只能通过间接测算获得，对传动系统扭转载荷幅度的动态辨识需要传动系统模型，即便这个模型是不完整（部分未知）的，测量误差连同辨识误差都可以认为是系统的一个非线性环节，作为内部扰动通过扩张状态观测器动态估计。

（2）考虑不确定非线性因素对传动系统进行建模，可以获得被控对象的部分动态特性，在扩张状态观测器的扰动观察中可以显著提高观测的精度并减小计算量。

为了达到以上目的，在风电机组的传动系统考虑非线性不确定因素采用集中参数方法根据以下原则进行建模。

（1）风轮和低速轴的连接为刚性连接，风轮和低速轴的转动惯量集中为风轮转动惯量，用 J_R 表示。

（2）低速轴通过齿轮箱和联轴器柔性连接到高速轴，发电机转子和高速轴的转动惯量集中为发电机转子惯量，用 J_G 表示。

（3）和风轮及发电机转子相比，齿轮箱各轴、齿轮副及联轴器的转动惯量很小，在建模中可以忽略不计。

（4）传动系统中动态的刚度和阻尼分解为恒定分量和动态分量两部分，应分别进行考虑，动态分量部分为不确定因素的等效作用。

传动系统模型如图 6.12 所示。

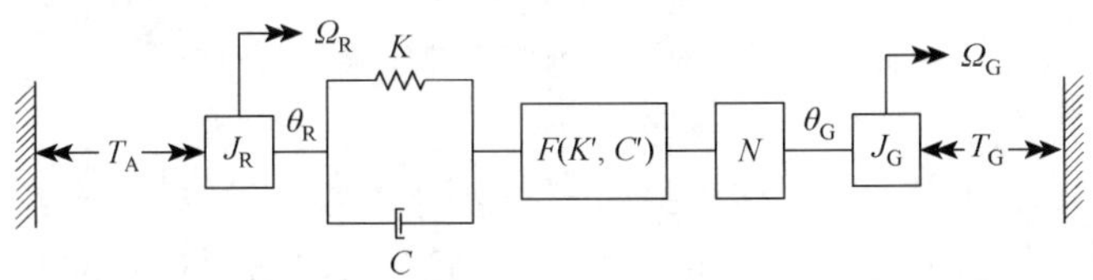

图 6.12　传动系统模型

T_A-气动转矩；T_G-发电机电磁转矩；J_R-风轮转动惯量；J_G-发电机转子转动惯量；C-传动系统综合阻尼；K-传动系统综合扭转刚度；Ω_R-风轮角速度；Ω_G-发电机角速度；θ_R-风轮角位移；θ_G-发电机角位移；N-齿轮箱增速比；$F(K',C')$-传动系统中刚度和阻尼变化部分的等效作用

根据图 6.12 所示的传动系统模型和拉格朗日动力学方程，考虑非线性不确定因素的传动系统扭矩传递过程可以表示为

$$J_R(\ddot{\theta}_R) = T_A - T_d \tag{6.7}$$

$$T_d = C\left(\dot{\theta}_R - \frac{\dot{\theta}_G}{N}\right) + K\left(\theta_R - \frac{\theta_G}{N}\right) + (F_g + F_c + F_x) \tag{6.8}$$

$$J_G(\ddot{\theta}_G) = \frac{T_d}{N} - T_G \tag{6.9}$$

式中，T_d 为传动链转矩；F_g 和 F_c 为齿轮啮合及柔性联轴器刚度和阻尼变化部分的综合作用；F_x 为传动系统未建模的其他因素作用。该模型中，首先按照动力学建立已知动态的模型，然后将不确定因素作用分离出来便于在控制过程中进行估计和补偿。

在风电机组传动系统中，扭转载荷的直接测量很困难，而且成本很高。对轴系传动系统尤其是汽轮机的扭振分析大多采用状态观测器的方法，并采取滤波的方法消除测量误差。风电机组传动系统与汽轮机传动系统相比，其组成和结构都更加复杂，建立准确模型的难度更大，而且输入扭矩的波动更加剧烈，因此传统状态观测器的方法并不适用。

式（6.7）～式（6.9）中，传动系统的扭转角度 γ 和扭转速度 ω_t 表示为

$$\gamma = \int (\Omega_R - \Omega_G / N)\mathrm{d}t \tag{6.10}$$

$$\omega_t = \dot{\gamma} = \Omega_R - \Omega_G / N \tag{6.11}$$

则传动系统动力学方程可以写为

$$J_G J_R \ddot{\gamma} = -\left(J_G + \frac{J_R}{N^2}\right)[c\dot{\gamma} + k\gamma - (F_g + F_c + F_x)] + J_G T_A + \frac{J_R}{N} T_G \tag{6.12}$$

风轮和发电机等效转角差代表传动系统的扭应力，风轮和发电机等效转速差代表传动系统扭矩的变化幅度，可以用来表示传动系统转矩的波动幅度。

传动系统的扭矩波动幅度可以根据风轮和发电机扭转角速度差来衡量，风电机组的风轮转速和发电机转速一般通过编码器测量，编码器对转速的量化过程取决于编码器的精度（有限字长），相当于在测量信号上叠加了一个量化误差，必然会对动态特性产生一定的影响。

量化误差一般被当作一个均匀分布的随机白噪声，这种假设具有一定的精度而且便于分析，因此得到了广泛的应用。但旋转编码器误差本质是非线性的，而且由于风轮和发电机的转速差别比较大，量化误差对系统的信号测量影响更大。同时这部分的影响很难测量和描述，因此在传动系统扭转载荷控制器的设计过程中，量化误差可作为系统的随机扰动来处理。

6.3.2　传动系统阻尼控制

传动系统的输入扭矩是计算传动轴、齿轮和支撑结构等风电机组传动系统部件应力的主要参数，也是估算结构寿命与可靠度的主要依据。所以，扭转载荷是传动系统设计的基础和前提。扭转载荷除了和额定功率、转速、循环周期等常规因素有关外，还和传动系统扭矩波动有很大关系。

风电机组传动系统可以看作在气动转矩 T_A 和发电机转矩 T_G 共同作用下的扭转动力学系统。传动系统的扭矩和机组功率关系密切，动态载荷尤其是扭转载荷主要来自于风轮的气动转矩变化和传动系统扭振。传动系统扭矩波动使传动系统主要零部件产生疲劳损伤，会降低机组使用寿命。减小传动系统的动态载荷最有效的办法就是抑制传动系统的扭矩波动。同时电网对机组电能质量的要求也需要传动系统转矩变化尽可能地平稳。如何有效地抑制扭矩波动对风电机组传动系统及功率波动的影响，降低传动系统扭转载荷已成为风电机组控制领域面临的一个新难题。

根据对传动系统的分析，传动系统模型中存在很多的非线性不确定因素，若忽略这些非线性不确定因素则难以准确真实地反映风电机组传动系统的动态响应特性。所以传动系统扭转载荷控制器设计必须考虑传动系统模型中存在的不确定因素，而且需要考虑到在风电机组传动系统中直接测量扭矩的成本问题。

针对以上分析，T_G 在控制器的控制下需要满足以下目标。

（1）在额定风速以下，根据最佳叶尖速比曲线跟踪由风速变化引起的 T_A 的变化，以获取最大功率。额定风速以上保持功率恒定（发电机额定功率附近）。

（2）根据观测到的传动系统扭矩波动情况，在扭转载荷控制器的控制下抑制传动系统扭矩波动，以减小传动系统扭转载荷。

在上述发电机转矩目标中：

（1）目标（1）用传统的最佳叶尖速比转矩 PI 控制（以下简称转矩 PI 控制）即可实现。

（2）目标（2）结合振动主动控制的方法，以变流器为作动器通过扭转载荷控制器实现。由此发电机的转矩给定是在转矩 PI 控制器和扭转载荷控制器的共同作用下，达到对发电机功率控制和传动系统扭矩波动抑制的目标，控制框图如图 6.13 所示。

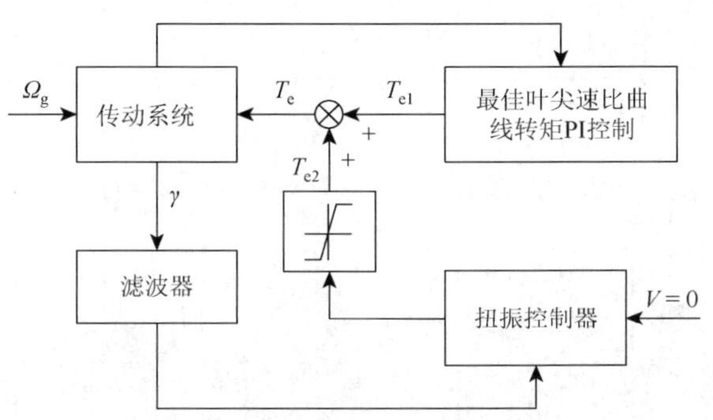

图 6.13　传动系统扭转载荷控制框图

风电机组传动系统可以视为式（6.12）所述的非线性不确定系统，系统控制量 u 为发电机转矩给定 T_e，系统输出 y 为传动系统扭振幅度 $\dot{\gamma}$ 。F_g 和 F_c 为传动系统中未建模的非线性不确定因素等效作用，T_A 为风轮对传动系统的外部扰动，为了在不影响功率传递的前提下减小传动系统的扭矩波动，在发电机转矩控制中必须考虑这些不确定的非线性参数、未建模因素和外界扰动的影响。

6.3.3　减载荷控制效果

以 6.2 节所分析机组为研究对象，在平均风速高于额定风速的湍流风和平均风速低于额定风速的湍流风工况下，对传动系统扭转载荷控制器和 PI 发电机转矩控制器进行了对比测试。

1）低风速湍流工况（最佳叶尖速比区）测试

图 6.14 为低风速湍流工况下的发电机转矩对比，实线为 PI 发电机转矩控制器的转矩给定，虚线为扭转载荷控制器的发电机转矩给定。

图 6.15 是低风速湍流工况下，在两种控制器控制下的齿轮箱扭矩变化曲线对比。虚线为 PI 发电机转矩控制器的数据，实线为扭转载荷控制器的数据。从图中可以看出，扭转载荷控制器可以明显减小齿轮箱转矩的波动。

图 6.16 为在两种控制器控制下的发电机输出功率的变化曲线对比，实线为 PI 发电机转矩控制器数据，虚线为扭转载荷控制器的数据，可以看出发电机输出功率无明显变化。

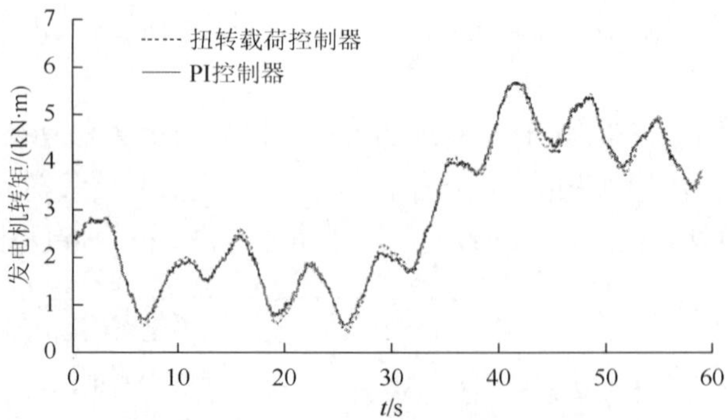

图 6.14　低风速湍流风发电机转矩给定对比

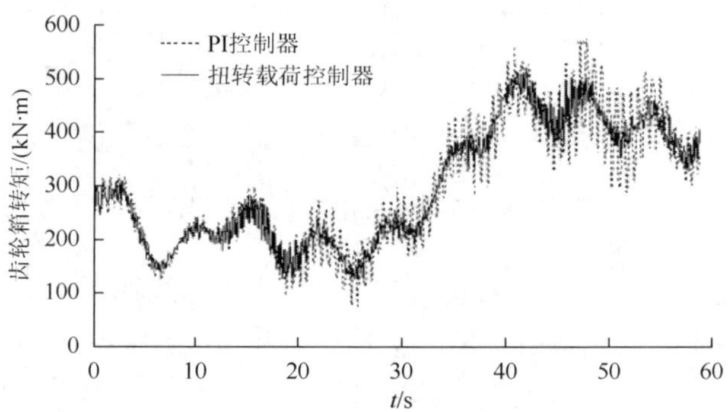

图 6.15　低风速湍流风齿轮箱转矩对比

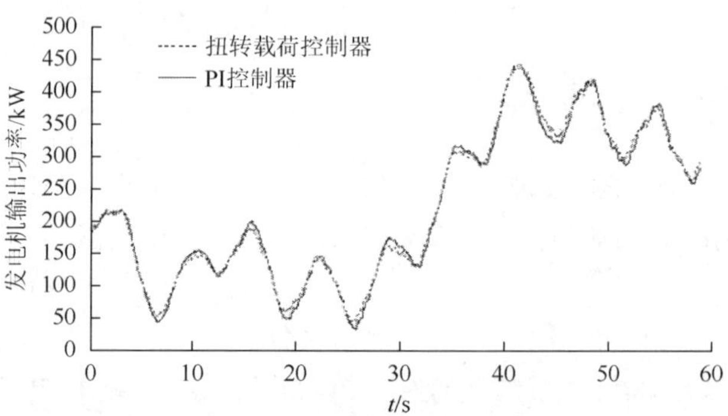

图 6.16　低风速湍流风发电机输出功率对比

表 6.1 和表 6.2 是齿轮箱转矩和发电机输出功率的数据统计结果，两种控制方法下齿轮箱转矩和发电机输出功率的平均值相差很小，发电机的标准方差也变化不大，但在扭转载荷控制器作用下齿轮箱转矩的标准方差只有 PI 控制器的 85.9%。由此可以得出，该工况下，在不影响机组功率输出的前提下，齿轮箱的扭矩波动幅度明显下降，使得传动系统扭矩波动得到了有效的控制。

表 6.1　低风速湍流风齿轮箱转矩数据统计结果

控制器	最小值	平均值	最大值	标准方差	单位
PI 控制器	−157.931	252.656	695.785	160.808	kN·m
扭转载荷控制器	3.3558	253.24	564.002	138.159	kN·m

表 6.2　低风速湍流风发电机输出功率数据统计结果

控制器	最小值	平均值	最大值	标准方差	单位
PI 控制器	9.09935	223.592	491.668	123.927	kW
扭转载荷控制器	17.4331	224.03	489.976	123.247	kW

2）高风速湍流工况（恒功率区）测试对比

图 6.17 为高风速湍流工况下的发电机转矩对比，实线为 PI 发电机转矩控制器的转矩给定，虚线为扭转载荷控制器的发电机转矩给定。

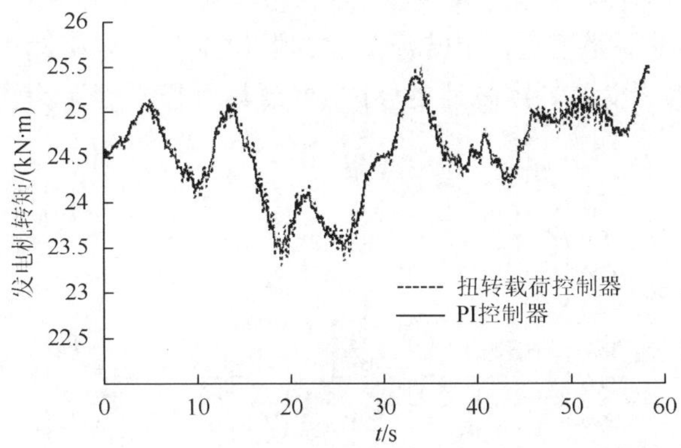

图 6.17　高风速湍流风工况发电机转矩给定对比

图 6.18 是两种控制方法对应的齿轮箱转矩的曲线对比。虚线为 PI 发电机转

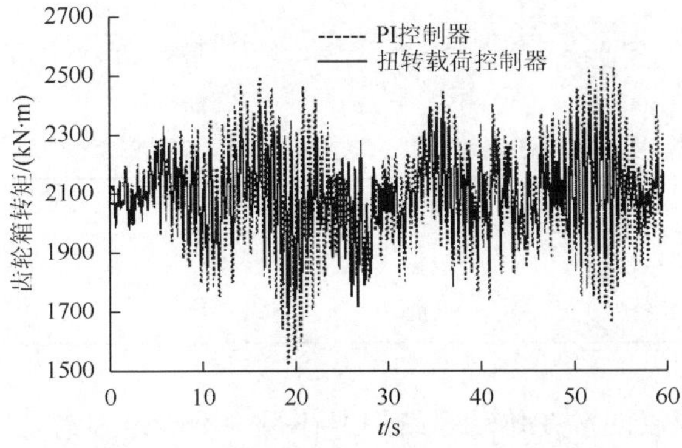

图 6.18　高风速湍流风工况齿轮箱转矩对比

矩控制器数据，实线为扭转载荷控制器的数据。表 6.3 为齿轮箱转矩的数据统计结果。

表 6.3 高风速湍流风工况齿轮箱转矩数据统计结果

控制器	最小值	平均值	最大值	标准方差	单位
扭转载荷控制器	1707.89	2141.6	2617.88	133.756	kN·m
PI 控制器	1519.25	2141.75	2720.53	193.522	kN·m

从图 6.18 和表 6.3 可以看出，两种控制方法齿轮箱转矩的平均值相差很小，在扭转载荷控制器作用下，齿轮箱转矩的波动幅度有了明显的下降，其标准差只有 PI 发电机转矩控制器的 69.1%，齿轮箱转矩的波动得到了有效的抑制。

图 6.19 是两种控制方法对应的发电机输出功率的曲线对比。实线为发电机转矩 PI 控制器的数据，虚线为扭转控制器的数据。表 6.4 为发电机输出功率的数据统计结果。和 PI 控制器相比，扭转载荷控制器作用下发电机输出功率波动有一定程度的增加，标准差为 PI 控制器的 117.9%，其增长幅度比齿轮箱转矩波动下降幅度小很多。

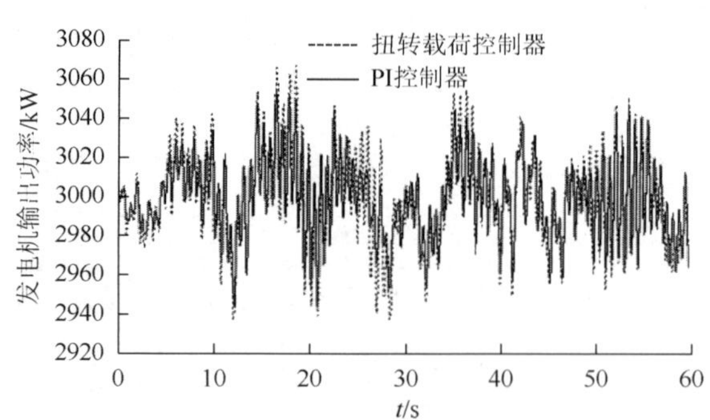

图 6.19 高风速湍流风工况发电机输出功率对比

表 6.4 高风速湍流风工况发电机输出功率数据统计结果

控制器	最小值	平均值	最大值	标准方差	单位
扭转载荷控制器	2928.37	2999.96	3074.98	25.5854	kW
PI 控制器	2938.31	3000	3067.45	21.6928	kW

以上试验结果表明，在传动系统中存在很多不确定因素且外部扰动未知的情况下，即使风速、转速和传动系统传递的转矩发生变化，传动系统扭转载荷控制

器也无须进行复杂的参数整定就可以达到很好的控制效果，控制器的适应性和鲁棒性得到证实。

基于 3MW 双馈风电机组在控制系统半实物测试台测试结果表明，扭转载荷控制器在各种风速湍流风况下，可以明显抑制齿轮箱的转矩波动，从而减小传动系统的扭转载荷。

6.4　塔架振动抑制控制

由于风轮轴向推力变化引起的塔架前后方向振动对 3MW 及更大容量的机组影响很大，大容量风电机组塔架前后一阶模态的固有频率较低，使得变桨距控制的动作更容易与塔架之间产生耦合振动，尤其是海上大容量风电机组还要受到海浪的载荷作用。

风轮轴向推力、机组风轮及机舱重力是塔架载荷的主要来源，通过桨距角的调节可以影响风轮轴向推力从而减小由振动引起的塔架前后方向动态载荷。以测量得到的塔顶（机舱）加速度作为反馈输入，以桨距角的需求为控制器的输出，进行风轮轴向动态载荷的控制，控制器的结构如图 6.20 所示。

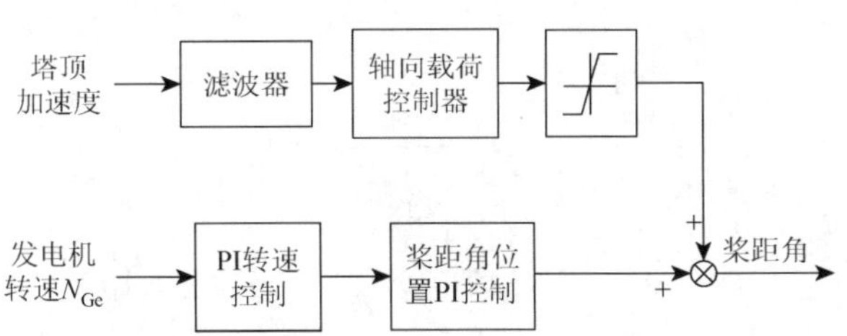

图 6.20　基于塔顶加速度测量的风轮轴向载荷控制

风轮轴向推力波动抑制控制和不平衡载荷控制的目的略有不同，它的主要目标是抑制风轮轴向推力的变化，以减小塔顶的载荷。控制器的输入是经过滤波后的塔顶加速度信号，控制器的控制目标（参考值）设为零。

通过桨距调节抑制风轮轴向推力变化，减小塔架载荷主要是对风轮和塔架前后模态振动的控制，桨距调节在前后塔架一阶模态固有频率附近范围的动作对振动的抑制较为明显，因此在控制器的输入环节添加带通滤波器。

图 6.21 是该湍流工况下塔顶动态载荷控制器和 PI 变桨距控制器的桨距角对比。从图中可以看出，在湍流工况下两控制器的输出差别很小。图 6.22 为两种控制作用下的塔顶前后方向位移对比。表 6.5 为塔顶位移的数据统计结果。图 6.22 和表 6.5 都表明两者的差别很小。在实际工程实践过程中经过数据分析发现，在

高风速湍流风工况下，由于塔架的前后方向振动较小，控制器效果不明显，如图 6.21 和图 6.22 所示。

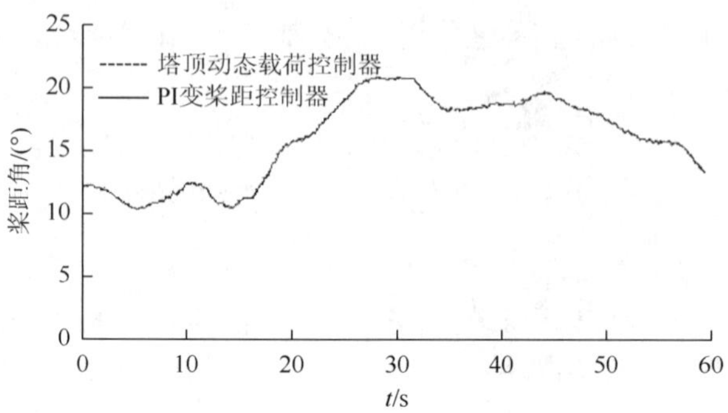

图 6.21　高风速湍流工况桨距角对比

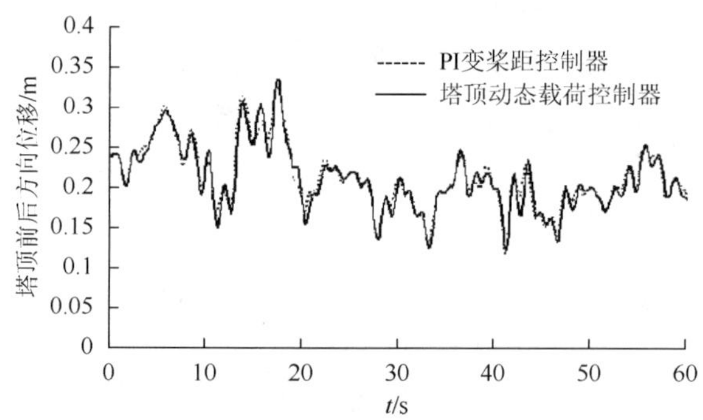

图 6.22　高风速湍流风工况塔顶位移对比

表 6.5　高风速湍流风工况塔顶前后方向位移数据统计结果

控制器	最小值	平均值	最大值	标准方差	单位
塔顶动态载荷控制器	0.118199	0.212813	0.328023	0.039118	m
PI 变桨距控制器	0.123846	0.212842	0.337	0.039462	m

第 7 章　主控制器与主控软件

7.1　主控系统结构与主控制器需求

1. 主控系统结构

风电机组主控系统根据需要往往采用分布式系统，按组分别布置在塔架、机舱、轮毂等不同的位置，各组之间通过网络或总线连接在一起，如图 7.1 所示。

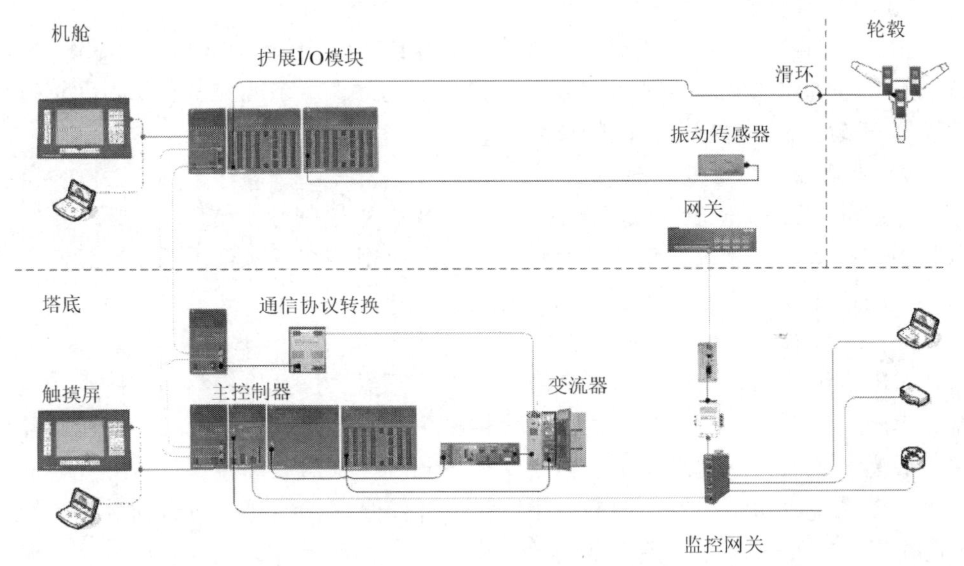

图 7.1　某风电机组主控系统构成

如图 7.1 所示，1.5MW 风电机组 SUT-1500 控制系统由位于机舱、塔架、轮毂的三部分构成，采用模块化分布式配置。机舱部分主要由通信模块和输入输出模块组成，通信模块提供通信接口和人机界面（HMI）接口。输入输出模块提供数字量与模拟量的输入输出和各种传感器、执行机构连接。通信模块实现与振动传感器、轮毂内变桨距系统的通信。

塔架部分由主控制模块、通信模块、电网测量模块和输入输出模块组成。主控制器安装控制软件负责整个机组的所有逻辑、闭环控制，并处理运行数据。通信模块和变流器连接，完成发电机的控制。

要对应多组之间依赖骨干网通信模块建立稳定、可靠的双环以太网通信。

2. 风电机组主控制器的需求

1）强大的处理能力

风电机组控制系统是一个综合集成系统，需要采集数据、进行流程控制，还需要根据外界变化同时完成变桨距、转矩两个闭环控制，处理大量的实时运行数据、故障、日志等信息。因此风电机组控制器需要具有强大的处理能力。

2）实时多任务系统

风电机组运行过程中，变桨距控制、转矩控制需要同时进行，而且偏航、制动、液压、润滑等多个执行机构互相协调配合组成闭环控制。控制器常采用实时多任务系统进行分别控制，也便于软件的开发、维护和升级。

3）支持高级语言编程

由于功率控制涉及风速变化、最佳叶尖速比、机组输出功率、相位和功率因数以及发电机组的转速等诸多因素，因此，它包含了复杂的控制算法，而这些对控制器的高级语言编程有较高的要求。

4）复杂控制算法处理能力

传统的 PLC 控制多为顺序逻辑控制，风电机组控制涉及传感器技术、数字技术和通信技术等，复杂控制不可避免地应用到机组控制，融合了逻辑、运动、传感器、高速计数、安全、液压等一系列复杂控制。

5）丰富的通信接口

风电机组控制系统中包含了大量的智能传感器、执行机构和子系统，如编码器、电网监测模块、振动分析模块、变桨距系统、发电机变流器等。这些智能部件一般通过通信和主控制器进行信息交换，同时控制器还需要和人机交互界面、远程监控系统等通信，为了与来自不同供应商的众多部件进行可靠的数据交换，风电机组主控系统需要具备丰富的通信接口。

6）可靠性

由于风电机组本身成本很高，而且由于其特殊的安装方式，零部件的维修时间较长、成本很高。考虑到故障引起的发电损失，风电机组控制系统的可靠性是必须考虑的。而对于控制系统，在所有的部件里对可靠性要求最高的是控制器。

7）温度范围

风电场分布范围广泛，控制器需要适应从热带到寒带的广大风电场。尤其是低温型风电机组，其工作温度可达到–30℃。

8）抗干扰

在风电场，有大量的小容量发电机组运行，而且各机组转速随着风速的变化而变化，同时风电机组内有发电变流器、变桨距驱动多个变流器同时工作，因此控制器必须具备很好的抗干扰能力，才能在风电场这种特殊的环境中长期、可靠运行。

3. 有代表性风电机组控制器

国内风电机组市场，控制器普遍采用成熟的 PLC 和专用嵌入式控制器。具有代表性的包括 MITA 的 WP4100 系统、Bachmann 的 M1 系统、贝加莱的 X20、BECKOFF 的 CX1020、西门子的 IPC 等。

1）WP4100 系统

WP4100 系统平台是丹麦 MITA 公司专为陆上和海上兆瓦级别的风机而设计的，配备实时操作系统，能够同时处理多达 10 个独立或同步的风机控制程序并进行状态监测数据采集。配备有符合 IEC 标准和客户规范的通信协议、报警处理、符合《可编程逻辑控制器-第 3 部分：编程语言》（IEC 61131-3—2013）的 PLC 编程运行系统等功能单元。

WP4100 系统的主要特点如下：

（1）模块化；

（2）可插拔设计；

（3）功能强大的分布式 CPU；

（4）可供恶劣环境使用；

（5）免维护设计；

（6）极具用户友好性；

（7）即插即用技术。

WP4100 系统可以适用专用的软件开发工具（PEPTool）进行面向对象的软件开发，具备自动代码、文档、界面生成等功能，便于技术人员集中设计风电机组控制本身而不是编程过程。

WP4100 系统控制器（图 7.2）可以记录全部数据以供用户进行现场监测或者通过远程监控系统远程访问时使用。所有相关数据和信息都会进行记录和存储，以供风机的日常优化使用或者方便用户读取历史数据，回顾系统的运行情况。

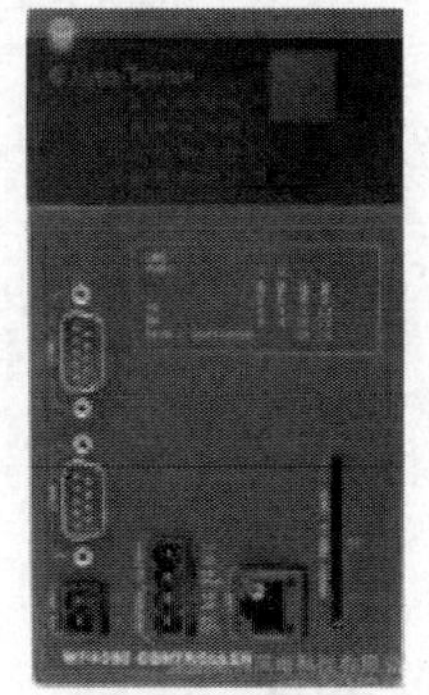

图 7.2　WP4100 系统控制器

2）Bachmann M1 系统

Bachmann 的 M1 系列 PLC 被称为风机专用控制器，它运行基于 Vxworks 的实时操作系统，支持多任务，具有强大的内存管理、界面编程等功能。基于 SolutionCenter 软件可以使用 C/C＋＋编程并且生成可执行文件下载到控制器运行；也可以查看控制器的配置信息，以及控制器内运行的程序信息等；还可通过自带的 Java 编译环境，编写与控制器关联的界面程序。

图 7.3　Bachmann M1 系统控制器

Bachmann M1 系统控制器如图 7.3 所示。

MC200 系列是 M1 系列在风电机组中应用最多的控制器，基于最新的嵌入式技术，因此非常适用于很高要求的控制任务、过程控制、信号处理和广泛的通信协议。设备结构紧凑，使用寿命长，工作温度范围大（–30～60℃）。附加集成的独立过程映像控制器可以明显减轻处理器和 I/O 总线的负担，使得与 I/O 端之间的数据传输速率能够适用于最快的处理周期。可在微秒范围内同时针对精确的控制任务和调整任务进行快速的单一访问。

两个独立的千兆级以太网接口（包含 IEEE-1588 硬件支持）可实现高效联网和最先进的现场总线。内置 CFast 卡可以通过先进的 SATA（串行高级技术附件）实现最快速的访问。非易失性存储器容量为 512KB，可作为驱动器使用，可以妥善保存机器数据长达 10 年以上，无须外接电源或电池。

3）贝加莱 X20

贝加莱 X20 控制器模块不仅适用于标准的应用要求而且还能够满足苛刻的应用要求，具有强大的处理能力，循环周期可达 200μs，RS485、Ethernet 和 USB 等接口作为标准化配置。集成了 ETHERNET Powerlink 接口从而实现了实时通信的功能，它可直接连接伺服驱动器。

贝加莱 X20 控制器如图 7.4 所示。

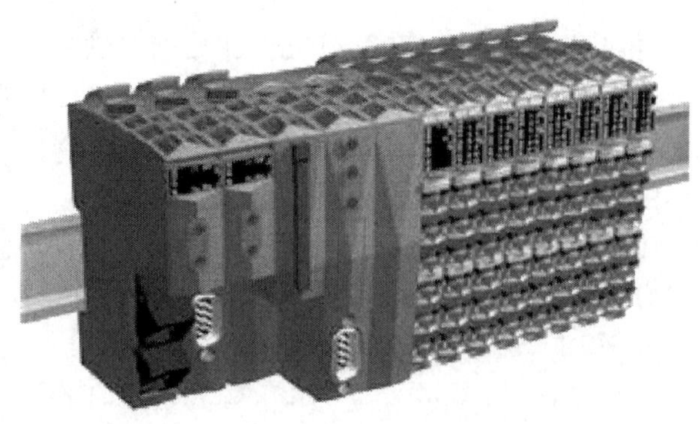

图 7.4　贝加莱 X20 控制器

4）BECKOFF CX1020

BECKOFF CX1020 无须风扇或者其他旋转部件，可以从控制器启动。操作系统可以是 Windows CE 或嵌入版 Windows XP。TwinCAT 自动化软件把 BECKOFF CX1020 系统转化为功能强大的 PLC 和运动控制系统，可以在带有可视化功能或者不带可视化功能的情况下进行操作。用户也可以在基本 CPU 模块中添加更多系统接口或者现场总线接口。

BECKOFF CX1020 控制器如图 7.5 所示。

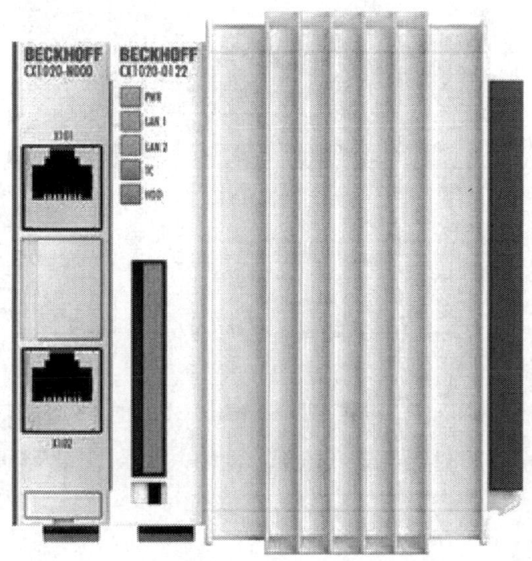

图 7.5　BECKOFF CX1020 控制器

5）西门子 IPC

西门子 IPC 是功能强大的嵌入式工业 PC，可进行导轨安装、墙式安装或者立式安装。它尤其适用于需要节省空间的应用场合。同时还为满足恶劣工业环境对工业 PC 产品可靠性的高要求而进行了针对性设计研发，以适应风电机组的应用环节。其主要特点如下：

（1）坚固的外壳设计，具有较高电磁兼容性，且防护等级可达 IP65/NEMA4；

（2）采用工业电源（基于 NAMUR 标准），冗余电源可在正常运行期间进行切换；

（3）即使工作在有较大温差的环境下，也可确保很长的平均无故障时间；

（4）特殊的硬盘安装方式保证了高抗震防冲击能力；

（5）线缆连接头的卡扣设计和板卡固定架设计确保插接可靠性；

（6）内置 USB 接口，可用于保护软件狗不被误拔；

（7）已安装并激活的微软操作系统节省客户安装时间；

（8）方便维护的模块化设计。

西门子 IPC 控制器如图 7.6 所示。

图 7.6 西门子 IPC 控制器

7.2 主控制器通信接口与协议

风电机组和不同的零部件、子系统往往采用不同的通信接口以适应不同的环境、距离、数据量和可靠性要求。现场总线和以太网在此得到了广泛的应用。

7.2.1 工业以太网

工业以太网（industrial ethernet）是应用于工业控制领域的以太网技术，在技术上与商用以太网［《以太网标准》（IEEE 802.3—2015）］兼容。从 20 世纪 90 年代中后期开始，以太网在工业自动化领域就开始逐步得到应用。工程应用实践表明，通过采用适当的系统设计和流量控制技术，以太网完全能够满足工业自动化领域的通信要求。目前，PLC、DCS 等多数控制设备或系统已经开始提供以太网接口。

与其他现场总线相比，以太网具有以下优点。

（1）应用广泛。以太网是目前应用较为广泛的计算机网络技术之一，采用以太网作为现场总线，可以保证有多种开发工具和开发环境供选择。

（2）成本低廉。以太网有多种硬件产品供用户选择，且硬件价格相对低廉。目前，以太网网卡的价格只有 Profibus、FF 等现场总线网卡的 1/10。

（3）通信速率高。目前，10Mbit/s、100Mbit/s 的快速以太网已经开始广泛应用，1Gbit/s 以太网技术也逐渐成熟，10Gbit/s 以太网技术也正在研究。

（4）软硬件资源丰富。以太网以应用多年，人们在以太网的设计、应用方面有很多的经验，大量的软件资源和设计经验可以显著地降低系统的开发和培训费用，并显著加快系统的开发和推广速度。

（5）可持续发展、潜力大。以太网的广泛应用，使它的发展一直受到广泛的重视和大量的技术投入。

（6）易与 Internet 连接。能实现办公自动化网络与工业控制网络的信息无缝集成。

在风电机组中，工业以太网主要用于风电机组控制器的骨干网、人机界面与主控制器通信、风电场远程监控通信等。

工业以太网协议有多种，如 FFHSE（Fieldbus Foundation 支持）、IDA（Schineider 公司支持）、PROFINET（Siemens 公司支持）、Ethernet/IP（Rockwell Automation 和 Omrom 公司支持）等，它们在本质上仍基于以太网技术（IEEE 802.3 标准）。对应于 ISO/OSI 通信参考模型，工业以太网协议在物理层和数据链路层均采用 IEEE 802.3 标准，在网络层和传输层则采用被称为以太网“事实上”标准的 TCP/IP 协议族（UDP、TCP、IP、ARP、ICMP、IGMP），它们构成工业以太网的低四层。而高层协议通常都省略了会话层和表示层，而定义了应用层，有的工业以太网还定义了用户层（如 FFHSE）。

在工业以太网络中，通常将控制区域分为若干控制子域，根据不同系统规模和具体情况，灵活采用星形、环形（包括冗余双环）和线形（或类总线形）等网络拓扑结构，如图 7.7 所示。

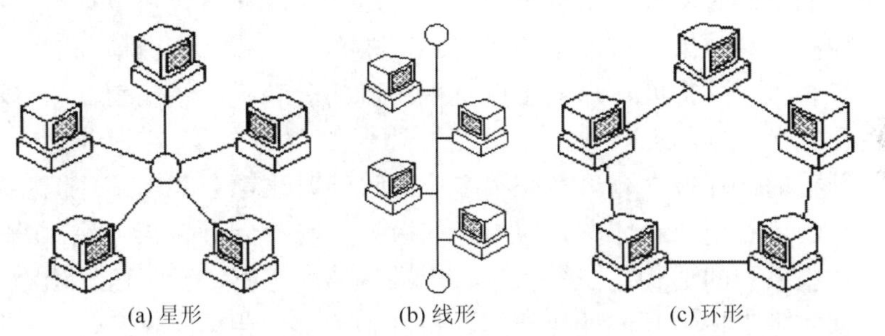

(a) 星形　(b) 线形　(c) 环形

图 7.7　工业以太网拓扑结构

（1）星形结构。每个站通过点到点的方式连接到工业以太网集线器（或交换机）上，任何节点之间的通信都通过工业以太网集线器（或交换机）进行。

（2）线形结构。采用线形拓扑结构连接的工业以太网集线器（或交换机）通常有一对级联接口，通过相互之间的级联，将不同控制区域联系在一起。

（3）环形结构。将线形拓扑结构中首尾两个工业以太网集线器（或交换机）的输入/输出接口再用一根线缆连接在一起，因此便形成了线形拓扑结构的一种特殊形式。以太网采用 CSMA/CD 机制解决通信介质层的竞争，其通信的“不确定性”长期以来成为它在工业现场设备中应用的致命弱点和主要障碍。研究表明，在网络负荷较小的情况下，冲突发生的概率很小；随着以太网带宽的迅速增加，数据传输的实时性不断提高，也使以太网逐渐趋于确定性；基于良好设计的以太网是一种确定性的实时通信系统，如经过精心设计，工业以太网的响应时间小于 4ms，可满足几乎所有风电机组通信的要求。

7.2.2　Profibus 总线

Profibus 协议是一种国际化、开放式、不依赖于设备生产商的现场总线标准，是无知识产权保护的标准。因此，世界上任何人都可以获得这个标准并设计各自的软件、硬件解决方案。原则上，Profibus 协议在任何微处理器上都可以实现，在微处理器内部或外部安装异步串行通信接口（UART）即可完成。Profibus 协议传送速度可在 9.6kbaud～12Mbaud 范围内选择且当总线系统启动时，所有连接到总线上的装置应该被设成相同的速度。Profibus 协议是一种用于工厂自动化车间级监控和现场设备层数据通信与控制的现场总线技术。可实现现场设备层到车间级监控的分散式数字控制和现场通信网络，从而为实现工厂综合自动化和现场设备智能化提供了可行的解决方案。

（1）Profibus 时间控制技术能将 RS485 串行通信总线的物理层和链路层上所传输信息中的不同时间参数定量确定出来，这在一般的总线中很难看到，所以采用它进行控制，其效果非常理想，在 DPV2 中可以用它来实现精确的运动控制，所以说如果将该技术扩展，那就可以实现精确的分布式总线控制，同时对提高制造水平也会有很深远的影响。

（2）独特的诊断技术，诊断在很多产品设计时也都会考虑到，但实现形式可能不同，有的可能用指示灯，有的用一些标记，有的会用 SOE 事件顺序记录等，但很少将这些不同的形式，在组态时、产品现场实施时、设备运行诊断时都考虑到，而且从实际工程中看这种独特的诊断机制确实设计得比较合理，方便了维护人员。

（3）多主站系统，令牌环式的多主系统比较适用于控制系统，而且因为是多主系统，因此可以实现很多的效果，例如，设备运行期间可以接入一个二类主站，同时对现场的子站进行设置、监视或调校，这在一般的常规通信系统是很难实现的。

Profibus 协议由三个兼容部分组成，如图 7.8 所示。

（1）Profibus-DP：一种高速低成本通信，用于设备级控制系统与分散式 I/O 的通信。使用 Profibus-DP 可取代 24VDC 或 4～20mA 信号传输。

（2）Profibus-PA：专为过程自动化设计，可使传感器和执行机构连在一根总线上，并符合安全规范。

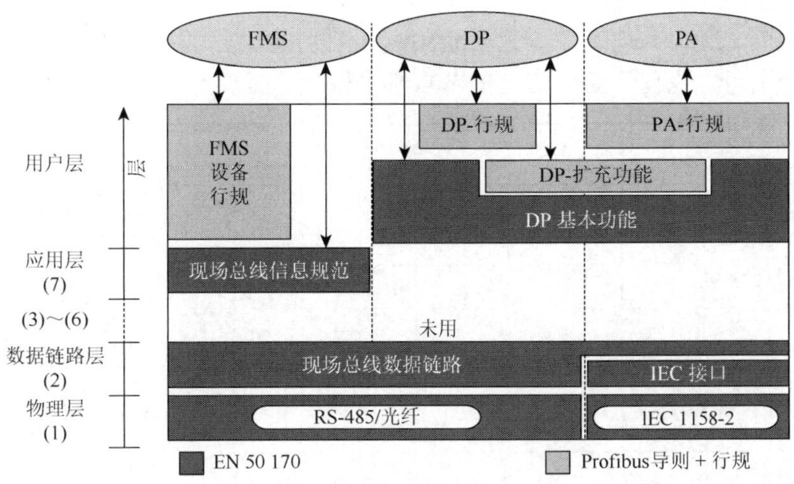

图 7.8　Profibus 总线构成

（3）Profibus-FMS：用于车间级监控网络，是一个令牌结构、实时多主网络。

Profibus 协议结构是根据《信息处理系统、开放系统互连基本参考模型》（ISO 7498），以开放式系统互联网络（open system interconnection，OSI）作为参考模型的。

7.2.3　控制器局域网协议

控制器局域网（controller area network，CAN）属于现场总线的范畴，是一种有效支持分布式控制系统的串行通信网络。CAN 是由德国博世公司在 20 世纪 80 年代专门为汽车行业开发的一种串行通信总线。由于其高性能、高可靠性以及独特的设计而越来越受到人们的重视，因此被广泛应用于诸多领域。CAN 总线具有很高的实时性能和广泛的应用范围，从传输速率最高可达 1Mbit/s 的高速网络到低成本多线路的 50kbit/s 网络都可以任意搭配。当信号传输距离达到 10km 时，CAN 仍可提供高达 50kbit/s 的数据传输速率。因此，CAN 已经在汽车、航空、工业控制、安全防护等领域中得到了广泛应用。

CAN 总线在各个行业和领域的广泛应用，对其通信格式标准化也提出了更严格的要求。1991 年 CAN 总线技术规范（Version2.0）制定并发布。该技术规范共包括 A 和 B 两个部分。其中 2.0A 给出了 CAN 报文标准格式，而 2.0B 给出了标准化和扩展化两种格式。美国汽车工程师学会（SAE）在 2000 年提出了 J1939 协议，此后该协议成为了货车和客车中 CAN 的通用标准。图 7.9 为 CAN 总线结构图。

下面对 CAN 协议的媒体访问控制子层的一些概念和特征做如下说明。

（1）报文（message）。总线上的数据以不同报文格式发送，但长度受到限制。当总线空闲时，任何一个网络上的节点都可以发送报文。

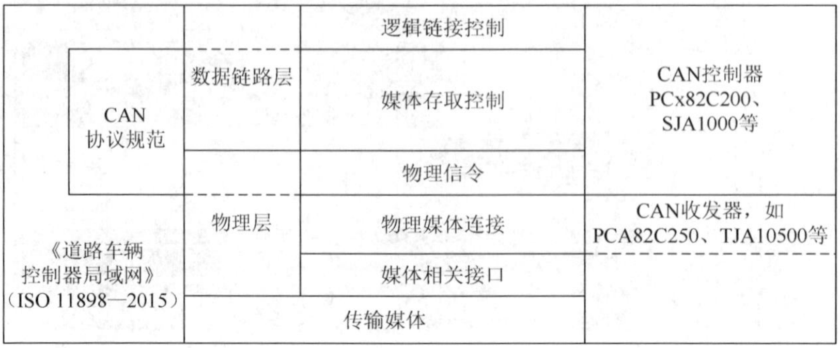

规范	层	子层	器件
CAN协议规范		逻辑链接控制	CAN控制器 PCx82C200、SJA1000等
	数据链路层	媒体存取控制	
		物理信令	
《道路车辆控制器局域网》（ISO 11898—2015）	物理层	物理媒体连接	CAN收发器，如PCA82C250、TJA10500等
		媒体相关接口	
	传输媒体		

图 7.9　CAN 总线结构

（2）信息路由（information routing）。在 CAN 中节点不使用任何关于系统配置的报文，如站地址，由接收节点根据报文本身特征判断是否接收这帧信息。因此在进行系统扩展时，不用对应用层以及任何节点的软件和硬件作改变，可以直接在 CAN 中增加节点。

（3）标识符（identifier）。要传送的报文有特征标识符（是数据帧和远程帧的一个域），它给出的不是目标节点地址，而是这个报文本身的特征。信息以广播方式在网络上发送，所有节点都可以接收到。节点通过标识符判定是否接收这帧信息。

（4）数据一致性应确保报文在 CAN 里同时被所有节点接收或同时不被接收，这是由配合错误处理和再同步功能实现的。

（5）传输速率不同的 CAN 系统速度不同，但在一个给定的系统里，传输速率是唯一的，并且是固定的。

（6）优先权。由发送数据的报文中的标识符决定报文占用总线的优先权。标识符越小，优先权越高。

（7）远程数据请求（remote data request）。通过发送远程帧，需要数据的节点请求另一节点发送相应的数据。回应节点传送的数据帧与请求数据的远程帧由相同的标识符命名。

（8）仲裁（arbitration）。只要总线空闲，任何节点都可以向总线发送报文。如果有两个或两个以上的节点同时发送报文，就会引起总线访问碰撞。通过使用标识符的逐位仲裁可以解决这个碰撞。仲裁的机制确保了报文和时间均不损失。当具有相同标识符的数据帧和远程帧同时发送时，数据帧优先于远程帧。在仲裁期间，每一个发送器都对发送位的电平与被监控的总线电平进行比较。如果电平相同，则这个单元可以继续发送，如果发送的是“隐性”电平而监视到的是“显性”电平，那么这个单元就失去了仲裁，必须退出发送状态。

（9）总线状态。总线有“显性”和“隐性”两个状态，“显性”对应逻辑“0”，“隐性”对应逻辑“1”。“显性”状态和“隐性”状态做“与”运算，结果为“显性”状态，所以两个节点同时分别发送“0”和“1”时，总线上呈现“0”。CAN 总线采用二进制不归零（NRZ）编码方式，所以总线上不是“0”就是“1”。但是 CAN 协议并没有具体定义这两种状态的具体实现方式。

（10）故障界定（confinement）。CAN 节点能区分瞬时扰动引起的暂时性故障和永久性故障。故障节点会被关闭。

7.3　主控软件开发与 IEC 61131-3—2013 标准

1. IEC 61131-3—2013 标准

《可编程逻辑控制器-第 3 部分：编程语言》（IEC 61131-3—2013）（以下简称 IEC 61131-3—2013 标准），是第一个为工业自动化控制系统的软件设计提供标准化编程语言的国际标准。该标准得到了世界范围的众多厂商的支持，但又独立于任何一家公司。该国际标准的制定，是 IEC 工作组在合理地吸收、借鉴世界范围的各可编程序控制器（PLC）厂家的技术、编程语言等的基础之上，形成的一套新的国际编程语言标准。IEC 61131-3—2013 标准随着可编程序控制器技术、编程语言等的不断进步也在不断地进行着补充和完善。

IEC 61131-3—2013 标准极大地改进了工业控制系统的编程软件质量并提高了软件开发效率。它定义的一系列图形化语言和文本语言，不仅给系统集成商和系统工程师的编程带来很大的方便，而且给最终用户同样会带来很大的方便；它在技术上的实现是高水平的，有足够的发展空间和变动余地。IEC 61131-3—2013 标准最初主要用于可编程序控制器的编程系统，但它目前同样也适用于过程控制领域、分散型控制系统、基于控制系统的软逻辑、远程监控系统等。

IEC 61131-3—2013 标准主要包括编程语言、软件模型等内容，如图 7.10 所示。IEC 61131-3—2013 标准的主要特点如下。

（1）IEC 61131-3—2013 标准开发的程序具有很好的结构，支持进行“顶-底”或“底-顶”的程序开发。允许一个程序被分解为几个功能元素即程序组织单元（POU），程序组织单元包括功能块和程序块等。

（2）IEC 61131-3—2013 标准的 PLC 程序对错误类型数据具有很强的检测能力。当一个程序员试图向一个变量写一个错误类型数据时，IEC 61131-3—2013 标准的 PLC 程序能自动检测出来。

（3）对程序执行的完全控制能力。传统 PLC 程序只能顺序扫描、执行程序，对某一段程序不能按用户的实际要求定时执行。IEC 61131-3—2013 标准允许程序的不同部分在不同的时间、以不同的比率并行执行。

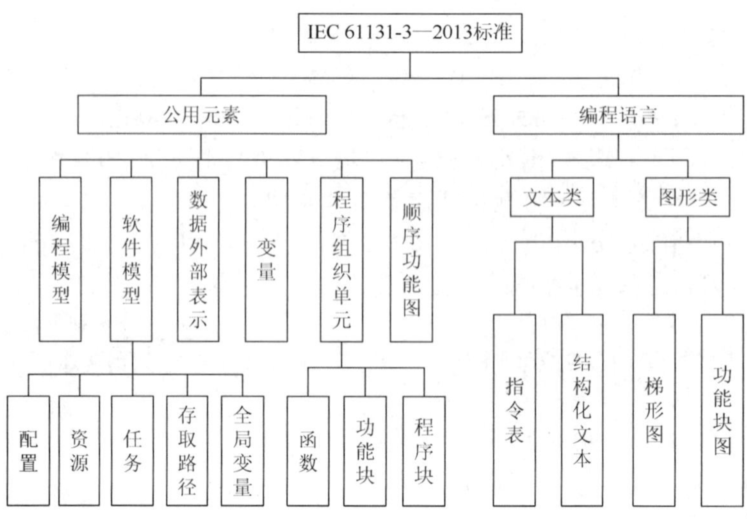

图 7.10　IEC 61131-3—2013 标准组成

（4）支持复杂的顺序操作功能处理。IEC 61131-3—2013 标准可通过一个称为顺序功能图的图形化语言将一个复杂的顺序功能行为或操作分解并进行描述。

（5）支持数据结构。在 IEC 61131-3—2013 标准中，用户可像高级语言（如 PASCAL 语言、C 语言）那样在程序中对某一具体设备定义数据结构类型，这显著增强了程序的可读性，并保证了结构内的数据能正确地存取。

（6）可柔性地选择编程语言。IEC 61131-3—2013 标准有三种图形化语言和两种文本语言，编程人员可根据自己的喜好和实际应用的要求自由地选择这五种语言。一个程序的不同部分可用任何一种语言来描述。

（7）独立于任一目标系统的编程系统。IEC 61131-3—2013 标准提供了标准的程序执行的语言和方法，独立于任一具体的目标系统，所以，IEC 61131-3—2013 标准可最大限度地运行在来自不同目标系统的 PLC 上。

2. 面向对象的风电机组主控软件开发

1）风电机组主控软件开发需解决的问题

风电机组主控软件针对的是大量生产和销售的风电机组，其寿命要求为 20 年。在软件的开发过程中需重视以下问题。

（1）软件重用性要高。重用性是指同一事物不经修改或稍加修改就可多次重复使用的性质。考虑到同一风电机组整机制造企业不同产品之间的相似性和普遍联系，软件重用性是主控软件工程应追求的目标之一。

（2）软件可维护性。和其他的软件开发一样，风电机组主控软件也强调软件的可维护性，强调文档资料的重要性，规定最终的软件产品应该由完整、一致的配置成分组成。在软件开发过程中，始终强调软件的可读性、可修改性和可测试性，是软件的重要质量指标。

（3）可靠性。基于风电机组控制系统的可靠性要求，相对传感器、执行机构和控制器而言，主控软件的可靠性对机组的影响更大、更直接、更不容易为用户所理解，主控软件的可靠性是基本的前提和目标。

2）基于对象的风电机组软件开发

面向对象设计是一种把面向对象的思想应用于软件开发过程中，指导开发活动的系统方法，是建立在“对象”概念基础上的。所谓面向对象就是基于对象，以对象为中心，以类和继承为构造机制，来认识、理解、刻画风电机组、执行机构和工作过程，进而设计、构建相应的软件系统。

对象，即要研究的任何事物。从一个传感器、变桨距系统到风电机组整机，都可看作对象，它不仅能表示有形的实体，也能表示无形的（抽象的）规则、计划或事件。对象由数据（描述事物的属性）和作用于数据的操作（体现事物的行为）构成一个独立的整体。

图 7.11　对象模板

从软件开发的角度出发，对象就是一段程序，程序段参照对象的属性、工作流程按照既定模板编写。对象模板可以按照图 7.11 所示结构确定，从数据、状态码、程序等角度进行描述并转换为程序代码。以机械制动为例，对象定义如表 7.1 所示。

表 7.1　机械制动对象定义示例

对象名称：盘式制动 DiskBrake					
对象类型	内容及英文注释		数据类型	取值范围	默认值
数据 Var	制动模式	BrakeMode	BOOL	自动/手动	自动
	当前动作	ActiveProgram	INT	B0/50//200	B0
	制动反馈	StatusFeedback	BOOL	制动/释放	释放
	磨损信号	BrakeWorn	BOOL	T/F	F
参数 Par	最高制动转速	MaxRotationSpeed	INT	0～200r/min	50r/min
	制动时间	Brake time	INT	1～10000ms	2000ms
	制动后转速	BrakedSpeed	INT	1～100r/min	1r/min
状态码 Statucode	名称		复位	判断条件	延时
	制动无法释放	Brake not released	自动	制动命令发出，无反馈	500ms
	制动片磨损	Brake pads worn	自动	BrakeWorn = 1	1s

续表

<table>
<tr><th colspan="6">对象名称：盘式制动 DiskBrake</th></tr>
<tr><th>对象类型</th><th colspan="2">内容及英文注释</th><th>数据类型</th><th>取值范围</th><th>默认值</th></tr>
<tr><td>状态码
Statucode</td><td>制动无效</td><td>Brake time＞max</td><td>自动</td><td>制动后规定时间内转速未下降到设定转速</td><td></td></tr>
<tr><td rowspan="4">动作
Program</td><td colspan="2">名称</td><td colspan="3">动作描述</td></tr>
<tr><td>释放</td><td>B0</td><td colspan="3">释放制动</td></tr>
<tr><td>制动</td><td>B50</td><td colspan="3">转速低于设定转速制动</td></tr>
<tr><td>紧急制动</td><td>B200</td><td colspan="3">立即制动</td></tr>
</table>

如果某个对象包含多个部件或子系统，对象还可以作为另一个对象的属性，由多个不同供应商、不同版本的对象组成一个复杂的对象，如图 7.12 所示。

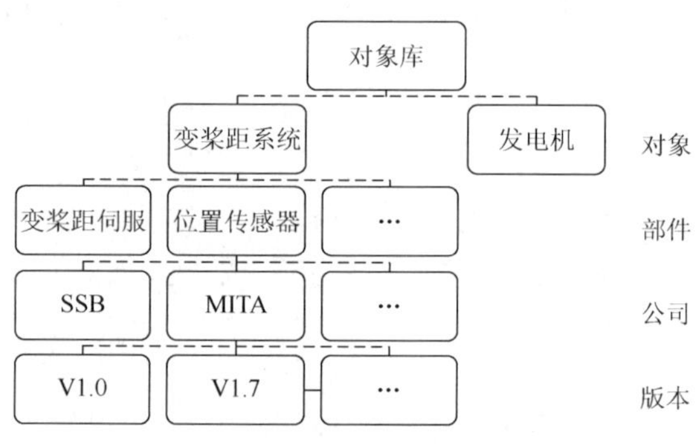

图 7.12　复杂对象结构

功能修改在软件开发中是不可避免的，这种修改方法允许在不改动原程序的基础上对其进行扩充，这样使得原功能得以保存，而新功能也得以扩展。这有利于减少重复编码，提高软件的开发效率。对象可以通过父类继承派生新的子类对象。继承性是子类自动共享父类数据和方法的机制。它由类的派生功能体现。一个类直接继承其他类的全部描述，同时可修改和扩充。继承具有传递性。继承分为单继承（一个子类只有一个父类）和多重继承（一个子类有多个父类）。类的对象是各自封闭的，如果没有继承性机制，则类对象中数据、方法就会出现大量重复的现象。继承不仅支持系统的重用性，而且能提升系统的可扩充性。

在对象及对象库的基础上，根据风电机组的配置可以由对象通过配置、编译快速生成主控软件，如图 7.13 所示。

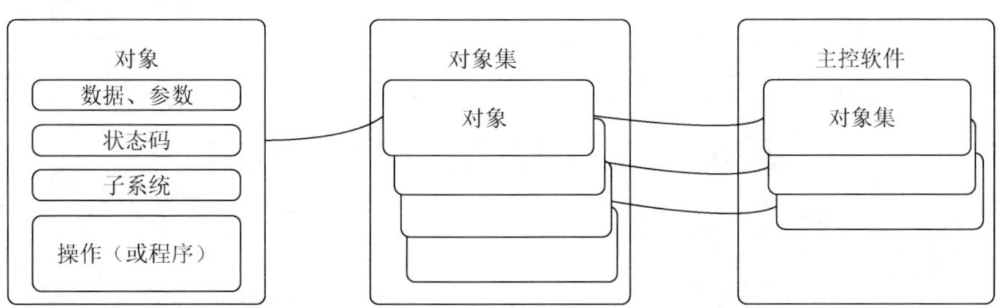

图 7.13　由对象生成软件

第 8 章　传感器及执行机构

8.1　运行数据采集与传感器

1. 风速风向采集与传感器

风速信号是由安装在机舱顶部的风速仪传感器采集的信号，风电机组一般安装有两套风速仪，而风速仪大致可以分为机械旋转式风杯风速仪和超声波共振风速仪两种，两者把瞬时风速转化为模拟信号或脉冲信号，输入到主控系统的输入/输出模块上，如图 8.1 所示。

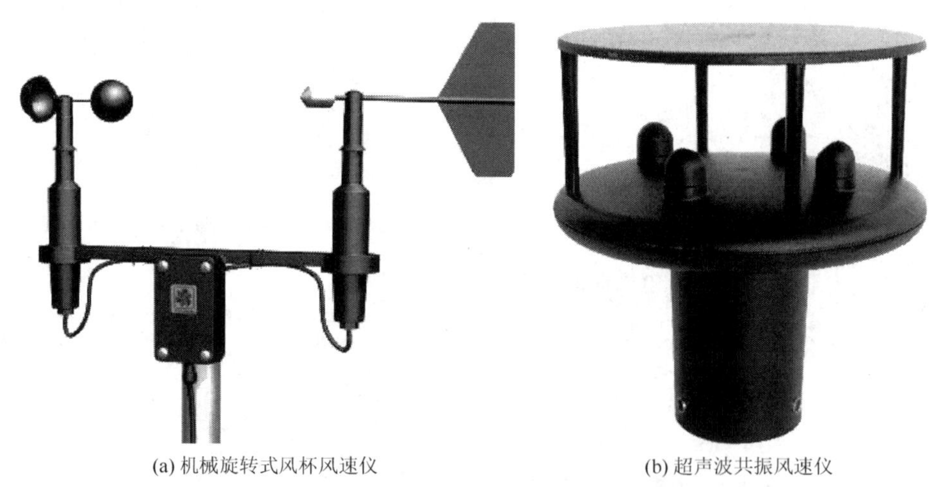

(a) 机械旋转式风杯风速仪　　(b) 超声波共振风速仪

图 8.1　风速仪

当风电机组正常运行时，主控系统有时只采用其中一套风速仪作为风速测量源，只有当这套风速仪被检测出故障时，如输出信号长时间无变化等，主控系统才会自动切换另一套风速仪作为风速测量源。

例如，风速仪所采集的 4～20mA 模拟电流信号经过处理变为主控系统所需的风速值，具体处理过程如下：

$$\text{输出风速信号} = \frac{\text{最大测量风速} - \text{最小测量风速}}{\text{最大模拟电流} - \text{最小模拟电流}} \times (\text{当前输入模拟电流} - \text{最小模拟电流})$$

通常，最大测量风速 = 50m/s，最小测量风速 = 0m/s，最大模拟电流 = 20mA，最小模拟电流 = 4mA，则

$$\text{输出风速信号} = 3.125 \times (\text{当前输入模拟电流} - 4)$$

例如，当前输入电流为 8mA 时，表示当前风速为 12.5m/s。

2. 其他运行数据采集

1）油压信号

在风电机组中一般存在两种油压信号：齿轮箱润滑油压力信号和液压站油压力信号。油压信号是安装在齿轮箱和液压站等风电机组部件上的油压传感器采集的信号。油压传感器把油压信号转化为模拟信号，输入到主控系统的输入/输出模块上，如图 8.2 所示。

图 8.2　油压传感器

例如，油压传感器所采集的 4～20mA 模拟电流信号经过处理变为主控系统所需的油压值，具体处理过程如下：

$$\text{输出油压信号} = \frac{\text{最大测量油压} - \text{最小测量油压}}{\text{最大模拟电流} - \text{最小模拟电流}} \times (\text{当前输入模拟电流} - \text{最小模拟电流})$$

式中，最大测量油压 = 25MPa，最小测量油压 = 0MPa，最大模拟电流 = 20mA，最小模拟电流 = 4mA。则

$$\text{输出油压信号} = 15.625 \times (\text{当前输入模拟电流} - 4)$$

例如，当前输入电流为 8mA 时，表示当前油压为 62.5MPa。

2）振动加速度信号

在风电机组中一般由若干个振动加速度传感器来测量振动加速度信号，如图 8.3 所示。

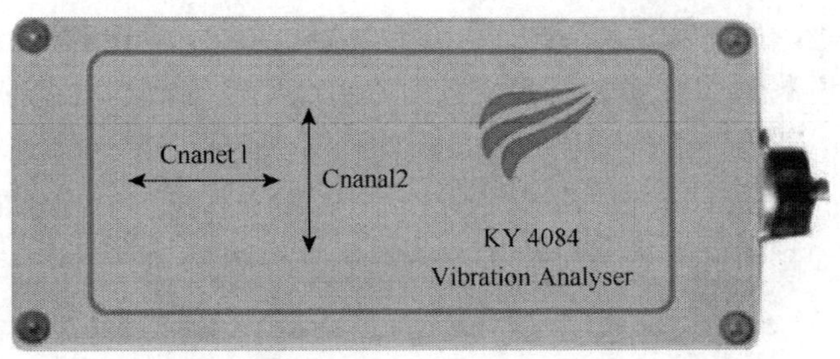

图 8.3　振动加速度传感器

振动加速度传感器一般安装在机舱中的主要部件和机舱底盘上的不同角度的位置上，并把振动加速度数值输入到主控系统的输入/输出模块上。

例如，安装在机舱底盘后部的传动链轴向振动加速度传感器测量的加速度信号，具体处理过程如式（8.1）所示：

$$a_{\mathrm{rmsw}_0}=\sqrt{\frac{1}{T_0}\int_0^{T_0}a_{\mathrm{w}}^2\,\mathrm{d}t} \tag{8.1}$$

式中，$a_{\mathrm{w}}(t)$ 为振动加速度瞬时值；T_0 为振动加速度测量周期；a_{rmsw_0} 为周期时间内振动加速度均方根值，加速度信号测量频率范围为 0.1～10Hz。

3）转速信号

在风电机组中一般由若干个转速测量传感器来测量转速信号，而且一般采用电感式接近开关作为风轮或发电机的转速测量传感器，如图 8.4 所示。

图 8.4　电感式接近开关

风轮转速测量传感器一般安装在主轴承附近，感应探头正对前轴承螺纹环上的螺栓，且探头与螺栓头表面的距离大约保持在 8mm，风轮旋转时依靠上述螺栓使接近开关感应出脉冲信号，再输入到主控系统的输入/输出模块上，即可将脉冲频率转换至风轮转速信号，具体数据处理过程如下：

$$\text{输出转速}=\frac{\text{输入脉冲频率}\times 60}{\text{风轮每旋转一周的脉冲数}}$$

风轮每旋转一周的脉冲数为 40 个，则

$$\text{输出转速}=\text{输入脉冲频率}\times 1.5$$

例如，当输入脉冲频率为 9Hz 时，对应的风轮输出转速为 13.5r/min。

发电机转速测量传感器一般安装在齿轮箱高速轴输出端附近，感应探头正对联轴器上预留的凹槽，且探头与凹槽表面的距离大约保持在 8mm，发电机旋转时依靠上述凹槽使接近开关感应出脉冲信号，再输入到主控系统的输入/输出模块上，即可将脉冲频率转换至发电机转速信号，具体数据处理过程如下：

$$\text{输出转速}=\frac{\text{输入脉冲频率}\times 60}{\text{发电机每旋转一周的脉冲数}}$$

发电机每旋转一周的脉冲数为 3 个，则

$$输出转速=输入脉冲频率\times 20$$

例如，当输入脉冲频率为 60Hz 时，发电机输出转速为 1200r/min。

4）温度信息

风电机组的温度信息可采用 PT100 铂电阻测量，通常将其安装在机组各种部件不同位置上来测量对应的温度，如图 8.5 所示。

图 8.5　铂电阻温度传感器

由 PT100 铂电阻对温度进行采样，采样信号经电路处理后形成 0～5V 电压。根据采集采样点的空间布置和距离数据处理中心的位置，确定信号调理模块，再输入到主控系统的输入/输出模块上并将其转化为数字信号。

风电机组中采用的温度传感器主要有两种，分别是插入式热电阻和拧入式热电阻。插入式热电阻一般安装在机舱罩外，可以用来测量户外温度；拧入式热电阻可以安装在主轴承内，用来测量主轴承温度。两种温度传感器的引出线一般都采用三线制。

5）电网监测

电网数据由电网监测模块采集，并通过通信模块传送到控制器进行分析，如图 8.6 所示。

通常，电网监测分为五个方面。

（1）电压。三相电压始终连续监测，这些监测值被储存并进行平均计算。电压、电流和功率因数用来计算风电机组的产量和消耗。电压值还用于监测过电压和低电压以便保护风电机组。

（2）电流。三相电流始终连续监测，这些监测值被储存并进行平均计算。电

图 8.6　电网监测模块

压、电流测量值和其他一些数据一起用来计算风电机组的产量和消耗。电流值还用来监视发电机切入电网的过程。在并网过程中，电流监测同时用于监视发电机或可控硅是否发生短路。在发电机并网后的运行期间内，连续监测电流值以监视三相负荷是否平衡。如果三相电流不对称程度过高，风电机组将停机并显示错误信息。电流监测值也用于监视一相或多相电流是否有故障。

（3）频率。连续监测三相中一相（L1 相）的频率，这些监测值被储存并进行平均计算。一旦监测到频率值超过或低于规定值，风电机组会立即停止工作。

（4）功率因数。连续监测三相平均功率因数。电压、电流和功率因数测量值与其他数据一起用于计算风电机组的产量和消耗，功率因数还用来计算风电机组的无功功率消耗。

功率因数测量值同时用于定桨失速型风电机组确定电力补偿电容的投切。

（5）功率。功率分为有功功率和无功功率。

三相有功功率是被连续监测的，这些监测值被储存并进行不同的平均计算。根据各相输出功率测量值，计算出三相总的输出功率，用以计算有功电度产量和消耗。有功功率值还作为风电机组过发或欠发的停机条件。

三相无功功率也是被连续监测的，这些监测值被储存并进行不同的平均计算。根据各相输出功率测量值，计算出三相总的输出功率，用以计算无功电度产量和消耗。

8.2　制动机构及其控制

本节讨论风电机组整机制动及其控制问题，包括空气动力制动和机械制动。

由于风力机风轮巨大的转动惯量，如果风轮自身不具备有效的制动能力，在高风速下要求脱网停机是不可想象的。早年的风电机组正是不能解决这一问题，使灾难性的飞车事故时有发生。

1. 空气动力制动

空气动力制动的可靠性与风电机组的安全性直接相关，所以空气动力制动的可靠性是控制系统设计的重要约束之一。

1）定桨距风电机组空气动力制动

定桨距风电机组一般采用叶尖扰流器作为气动制动。当风力机正常运行时，在液压系统的作用下，叶尖扰流器与桨叶主体部分合为一体，组成完整的桨叶。当风力机需要制动时，液压系统按控制指令将叶尖扰流器释放并使之旋转 90°形成阻尼板，如图 8.7 所示。由于叶尖部分位于距离风轮旋转轴的最远点，整个叶片作为一个长的杠杆，使叶尖扰流器产生的气动阻力很高，足以使风力机在几乎没有任何磨损的情况下迅速减速。叶尖扰流器是风电机组的主要制动器，每次制动时都是它起主要作用。在风轮旋转时，作用在叶尖扰流器上的离心力和弹簧力会使叶尖扰流器脱离桨叶主体转动到制动位置；而液压力的释放，无论是由控制系统的正常指令，还是由液压系统的故障引起，都将导致叶尖扰流器展开从而使风轮停止运行。因此，空气动力制动是一种失效保护装置，它使整个风电机组的制动系统具有很高的可靠性。

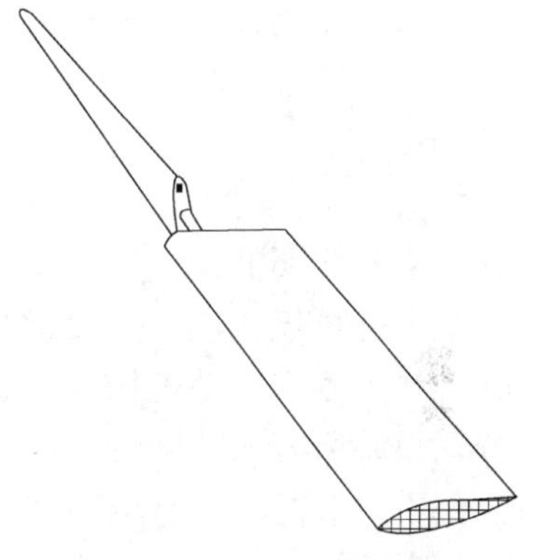

图 8.7　叶尖扰流器

叶尖扰流器一般由液压系统控制，可以采用多个电磁阀同时控制以提高可靠性。为了机组的安全，还需要在液压系统中设置“突开阀”，当液压系统发生故障，风轮超过临界转速时，“突开阀”动作，叶尖扰流器弹开。

2）变桨距风电机组空气动力制动

变桨距风电机组空气动力制动主要由变桨距系统的顺桨来实现。在统一变桨距系统中，无论液压驱动还是电机驱动都需要考虑到：即使控制动作失效，叶片也应该在备用动力的作用下自动顺桨，起到保护作用。在独立变桨距系统中，每个叶片都具有自动顺桨功能。并且，如果有的叶片变桨距出现故障，只要有一个叶片正常顺桨，就可以避免事故发生。

2. 机械制动

机械制动是风电机组安全保护措施之一，既可作为主要制动机构，也可作为辅助制动机构。机械制动有两种执行方式。

被动制动：弹簧力制动，液压力制动释放，可以保证在电网断电情况下实现失效安全。

主动制动：液压力制动，弹簧力制动释放，可以实现可控的柔性机械制动，但如果电网长时间断电则机械制动会松开，一般作为辅助制动机构。

失效安全：使设备在失效时（特定的故障发生时）转入预定义的安全状态。对风电机组来讲失效指的是非安全部件故障，如电网掉电、液压系统故障、控制器故障、线路故障等。安全指风轮达到静止或待机转速。

风电机组相关标准对制动的要求包括：DS472、GL 规范——两套独立制动系统；IEC 614400-1——一套以上，任何非安全部件失效后，保证安全保护系统正常工作。

对于定桨失速型风电机组，要求机械制动机构在空气动力制动故障情况下能够独立将脱网的风电机组制动，因此，机械制动的制动力矩要足够大。其最恶劣的情况是机组在额定负载运行时突甩负载停机，而此时空气动力制动故障，机械制动作为备用制动机构投入制动。这种情况对传动系统造成的瞬时载荷非常大，传动系统所有部件的设计都必须考虑机械制动的制动力矩，但是过大的制动力矩也是不可取的，它会使整个传动系统的成本明显提高。

变速恒频风电机组普遍采用独立执行机构的变桨距系统，即完全由空气动力制动来实现多重保护，但即使这样也需要一个停机制动装置，以满足维护人员的需要。这时，停机制动装置可以做得很小，只要具有使叶轮从低速转动到完全停止的能力即可。

3. 风电机组制动控制模式

风电机组的制动控制模式通常和不同的停机过程相关，根据不同的故障原因采取不同的空气动力制动、机械制动顺序配合来实现制动，典型的停机过程和制动程序如下。

1）正常停机模式 1

（1）正常停机命令或者较低级别的故障码激活；

（2）空气动力制动，降低机组的输出功率，降低发电机转速；

（3）待功率降至停机允许的功率设定值时，发电机脱网；

（4）空气动力制动，叶片以正常停机速度顺桨。

2）正常停机模式 2

（1）较低级别的故障码激活并且发生电网故障；

（2）发电机立即脱网；

（3）空气动力制动，叶片以正常停机速度顺桨。

3）紧急停机模式 1

（1）较高级别的故障码激活；

（2）空气动力制动，降低机组的输出功率，降低发电机转速；

（3）待功率降至停机允许的功率设定值时，发电机脱网；

（4）空气动力制动，叶片以正常紧急停机速度顺桨；

（5）转速低于设定转速机械制动。

4）紧急停机模式 2

（1）较高级别的故障码激活并且发生电网故障；

（2）发电机立即脱网；

（3）空气动力制动，叶片以紧急停机速度顺桨；

（4）转速低于设定转速机械制动。

8.3　变桨距机构及其控制

1. 变桨距系统功能与构成

变桨距是指安装在轮毂上的叶片绕自身轴线旋转的过程。

变桨距系统用于调节风轮从风中捕获的能量。这一过程通过调节叶片翼型上合成的气流方向与翼型几何弦的夹角（攻角）来改变风电机组获得的空气动力转矩。机组的变桨距系统主要完成以下功能：

（1）空气动力制动，保证机组在风速过高或遇到故障时能够安全停机；

（2）在各工况下调节风轮捕获的风能，保证机组安全、稳定运行；

（3）通过机组变桨距控制抑制风轮、塔筒的振动，减小机组的动态载荷；

（4）机组启动控制，当风速高于启动风速时，使叶片桨距角变化到预定角度，同时叶片转速逐步上升。

变桨距系统一般安装在风电机组的轮毂内，由于轮毂形式、变桨距驱动类型及变桨距系统的设计差异，其组成和布局在不同的风电机组有明显的不同。按照驱动形式的不同变桨距系统可以分为电动变桨距系统和液压变桨距系统，本节大部分内容均按照目前使用较多的电动变桨距系统讲述，液压变桨距系统仅在本节最后部分介绍。

图 8.8 所示为单支风轮叶片独立电动变桨距机构的组成示意图，该机构主要由电动机、减速器、驱动齿轮、球轴承（其内环带内齿圈）、吊耳、连接件、支撑板、控制柜、编码器等构成。球轴承的内环或外环通过螺纹连接件分别与风轮叶片根部端面或轮毂的凸台相连，同轴的电动机和减速器插入轮毂的支撑板的孔中，通过螺纹连接件固定在该支撑板上，同时在减速器的输出轴端装配驱动齿轮，使其与球轴承的内齿圈啮合，从而实现调节风轮叶片的桨距角。

图 8.8　变桨距系统的组成

为了保证机组安全，满足风电机组设计标准对制动的要求，一般的变桨距系统设计方案如下。

（1）每个叶片配备一个独立的驱动装置，变桨距系统在风轮功率调节之外，还作为机组的第一安全制动使用，这一功能涉及机组的安全，所以其可靠性尤为重要。为了提高变桨距系统在安全保护时的可靠性，一般三个叶片配备相互独立的伺服系统控制变桨距电机。

（2）为了提高机组可靠性，防止因传感器故障而发生意外，一般在变桨距电动机配备编码器的同时还应给每个叶片配备冗余的位置传感器。

（3）要求蓄电池至少能满足一次顺桨过程。电网故障时的停机需要在蓄电池供电的情况下完成桨距角的调节。

（4）变桨距系统的设计需要满足风电机组在总装、运输、吊装及调试、运行过程中各种功能的需要。例如，在风电机组运输、吊装时需要考虑旋转叶片的一些特定要求。

2. 变桨距系统驱动力矩计算

风电机组变桨距过程的运动方程为

$$M_{\mathrm{D}}+M_{\mathrm{W}}+M_{\mathrm{G}}+M_{\mathrm{R}}=J_{\mathrm{c}}\frac{\mathrm{d}\omega_{\mathrm{c}}}{\mathrm{d}t} \tag{8.2}$$

式中，M_D 为驱动力矩，单位为 N·m；M_W 为旋转轴上的空气动力矩，单位为 N·m；M_G 为旋转轴上的重力矩，单位为 N·m；M_R 为旋转轴上的摩擦力矩，单位为 N·m；J_c 为叶片对旋转轴的转动惯量，单位为 $kg \cdot m^2$；ω_c 为变桨距角速度，单位为 rad/s。

式（8.2）中，规定驱动力矩方向为正，制动力矩为负。实现变桨距的必要条件为式（8.2）等号左边力矩之和为正值。下面对力矩的求法分别加以讨论。

1）空气动力矩

在变桨距过程中，空气动力矩的方向是变化的。一般来说，开桨时空气动力矩为制动力矩，顺桨时空气动力矩为驱动力矩。变桨距时的空气动力矩如图 8.9 所示。

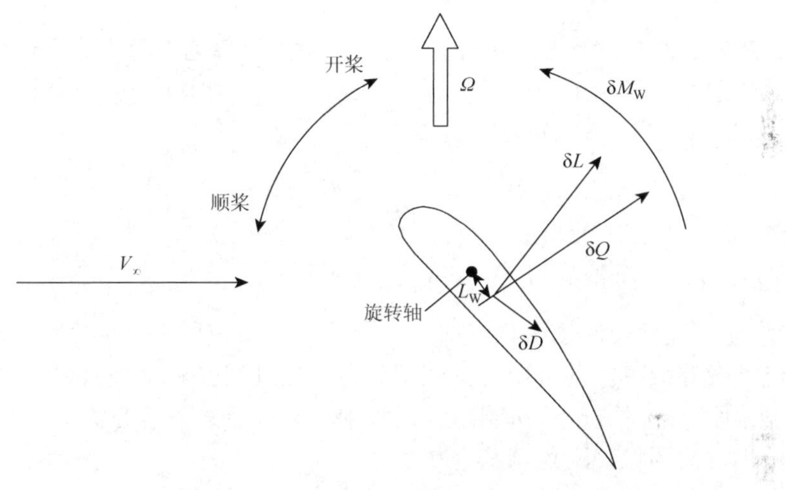

图 8.9　变桨距时的空气动力矩

作用在风轮上的空气动力矩可通过式（8.3）计算：

$$M_W = \sum_{i=1}^{N_1} \delta M_{Wi} \tag{8.3}$$

式中，N_1 为叶片上分段总数；δM_{Wi} 为展向长度为 δr 的叶素上产生的空气动力矩，单位为 N·m，且有

$$\delta M_{Wi} = L_W \delta Q \tag{8.4}$$

其中，L_W 为空气动力力臂，单位为 m；δQ 为微元空气动力合力，单位为 N，且有

$$\delta Q = \delta L \cos\phi - \delta D \sin\phi \tag{8.5}$$

2）重力矩

重力矩也是时变的。它与叶片的位置有关，叶片位于竖直向上或向下位置时，重力矩为零。叶片位于水平位置时，重力矩绝对值最大。重力矩可表示为

$$M_{\mathrm{G}} = \sum_{i=1}^{N_1} \delta M_{\mathrm{G}i} \tag{8.6}$$

式中，N_1 为叶片上分段总数；$\delta M_{\mathrm{G}i}$ 为展向长度为δr 的叶素上产生的重力矩，单位为 N·m；且有

$$\delta M_{\mathrm{G}i} = L_{\mathrm{G}i} \delta f_{\mathrm{G}i}$$

其中，$L_{\mathrm{G}i}$ 为重力力臂，单位为 m；$\delta f_{\mathrm{G}i}$ 为微元重力，单位为 N。

3）摩擦力矩

摩擦力矩总是制动力矩。摩擦力矩可以分为两部分：一部分为黏性摩擦力矩，它与变桨速度有关；另一部分为库仑摩擦力矩，它与变桨距转速无关。即

$$M_{\mathrm{R}} = -(B\omega_{\mathrm{c}} + M_{\mathrm{KL}}) \tag{8.7}$$

式中，B 为黏性摩擦系数，单位为 N·m·s；M_{KL} 为库仑摩擦力矩，单位为 N·m。

具体参数一般由生产厂提供。

由式（8.3）可得，变桨距系统驱动力矩为

$$M_{\mathrm{D}} = J_{\mathrm{c}} \frac{\mathrm{d}\omega_{\mathrm{c}}}{\mathrm{d}t} - M_{\mathrm{W}} - M_{\mathrm{G}} - M_{\mathrm{R}} \tag{8.8}$$

3. 电动变桨距驱动

1）电动变桨距驱动机构组成

电动变桨距用电动机作为变桨距动力，通过伺服驱动器控制电动机驱动叶片进行变桨距。一般情况下，机组运行过程中功率调节桨距角的变化范围为 0°～30°，机组停机时需要将桨距角调整为 90°。

电动变桨距驱动机构主要包括驱动电机和减速箱，如图 8.10 所示。主要零

图 8.10　变桨距驱动机构

部件都安装在轮毂内，并跟随轮毂旋转。变桨距电动机带动减速机输出轴上的小齿轮旋转，而且小齿轮与变桨距轴承的内圈（变桨距轴承带内齿）啮合，从而带动变桨距轴承的内圈与叶片一起旋转，达到改变桨距角的目的。由于不断变换方向的重力及离心力等载荷的作用，变桨距系统零部件需要更好的强度和可靠性。

2）变桨距驱动电机

变桨距电动机采用伺服电机，实现变桨距角度的精确控制，根据极限工况下的载荷以及一定的安全系数，选用变桨距电动机额定功率。变桨距驱动电动机带有电磁制动机构，以实现叶片在不同桨距角下的制动，制动力矩可根据变桨距力矩计算得出。

电动变桨距系统中，可以选择直流电动机或交流电动机。直流方案与交流方案在机械结构上无太大差别，只是所采用的变桨距电机有所不同。前者启动力矩大、低速特性好，但电刷维护困难、电机体积较大（在出现问题时不易更换）；后者结构简单、维护工作量小，但存在一旦变桨距驱动器全部失效则无法进行紧急顺桨的风险。不过，随着矢量控制技术的不断成熟，交流系统的动态控制问题已经得到明显改善，其性能已经达到甚至超越直流系统，而且由于海上风电机组的变桨距系统采用“失效-安全”技术，即只要有一个叶片的变桨距驱动器正常工作即可完成整个机组的紧急顺桨动作，使风轮完全制动，而三个变桨距驱动器全部失效的可能性又微乎其微，因此对更看重可靠性和免维护性的海上风电机组来说，选择交流变桨距系统更为合理。下面简述电动变桨距驱动机构设计计算。

（1）驱动功率计算。驱动功率为驱动力矩和变桨距角速度的乘积，并考虑到安全余量，即

$$P_D = M_D \gamma_f \omega_c \tag{8.9}$$

式中，γ_f 为载荷安全系数，典型值为 1.35。

（2）电动机的选择。电动机额定功率：

$$P_M \geqslant P_D / \eta_3 \tag{8.10}$$

式中，η_3 为传动系统总效率，一般为 0.95 左右。

（3）确定变桨距轴承上齿轮副传动比。变桨距轴承上齿轮副传动比：

$$i_G = \omega_1 / \omega_c \tag{8.11}$$

式中，ω_1 为小齿轮转动角速度，单位为 rad/s。

通常根据叶片和轮毂的连接尺寸来确定齿轮副的传动比，并进行极限强度和疲劳强度的校核。小齿轮所需的最大驱动力矩（N·m）：

$$M_1 = P_M \eta_4 / \omega_1 \tag{8.12}$$

式中，η_4 为减速箱传动效率，一般为 0.98 左右。

小齿轮所需的最大驱动力矩可以作为设计小齿轮轴的依据。

（4）减速箱基本参数的计算。减速箱传动比：

$$i_D = \omega_M / \omega_1 \tag{8.13}$$

式中，ω_M 为发电机转动角速度，单位为 rad/s。

减速箱的额定功率应不小于 P_M。

4. 电动变桨距位置控制

变桨距系统需要参照风电机组主控系统给定的信号精确地控制叶片的桨距角（叶片的相对位置）。每个叶片独立的位置控制系统能提高变桨距系统的安全性和准确性。

1）变桨距位置控制环节的构成

变桨距位置控制系统包括变桨距控制器（或置于变频器内部）、变桨距驱动、变桨距电机、编码器和角度传感器等。在叶片受到强大外部载荷的情况下，通过实时的叶片桨距角反馈和变桨距电机转速控制组成了闭环控制系统，其结构如图 8.11 所示。

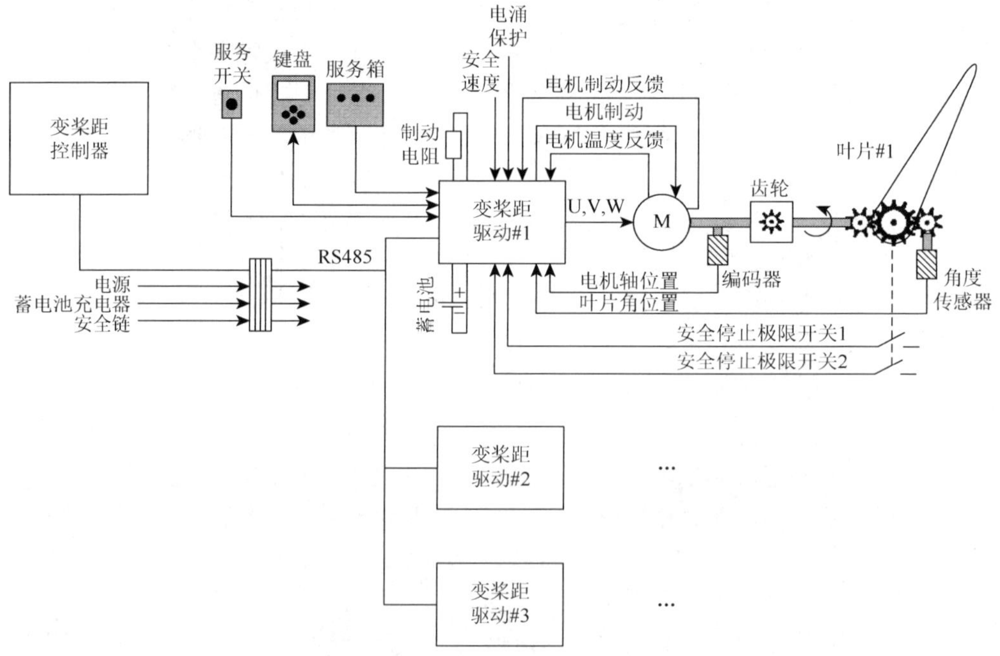

图 8.11　电动变桨距位置控制机构

（1）角度测量。PID 控制回路需要输入在叶片上测量出的当前角度信号（图 8.11）。

这可以从两个方面获得：①角度传感器；②基于编码器脉冲的计算。使用基于角度的编码器可获得一个高精度相关角度，这个选择可通过键盘来设定，但是如果转换器/编码器或齿轮失效，这个选择将被忽略。

为了降低角度转换器的噪声，角度转换器的信号需通过滤波器过滤，滤波器可根据需要开启和关闭，它的强度适合范围是 0%～99%，非常重要的一点是滤波器仅应用于稳定时期，当叶片的角度改变时，滤波器不起任何作用，过滤器对 PID 控制回路也不起作用，PID 的参数和过滤器参数可以独立地进行调整。

（2）限位开关。确切范围取决于每种风电机组对 MDS 控制器的压力校准和极限开关的机械定位。当叶片达到它的使用范围时，机械限制开关将被启动。这可确保不会发生俯仰角超出限度。限位开关的布局位置如图 8.12 所示，安装效果如图 8.13 所示。

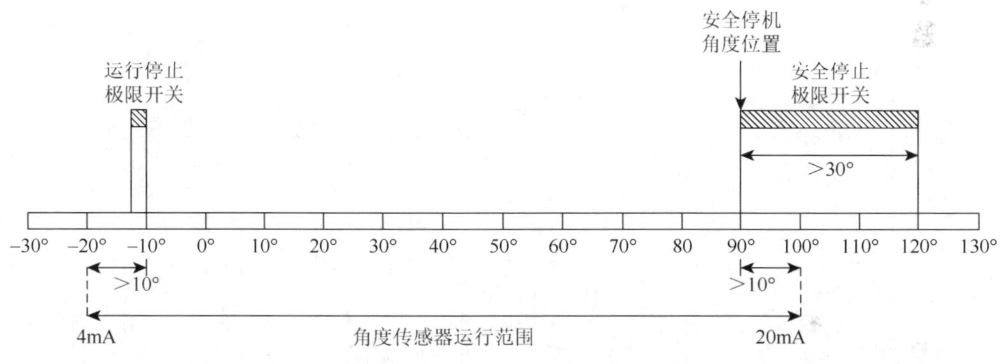

图 8.12　限位开关位置示意图

图 8.13　限位开关安装效果图

2）通信总线

在变桨距系统运行过程中，变桨距控制器、变频器之间需要进行实时通信以交换控制信息、实时状态等数据。变桨距系统的通信设计是变桨距系统设计的重要部分。

变桨距控制器以通信方式从风电机组主控制器获得控制信号，并和所有的变桨距驱动变频器实时交换数据，以保证变桨距系统及时准确地跟踪主控的变桨距信号，一旦某一个变桨距变频器发现通信中断（规定时间内不能正确地收到数据包），将立即使叶片向安全位置（约 90°）移动，这将有效地使风轮停止下来。与此同时变桨距系统控制器将系统置于安全模式。将通知其他变桨距变频器使各叶片向安全位置移动。

电动变桨距系统通信结构如图 8.14 所示。

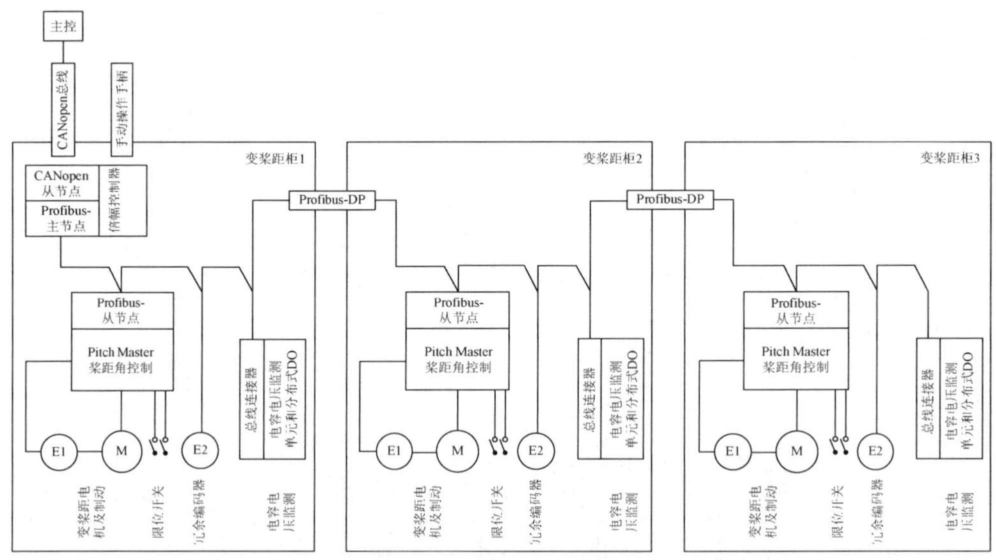

图 8.14　电动变桨距系统通信结构

（1）变桨距控制器和主控通信。

变桨距系统的通信接口，主要用于实现与主控系统的通信，接口一般采用 CANopen 或者 Profibus 现场总线方式。下面以 CANopen 总线为例说明变桨距控制器通信接口机线缆的要求。

①通信物理接口要求：

a）通信信号线应采用屏蔽双绞铜缆，插接头应带屏蔽外壳，通信线两端屏蔽层应连接到外壳并接地。

b）在总线的两个末端应接 120Ω 末端电阻，阻止信号反射。

c）通信接口应考虑滑环运动对通信可靠性的影响并进行必要的测试，同时设计时对每根通信线应采用滑环双线接入，构成冗余线路。

d）CANopen 物理线路采用 RS485，通信线应包括 CANH、CANL、GND，总线长度与传输速率设置应满足表 8.1 的规定，其他要求应满足《道路车辆控制器局域网》（ISO 11898—2015）的规定。

表 8.1　通信线长与传输速率要求

传输速率/(kbit/s)	总线长/m
1000	＜20
500	＜100
250	＜250
125	＜500
50	＜1000
20	＜2500
10	＜5000

②与主控系统交互信息要求：

a） 主控系统发送至变桨距系统的信息：叶片的角度设定值或叶片的调节速度。

b）主控系统的控制命令：包括故障复位、模式设定等。

c）变桨距反馈回主控的信息：包括 3 个叶片的当前角度值，3 个叶片冗余传感器的当前角度值，3 个叶片的当前调节速度，3 个叶片的当前调节加速度，电动机的 3 个转矩电流值，电动机的温度，所有柜体的温度及轮毂温度，系统状态信息。

（2）变桨距控制器和变桨距驱动变频器通信。

为了提高安全性，在变桨距系统中变桨距控制器和变桨距驱动变频器的通信采用独立的总线进行，在该总线上可以包括变桨距控制器、3 个变桨距驱动变频器，每个设备分配不同的站点号。通信回路可以实时读取变桨距驱动变频器的运行状态数据并给定控制目标，当故障发生时还可以读取变频器的故障信息。具体通信内容根据不同的驱动变频器差异较大。

3）各操作模式下的控制

一般变桨距系统模式有手动模式、自动模式和安全停止模式。

（1）手动模式。在手动模式下，变桨距控制器的速度和位置控制目标来自键盘和服务终端，在手动模式下不会进入安全速度模式。如果已处在安全速度，当转变为手动模式时它将停止。任何错误都可使电动机停止在安全状态下。

（2）自动模式。在自动模式下，Pitch Master 有两种方法控制 MDS 控制器。

在“Fieldbus Broadcast Position”模式下，MDS 控制器使用设置点向所有节点发出信号，在“Fieldbus Individual Position”模式下，MDS 控制器只向某一节点发出信号。

（3）安全停止模式。在手动模式下当叶片转动到安全停止的位置时，MDS 控制器将停止在安全停止模式。在手动模式下，当有错误时 MDS 控制器将会转到安全停止模式。在安全停止状态下电动机停止运行。当所有错误都重新设置后才可继续运行。然而，在进入运行状态时，需要约 200ms 的时间来检查是否有错误。如果此时发现错误，MDS 控制器将继续处在安全停止模式。

4）PID 控制器

在变桨距系统中，桨距角一般根据主控系统给的控制目标采用 PID 控制器进行闭环控制。PID 控制器的输入为桨距角的误差，桨距角误差可以通过来自主控的控制目标和测量所得的当前桨距角计算得到。PID 控制器的输出为变桨距电动机的转速。控制器的结构如图 8.15 所示。

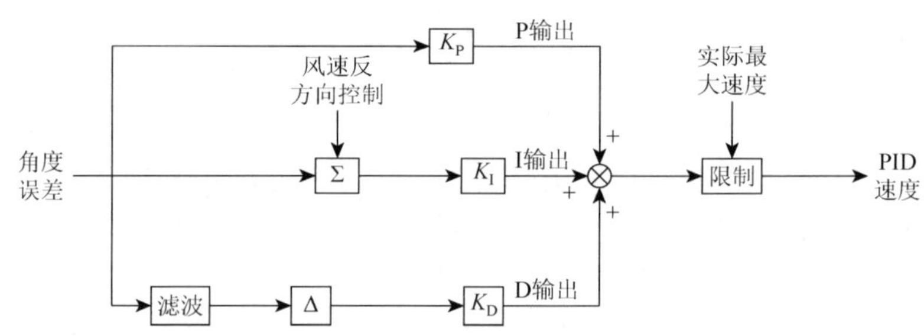

图 8.15 变桨距位置 PID 控制器结构图

PID 控制器运行中（无论自动模式还是手动模式），当叶片到达期望位置之后，机械制动启动，电动机停止运行。变桨距控制器持续监测桨距角目标值和实测桨距角之间的误差，通过角度误差和时间误差来确定制动动作。在设定值变化没有超过设定的角度公差时，电动机制动始终保持抱闸状态。当上述任意条件不满足时，电动机制动立即松闸并启动位置控制。

在安全停止模式时，由于制动故障可能会导致电动机或齿轮锁死，并造成电动机过热。为了防止损坏电动机，变桨距控制器会暂停安全停止模式并令电动机停止运行，避免变桨距电动机损坏，等到电动机温度低于设定值时再启动电动机，驱动叶片至安全停止位置。

5）后备电源

变桨距系统作为保证机组安全的关键零部件，当故障发生时，必须能够在任何工况下将叶片置于安全停止位置。当电网发生故障时，需要后备电源为驱动系统供电，以完成顺桨的过程。后备电源的可靠性十分重要，特别考虑到雷击及可能存在的故障，为了使三个叶片变桨距驱动机构能够独立地做到失效安全，必须为每个叶片配备独立的后备电源及供电回路。

变桨距系统中通常由每个叶片独立组成一个后备电源柜。由于安装在轮毂内，维护和更换的成本很高，后备电源应该尽可能地选择长寿命和免维护的能量存储装置，一般采用铅酸电池或超级电容。图 8.16 为变桨距系统的电池柜。相比之下超级电容充电时间短、寿命长、可靠性高，但价格昂贵、存储能量有限，且应用范围有限。下面内容以铅酸电池为例对后备电源进行设计。

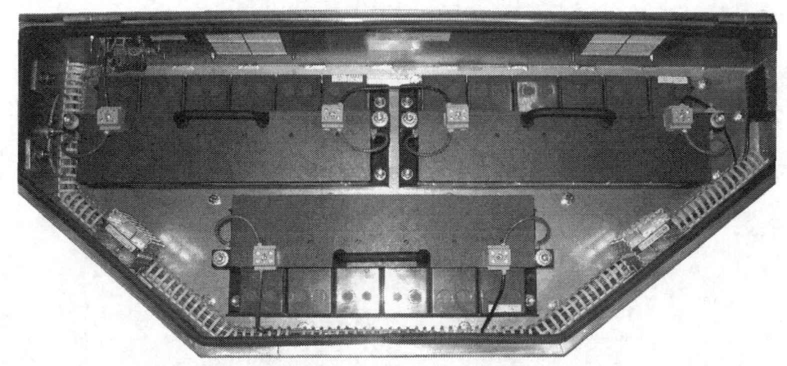

图 8.16　变桨距系统电池柜

（1）后备电源容量确定。

采用铅酸电池，电池容量一般能保证 5 次以上顺桨动作，考虑到成本，采用超级电容时后备电源容量会小很多，一般只能满足 1～2 次顺桨动作。顺桨时间的计算如下：

$$紧急顺桨时间(s) = 90°/紧急顺桨速度(°/s)$$

（2）电池充电。

参考电池的充电要求，选择合适的充电电流以尽量缩短充电时间，通常充电时间在 6～10h。电动变桨距系统一般具备电池充电及监控的充电控制装置，能够按控制要求对电池进行充电，并在线监测电池及充电器故障，当出现故障时，能够停止充电，保护电池。充电一般采用三个电池柜共用充电机轮循充电方式。

（3）电池监控要求。

电池的状态监测内容有：过压、欠压、过温、充放电回路完好状态、充电器状态（过温、输出短路、过载、输入电压异常）、单元电池的故障或电压不平衡、电池的容量等。

6）液压变桨距系统

液压变桨距又称电液伺服变桨距，变桨距系统以液压泵为动力源，以液压油为介质，以比例阀为控制元件，由推杆和连杆组成的机械机构将液压缸活塞杆的径向运动转变为叶片的圆周运动来实现叶片的变桨距。液压变桨距的结构和布局如图 8.17 所示。

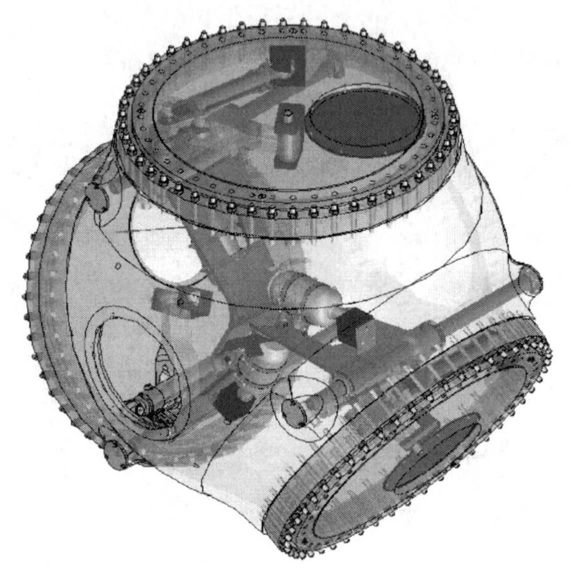

图 8.17　液压变桨距的结构及布局

（1）液压变桨距系统的特点。

①液压变桨距系统与电动变桨距系统相比，液压传动的单位体积小、重量轻、动态响应好、扭矩大且无须变速机构，在失电时将蓄能器作为备用动力源对叶片进行全顺桨作业且无须设计备用电源。

②节能。液压泵在继电器的控制下保持液压系统压力，泵停止时可以由蓄能器维持系统压力，避免变频器待机等环节产生的能量损耗。

③可以采用模块化设计，控制元件均可集成在各个模块中。

④安全性高。可以配备多个蓄能器起到多重安全冗余保护的作用，当机组出现紧急故障或电网失电时，系统能在蓄能器的作用下完成顺桨过程。

由于叶片是不断旋转的，必须通过一个旋转接头将机舱内液压站的液压油管路引入旋转中的轮毂，此时的液压油的压力高达 20MPa 左右，因此制造工艺要求较高，难度较大，管路也容易发生泄漏现象。旋转接头如图 8.18 所示。

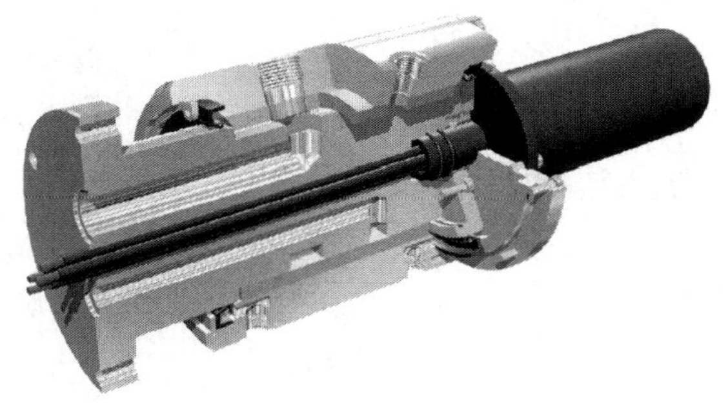

图 8.18　旋转接头

（2）液压驱动机构设计。

当采用液压缸作为驱动元件时，驱动变桨距机构可以设计成偏心曲柄滑块机构，其工作原理如图 8.19 所示。其中，h 为曲柄长度，单位为 m；l 为连杆长度，单位为 m；e 为偏心距，单位为 m；ϕ_1 为变桨距行程角，单位为（°）。

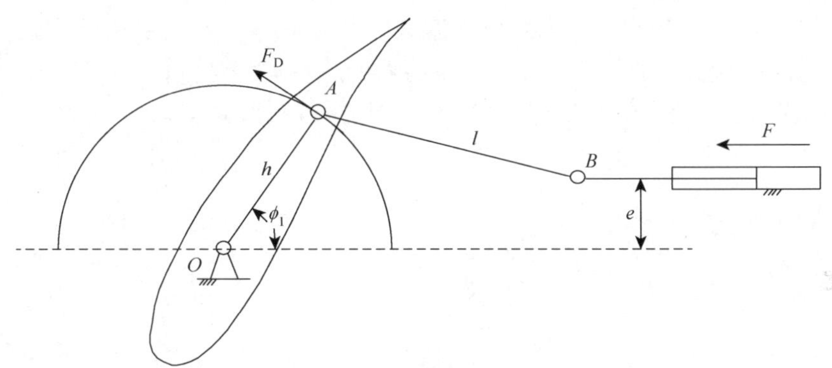

图 8.19　液压驱动变桨距机构工作原理

图 8.19 所示的机构常用于统一变桨距系统，水平运动的液压缸活塞杆与同步盘连接，同步盘则与三组偏心曲柄滑块机构（图中只画出一组）相连，分别驱动三个叶片同步旋转。偏心曲柄滑块机构的尺寸可以根据变桨距的极限角度利用作图法或解析法确定。

①液压驱动力的计算。根据三个叶片的驱动力矩可以得到变桨距驱动力 F_D（N）：

$$F_D = 3M_D / h \tag{8.14}$$

液压驱动力 F（N）为

$$F = F_D / \eta_D \tag{8.15}$$

式中

$$\eta_{\mathrm{D}}=1-\frac{h^2+l^2-\cos\phi_1 h+\sqrt{l^2-(\sin\phi_1 h-e)^2}-e^2}{2hl}\times\sqrt{1-\left(\frac{|\sin\phi_1 h-e|}{l}\right)^2} \tag{8.16}$$

由式（8.16）可见，当偏心曲柄滑块机构确定后，η_{D} 是 ϕ_1 的函数，在式（8.15）中，η_{D} 应取最小值。

②液压缸的设计。液压缸的有效工作面积（m^2）：

$$A_{\mathrm{h}}=F/p_{\mathrm{h}} \tag{8.17}$$

式中，p_{h} 为液压系统工作压力，单位为 Pa。

液压缸的行程 H（m）根据变桨距的极限位置来确定。

③蓄能器的设计。在液压系统中，蓄能器一次收缩所压出的油液至少应该满足液压缸一次满行程的需要。

图 8.20 中，曲线 *abc* 表示充压过程，*cd* 表示放油过程。*a* 点是气体腔封入时的状态点，p_1 为封入压力，即充气压力，V_1 为封入容积，即初始充气容积。蓄能器充压时，其内部压力沿 *abc* 曲线上升，而气体容积则相应减小。*b* 点是蓄能器参与工作的最低动作点，p_2 为最低工作压力，V_2 是与 p_2 相对应的气体腔容积。*c* 点是蓄能器参与工作的最高工作点。蓄能器的放油过程是气体腔的膨胀过程，此时，气体腔压力由 p_3 下降到 p_2，容积则相应由 V_3 膨胀到 V_x。

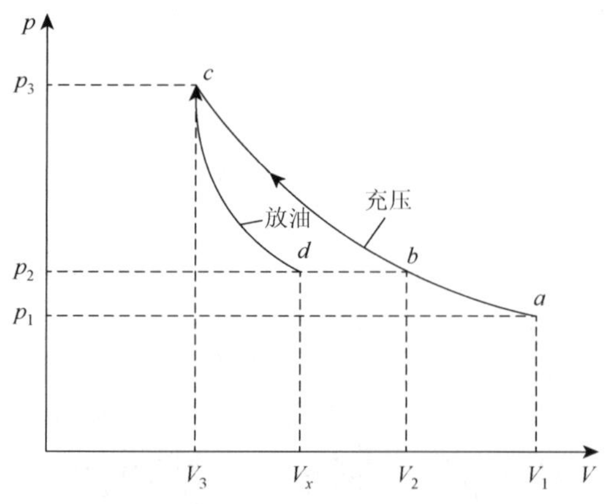

图 8.20　蓄能器工作原理

由图 8.20 可见，蓄能器有效输出容积（m^3）为

$$\Delta V=V_x-V_3 \tag{8.18}$$

假定充压时状态方程的指数 $n=\alpha$，放油时状态方程的指数 $n=\beta$，则根据状态方程可以求得

$$\Delta V = V_x - V_3 = \left(\frac{p_1}{p_2}\right)^{1/\alpha} V_1 \frac{\left(\frac{p_3}{p_2}\right)^{1/\beta} - 1}{\left(\frac{p_3}{p_2}\right)^{1/\alpha}} \tag{8.19}$$

等温变化过程中，$\alpha = \beta = 1$，绝热变化过程中，$\alpha = \beta = 1.4$。变桨距过程可以视为等温过程，则

$$\Delta V = \frac{p_1}{p_2} V_1 \left(1 - \frac{p_2}{p_3}\right) \tag{8.20}$$

蓄能器有效输出容积可以由液压缸的参数决定，即

$$\Delta V = HA_{\mathrm{h}} \tag{8.21}$$

于是，式（8.20）变为

$$V_1 = \frac{p_2}{p_1} HA_{\mathrm{h}} \frac{p_3}{p_3 - p_2} \tag{8.22}$$

充气压力 p_1 一般为

$$0.25 p_3 < p_1 < 0.9 p_2$$

④液压泵主要参数。在蓄能器油液压力低到临界值时，液压泵进行供油。假设需要液压泵在 Δt（s）时间里完成供油，则液压泵实际流量 q_{p}（L/min）为

$$q_{\mathrm{p}} = 6 \times 10^4 \frac{\Delta V}{\Delta t} \tag{8.23}$$

液压泵的额定压力 p_{p} 应该大于蓄能器最高压力 p_3。

液压泵的理论排量（mL/r）：

$$V_{\mathrm{p}} = \frac{1000 q_{\mathrm{p}}}{n \eta_{\mathrm{p}}} \tag{8.24}$$

式中，V_{p} 为泵的理论排量，单位为 mL/r；n 为泵的转速，单位为 r/min；η_{p} 为泵的容积效率。

液压泵的驱动功率（kW）：

$$P_{\mathrm{i}} = \frac{P_{\mathrm{p}}}{\eta_{\mathrm{p}}} = \frac{p_{\mathrm{p}} q_{\mathrm{p}}}{60 \eta_{\mathrm{p}}} \tag{8.25}$$

式中，P_{p} 为液压泵的输出功率，单位为 kW；p_{p} 为液压泵的出口压力，单位为 MPa；q_{p} 为液压泵的实际流量，单位为 L/min。

液压泵的驱动功率，即输入功率，也就是带动液压泵的电动机所需的输出功率。

8.4　偏航系统及其控制

水平轴风电机组的机舱绕塔架旋转称为偏航，风电机组的偏航系统一般分为主动偏航系统和被动偏航系统。被动偏航系统指的是依靠风力通过相应机构完成机组对风动作的偏航方式，常见的有尾舵、舵轮和下风向三种；主动偏航系统指的是采用电力或液压拖动来完成机组对风动作的偏航方式，根据风速仪反馈信息由控制系统自动执行偏航，常见的有齿轮驱动和滑动两种方式。对于大型风电机组，通常都采用主动偏航系统的齿轮驱动形式。

1. 偏航控制系统的组成

偏航系统是一个自动控制系统，其结构如图 8.21 所示。由图可见偏航系统由控制器、执行机构、偏航位置传感器、监测元件等部分组成。

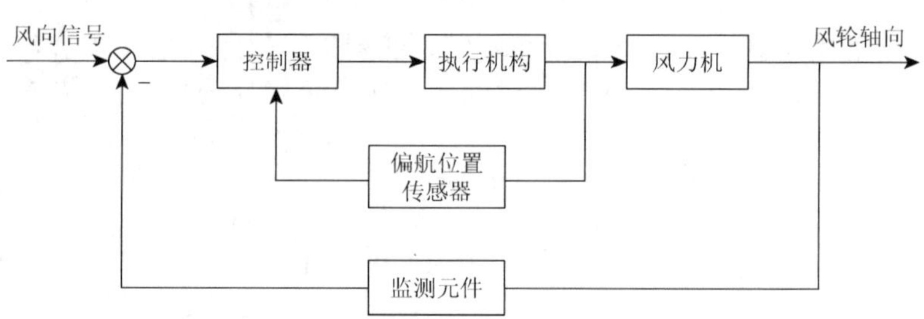

图 8.21　偏航系统结构

偏航位置传感器是记录偏航系统旋转圈数的装置，当偏航系统旋转的圈数达到规定的初级解缆和终极解缆圈数时，偏航位置传感器给控制系统发出信号使机组自动进行解缆。偏航位置传感器一般是一个带限位开关的蜗轮蜗杆减速装置。

风电机组无论处于运行状态还是待机状态均能主动对风。在机舱后侧装有风速仪，当风电机组的航向（风轮主轴的方向）偏离风速仪的指向时，计算机开始计时。偏航时间达到一定值时，即认为风向已改变，计算机发出向左或向右调向的指令，直到偏差消除。

当机舱在待机状态已调向 720°（根据设定），或在运行状态已调向 1080°时，由机舱引入塔架的发电机电缆将处于缠绕状态，这时控制器会报告故障，风电机组将停机，并自动进行解缠处理（偏航系统按缠绕的反方向调向 720°或 1080°），解缠结束后，故障信号消除，控制器自动复位。

偏航系统还设有扭缆保护装置，它是出于失效保护的目的而安装在偏航系统中的。它的作用是在偏航系统的偏航动作失效后，电缆的扭绞达到威胁机组安全运行的程度时触发该装置，使机组进行紧急停机。一般情况下，这个装置是独立于主控系统的，这个装置一旦被触发，则机组必须进行紧急停机。扭缆保护装置一般由控制开关和触点机构组成，控制开关安装在机组的塔架内壁的支架上，触点机构一般安装在机组悬垂部分的电缆上。当机组悬垂部分的电缆扭绞到一定程度后，触点机构被提升或被松开而触发控制开关。

2. 偏航驱动机构

偏航驱动机构一般由偏航轴承、偏航电动机、偏航减速机、偏航小齿轮、偏航齿圈、偏航制动器、偏航液压回路等组成。图 8.22 所示为偏航系统的驱动机构。

图 8.22　偏航系统的驱动机构

1）偏航电动机

偏航驱动装置的电动机可选用液压电动机。

2）偏航减速机

偏航减速机的主要作用是降低转速、提高转矩。一般采用免维护的机构和润滑形式，以减小机组运行过程的工作量。

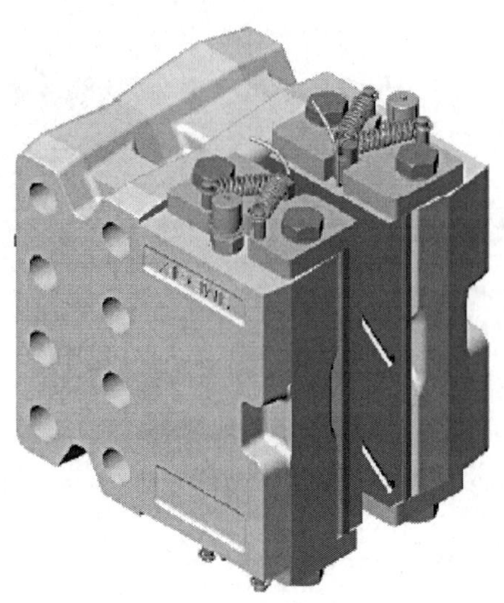

图 8.23　某种偏航制动器外形

3）偏航制动器

偏航制动器一般采用液压拖动的钳盘式制动器。在机组偏航过程中，制动器提供的阻尼力矩保持平稳。图 8.23 是某种偏航制动器的外形。

3. 偏航系统的控制

偏航系统的控制由控制器来实现。由于风向瞬时波动频繁，但幅度不大，通常应设置一定的允许偏差，如±8°，如果在此容差范围内，就可以认为是对风状态，机舱将保持既定方向。

1）偏航状态的转换程序

偏航控制共包含 4 种状态，分别是手动偏航、自动对风偏航、自动解缆、停止偏航。这 4 种状态应根据人机界面中的按键状态以及机组所执行的偏航程序进行转换，如图 8.24 所示。

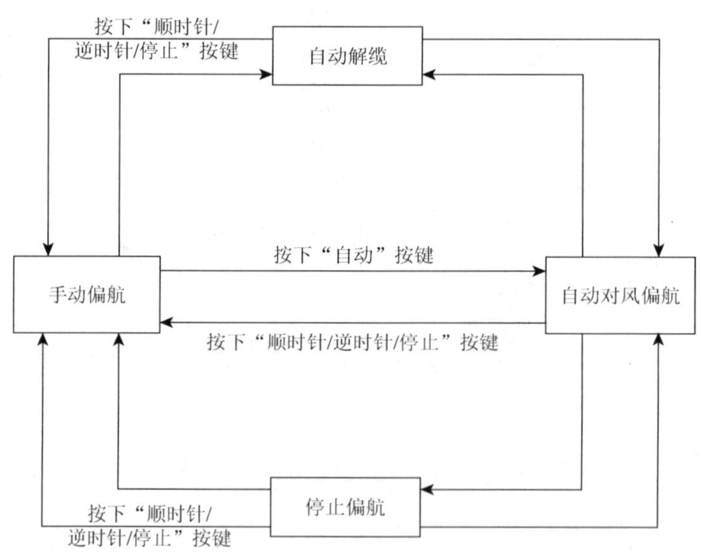

图 8.24　偏航状态转换

2）偏航操作控制功能

（1）偏航初始化。偏航系统上电后，控制器开始初始化，将此时平均偏航误差读入控制器，等待偏航。

（2）偏航等待。偏航系统处于等待状态时，偏航电动机处于停止状态，此时若平均风速大于偏航所要求的最低风速，而偏航误差大于 8°（或小于–8°），则启动偏航电动机，进行偏航跟踪。

（3）自动偏航功能。控制器连续 3min 时间内检测风向情况，若风向确定，同时机舱不处于对风位置，控制器首先判断机舱位置是否处于 0 位右边：若是，则左偏航；若不是，则右偏航。控制器松开偏航制动，启动偏航电动机运转，开始偏航对风程序，同时偏航位置传感器开始工作，根据机舱所要偏转的角度，使风轮轴线方向与风向基本一致，如图 8.25 所示。

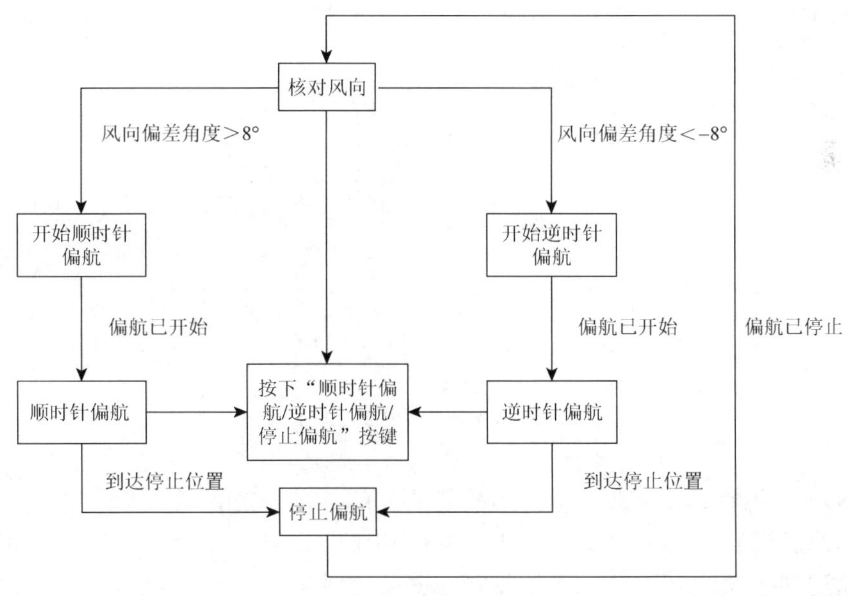

图 8.25　自动偏航流程

（4）手动偏航功能。手动偏航控制包括顶部机舱控制、面板控制和远程控制 3 种偏航方式。当有手动偏航请求时，进入手动偏航初始化程序，停止偏航，并取消扭缆报警信号，然后判断偏航方向。同时，控制器会判断风速是否允许手动偏航，若不允许，则停止偏航，等风速允许手动偏航后，并且仍然存在手动偏航请求时，则继续手动偏航；如果此时无手动偏航请求，则退出手动偏航状态，转入偏航等待状态。另外，如果出现偏航标定初始化信号，并且偏航零位开关失效，则进入手动状态下偏航标定。流程图如图 8.26 所示。

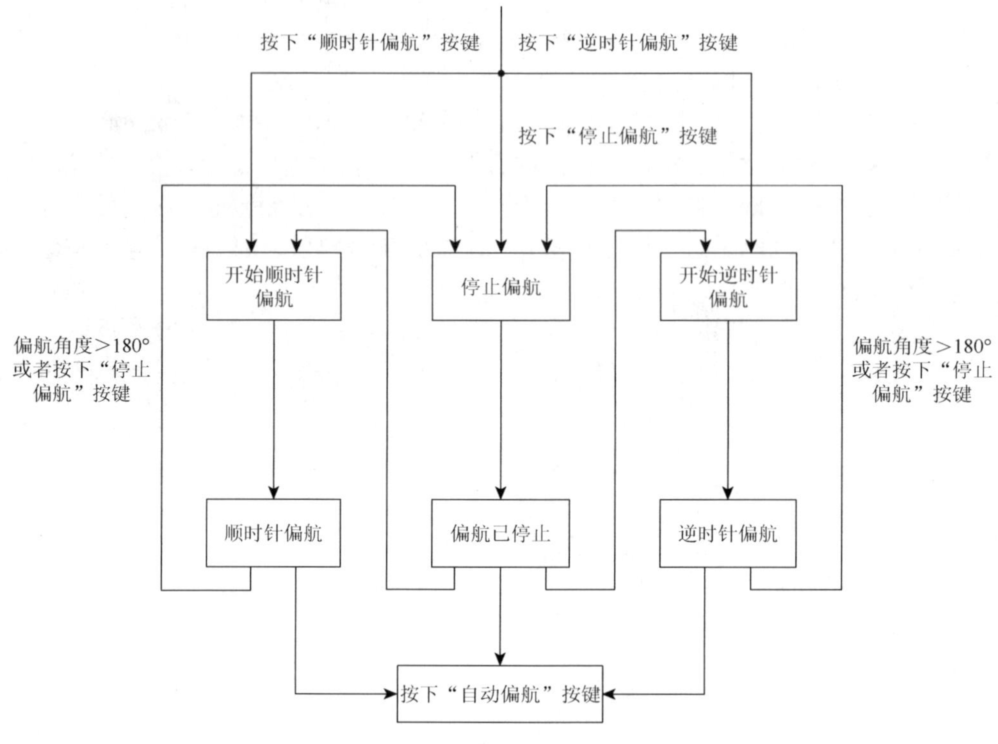

图 8.26　手动偏航流程

（5）自动解缆功能。自动解缆功能是偏航控制器通过检测偏航角度、偏航时间及偏航传感器信号，使其发生扭转的电缆自动解开的控制过程。当偏航控制器检测到扭缆达到 2.5～3.5 圈（可随意设置）时，若风电机组处在暂停或启动状态，则进行解缆；若正在运行，则中心控制器将不允许解缆，偏航系统继续进行正常偏航对风跟踪。当偏航控制器检测到扭缆达到保护极限 3～4 圈时，偏航控制器请求中心控制器正常停机，此时中心控制器允许偏航系统强制进行解缆操作。在解缆完成后，偏航系统便发出解缆完成信号。解缆系统的工作流程如图 8.27 所示。

（6）偏航停止。停止偏航，取消解缆报警信号。

3）机舱位置测量传感器

风电机组是靠偏航位置传感器来进行扭缆测量的。这个装置由两个相距半个齿间隔的记数传感器组成，当偏航动作后，由这两个记数传感器记录偏航齿圈上的齿数，由 PLC 进行数据运算来识别偏航的圈数，并根据条件判断是否进行解缆操作。

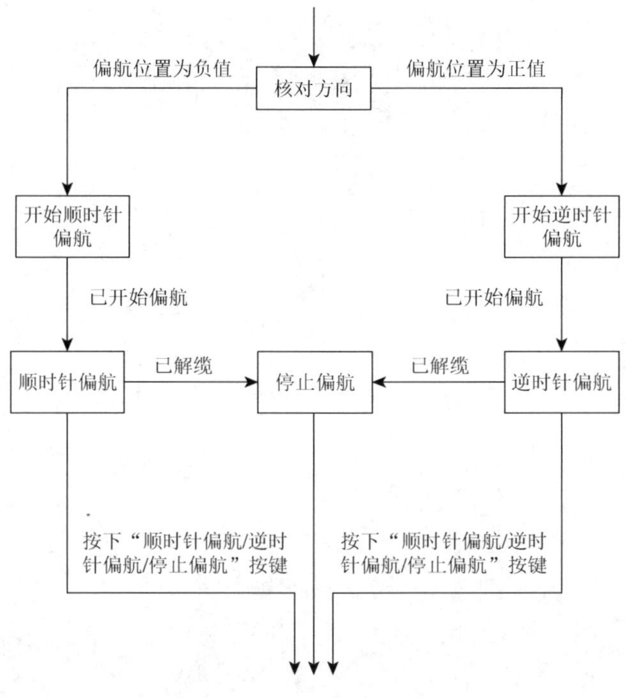

图 8.27　自动解缆流程

风电机组的偏航系统可采用电感式接近开关作为计数器，测量机舱当前位置。将两个偏航角度传感器 A 和 B 固定在偏航齿圈附近，传感器的探头与齿圈齿顶面的距离保持在 5～8mm，两个传感器之间的水平中心距保持在 0.5 倍的齿顶宽度(约 6mm)，而两个传感器之间的直线中心距必须保持在 2 倍外径以上(约 36mm)，具体安装方式如图 8.28 所示。

主控系统不断接收偏航角度传感器 A 和 B 发送的脉冲信号，根据偏航齿圈一周的齿数可以计算出当前偏航的角度，同时以此脉冲信号排列成不同的数组序列，从而判断出机舱偏航方向，具体方法如图 8.29 所示。

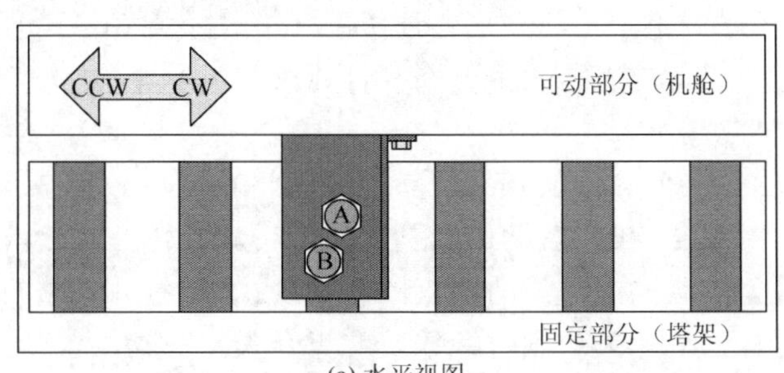

(a) 水平视图

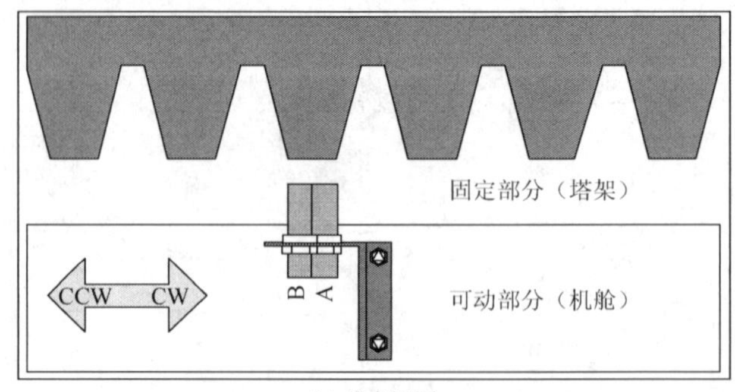

(b) 垂直视图

图 8.28　偏航角度传感器安装方式

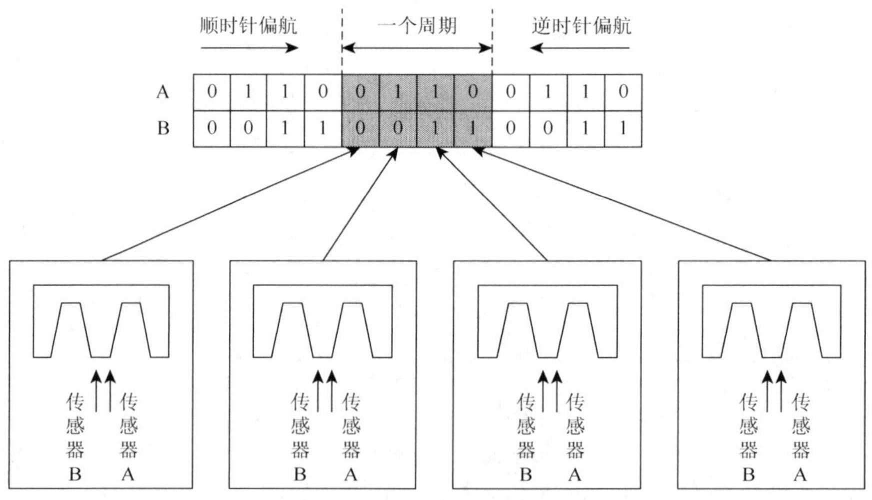

A	0	1	1	0	0	1	1	0	0	1	1	0
B	0	0	1	1	0	0	1	1	0	0	1	1

图 8.29　偏航传感器输出脉冲序列

由图 8.29 可知，当机舱顺时针方向偏航时，偏航角度传感器 A 和 B 输出为(0, 0)、(1, 0)、(1, 1)、(0, 1)；而当机舱逆时针方向偏航时，偏航角度传感器 A 和 B 输出为(0, 0)、(0, 1)、(1, 1)、(1, 0)。如果在以上偏航过程中，出现其他数组序列，例如，直接由(0, 0)跳变至(1, 1)，或者直接由(1, 0)跳变至(0, 1)，则说明两个传感器的安装位置有误或者与齿顶的距离不符合要求。

4）扭缆保护装置

扭缆保护装置（图 8.30）一般由凸轮控制器和扭缆开关组成，凸轮控制器由小齿轮与偏航盘相啮合，在偏航动作的同时也会带动凸轮控制器内部的齿轮转动，当转动一定圈后会触动机械开关动作。计算机接收到信号后就判断是否需要解缆。一般凸轮控制器有三个开关：顺时针偏航位置开关、中间位置开关、逆时针偏航位置开关。

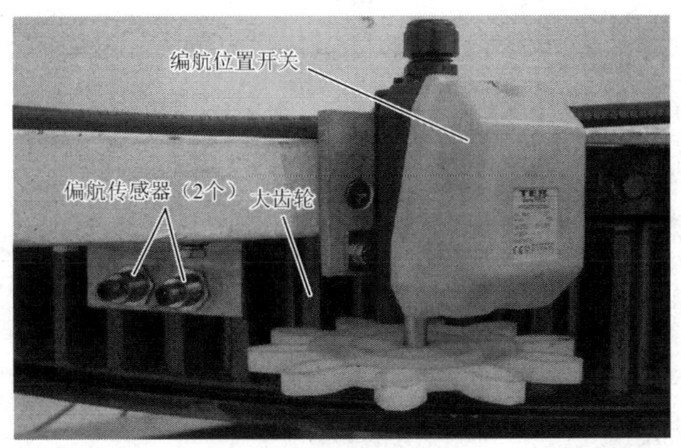

图 8.30　扭缆保护装置

8.5　液压系统及其控制

液压系统为部分风力发电机的偏航制动、高速制动、变桨距等执行机构提供动力，本节主要讲解风电机组的液压系统及通过液压系统控制其他执行机构的流程。

1. 液压系统的功能与组成

液压系统的组成部分称为液压元件，根据液压元件的功能将其分类如下。

1）动力元件

动力元件的作用是将原动机的机械能转换成液体（主要是油）的压力能，是指液压系统中的油泵，向整个液压系统提供压力油。液压泵的常见结构形式有齿轮泵、叶片泵和柱塞泵。

2）控制元件

控制元件（即各种液压阀）的作用是在液压系统中控制和调节液体的压力、流量和方向，以满足执行元件对力、速度和运动方向的要求。根据控制功能的不同，液压阀可分为压力控制阀、流量控制阀和方向控制阀。压力控制阀包括溢流阀（安全阀）、减压阀、顺序阀、压力继电器等；流量控制阀包括节流阀、调整阀、分流集流阀等；方向控制阀包括单向阀、液控单向阀、换向阀等。根据控制方式的不同，液压阀包括开关式控制阀、定值控制阀和比例控制阀。

3）执行元件

执行元件是把系统的液体压力能转换为机械能的装置，驱动外负载做功。旋转运动用液压电动机，直线运动用液压缸，摆动用液压摆动电动机。

4）辅助元件

辅助元件是传递压力能和液体本身调整所必需的液压辅件，其作用是储油、保压、滤油、监测等，并把液压系统的各元件按要求连接起来，构成一个完整的液压系统。辅助元件包括油箱、蓄能器、滤油器、油管、管接头、密封圈、压力表、油位计、油温计等。

5）液压油

液压油是液压系统中传递能量的工作介质，有各种矿物油、乳化液和合成型液压油等几大类。

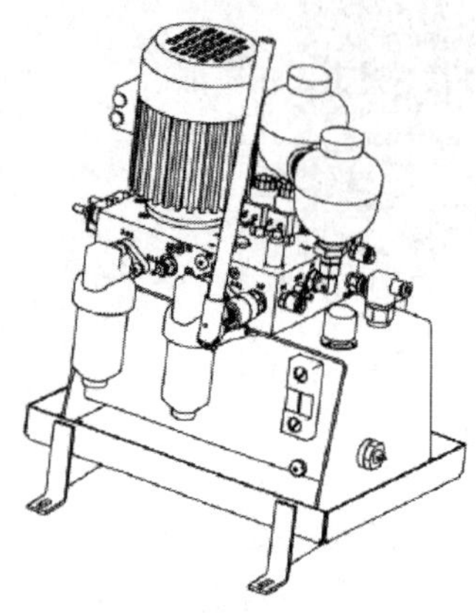

图 8.31　风电机组液压系统

风电机组液压系统由于功能差异其组成也不同，但一般都由油箱、泵集成、偏航制动控制阀组、高速制动控制阀组等组成，如图 8.31 所示。液压变桨距的机组还有变桨距控制阀组、变桨距液压缸等模块。

2. *液压系统工作原理*

液压系统以其响应速度快、负载刚度大、控制功率大等独特的优点在工业控制中得到了广泛的应用。电液伺服系统通过使用电液伺服阀，将小功率的电信号转换为大功率的液压动力，从而实现了一些大型执行机构的伺服控制。液压伺服系统是使系统的输出量，如位移、速度或力等，能自动、快速而准确地跟随输入量的变化而变化，与此同时，输出功率被大幅度地放大。

图 8.32 为某风电机组液压原理图，主要用于转子制动和偏航制动的控制。其工作过程如下。

1）压力控制

系统由电机泵组提供动力，系统压力由溢流阀调整至 170bar①，蓄能器提供应急动力源，压力传感器监控主系统压力，节流阀平时处于关断状态，在泵卸荷时才需要开启。

2）转子制动控制

转子制动器辅助变桨距系统用来停止转子。正常工作时，电磁换向阀电磁铁 Y1、Y2 得电，转子制动释放。应急情况下，Y1、Y2 失电，蓄能器压力油经电磁阀进入制动卡钳，转子制动。压力继电器在制动油腔低于 10bar 时断开。压力传感器监控蓄能器充压情况。减压阀控制制动油最高压力。节流阀控制制动起压时间。

3）偏航制动控制

电磁换向阀得电，偏航制动释放。电磁换向阀得电，偏航处于半制动状态，溢流阀调整半制动时的压力。节流阀控制制动起压时间。

① 1bar = 100kPa。

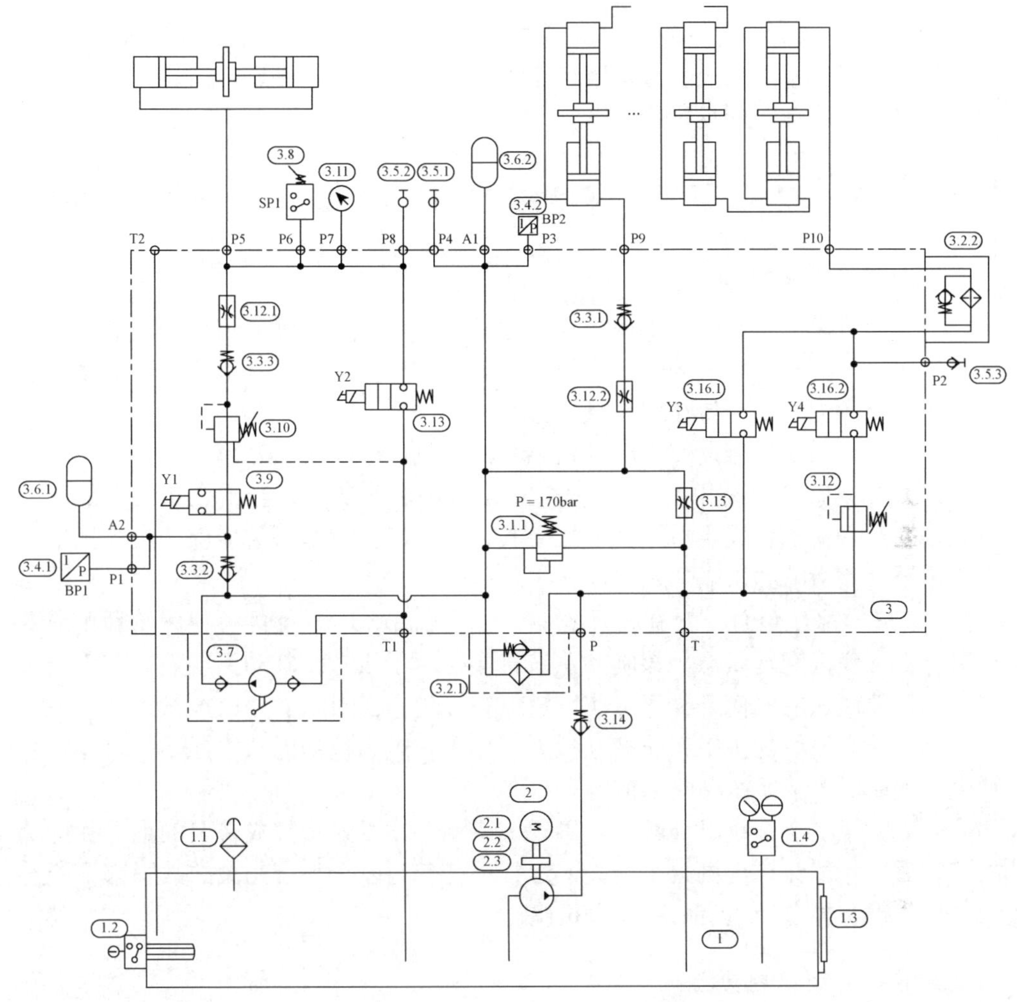

图 8.32　某风电机组液压原理图

3. 液压系统要求

从安全、节能的角度，液压系统的设计应符合以下要求。

（1）设计液压系统时，应考虑系统效率（应选用节能元件、节能回路等），使系统的发热减至最低程度。

（2）系统设计应考虑各种可能发生的事故。系统的功能设置，元件的选择、应用、配置和调节等，应首先考虑人员的安全和事故发生时设备损坏最小；系统应有过压保护装置。

（3）液压系统设计与调整，应使冲击力最小。冲击力不致影响设备正常工作和引起危险。

（4）液压元件的使用应符合相应的实用特性、技术参数和性能的要求。

（5）液压元件的安装位置应能安全方便地进行操作和调整，液压元件的操作和调整应符合制造厂的规定。

8.6 安全保护与安全链

1. 安全系统设计原则

（1）由于风电机组的内部或外部发生故障，或监控的参数超过极限值而出现危险情况；或主控系统失效，风电机组不能保持在其正常运行范围内，则激活安全系统，使风电机组维持在安全状态。

（2）安全系统的触发值不超过风电机组的设计极限值。

（3）安全系统的设计以失效-安全（fail-safe）为原则，当安全系统内部电源或者非安全寿命部件发生单一失效或者其他故障时，安全系统能保护风电机组的安全不受这些故障的影响。

（4）安全系统包含一套制动系统（空气动力制动），从而能够使风轮静止或者由运行状态变为空转状态，该制动系统直接作用于风轮。制动系统能够在小于一年一遇极端风速的任何风况下，使风轮由空转状态变为完全静止状态。

（5）安全系统与主控系统相互独立，如果安全系统功能与主控系统功能发生冲突，就要以安全系统功能为前提。

（6）如果安全系统已经触发，必须等待相关技术人员完成必要的维护并排除故障之后，才能让风电机组重新投入运行。任何与安全系统相关的故障都不能自动复位，也不能自动重新启动风电机组。

2. 安全系统控制功能

风电机组的运行管理一般由主控系统执行，其控制逻辑保证风电机组在规定的条件下安全、有效地运行。当主控系统不能使机组保持在正常运行范围内，或者超过有关安全系统设置的极限值时，将由安全系统执行安全保护方案。安全系统和主控系统控制功能关系如图 8.33 所示。

3. 软件的安全保护

1）任务协调设计

多任务系统中，由于同时有多个任务工作，且任务间的进程是有相关性的。如果没有协调控制就容易造成任务间逻辑的冲突。设计风电机组控制软件时，一些重要任务的控制循环中都加入状态查询，以防止因其他任务执行相关操作而造成混乱。

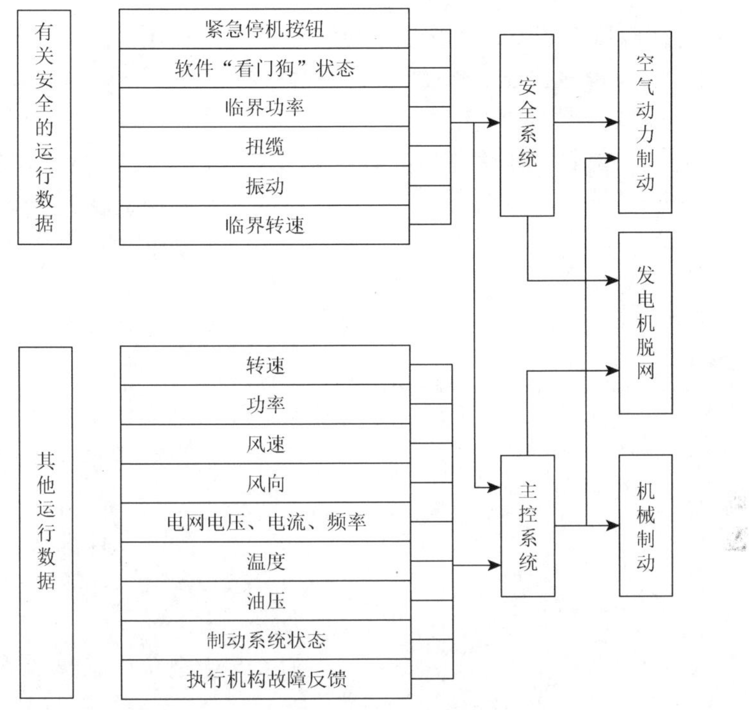

图 8.33　安全系统和主控系统控制功能关系

多任务系统中临界资源同一时刻只能被一个任务控制作为资源。在风电机组控制中，部分输出口属于临界资源，它们如果被多个任务同时控制，就可能出现故障或造成器件损坏。因此软件中应采用控制许可方式，通过一些状态参数的设置和判别，以保证所有临界资源在一个时刻只被一个任务控制。

2）容错性设计

为了防止用户误操作引起损失，在风电机组的任何状态下，非法的键盘及按键输入都应不被承认，或导致安全停机。

风电机组的运行参数多数是可以修改的。用户修改时，可能出现错误，还可能造成运行参数的破坏。软件应提供一份默认参数，以备用户进行参数复位。

3）软件权限设计

软件权限设计中，风电机组控制软件提供三层权限限制。

（1）最低的用户层权限供风电场值班人员使用，允许查询风电机组的状态参数、故障记录、运行参数累计值等，可以控制风电机组的启动、停机和左右偏航等。

（2）高一级的维护层权限提供给风电机组维护人员使用，需要输入密码。它除了具有用户层的权限外，还可以修改风电机组运行参数。

（3）最高层权限是设计层，它仅提供给设计人员使用，需要输入设计层密码，这样可以防止用户程序被非法修改，保护软件的运行安全乃至版权。

4）提高软件本身的可靠性

软件本身的可靠性在很大程度上取决于设计人员的素质。为了提高软件的可靠性，具体可从以下几个方面来考虑。

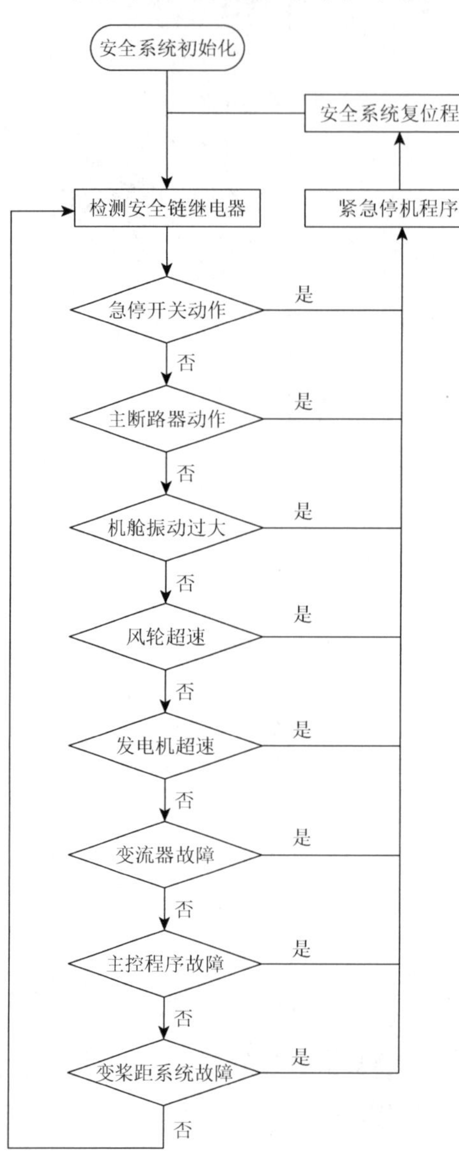

图 8.34　安全链控制流程图

（1）认真进行软件规范设计，遵守软件编制的设计规范。

（2）使用结构化、模块化的程序设计方法。

（3）选择合适的程序设计语言。

（4）仔细地使用子程序、堆栈及中断系统。

（5）提高软件设计人员的素质。

（6）多使用，多实践，剔除错误，去除干扰。

安全系统中最重要的部分是安全链，它是一个单信号触发即动作的控制系统，当风电机组触发安全链中的任何一个信号时，安全链立即动作，使风电机组安全停机。

在风电机组中，安全链一般由紧急停机开关、主断路器节点、机舱振动开关、风轮超速开关、发电机超速开关、变流器节点、主控程序节点、变桨距系统节点等部分组成。

例如，在风轮超速时，安全链中的超速开关触发，导致一级安全链断开，变桨距系统执行紧急停机程序，将叶片快速顺桨至安全停机位置，利用空气动力制动使风电机组停机，以保护机组的安全。安全链的控制流程如图 8.34 所示。

安全链由四部分组成：紧急停机安全链、一级安全链、二级安全链、安全链控制继电器。图 8.35 为某机组安全链控制逻辑框图。

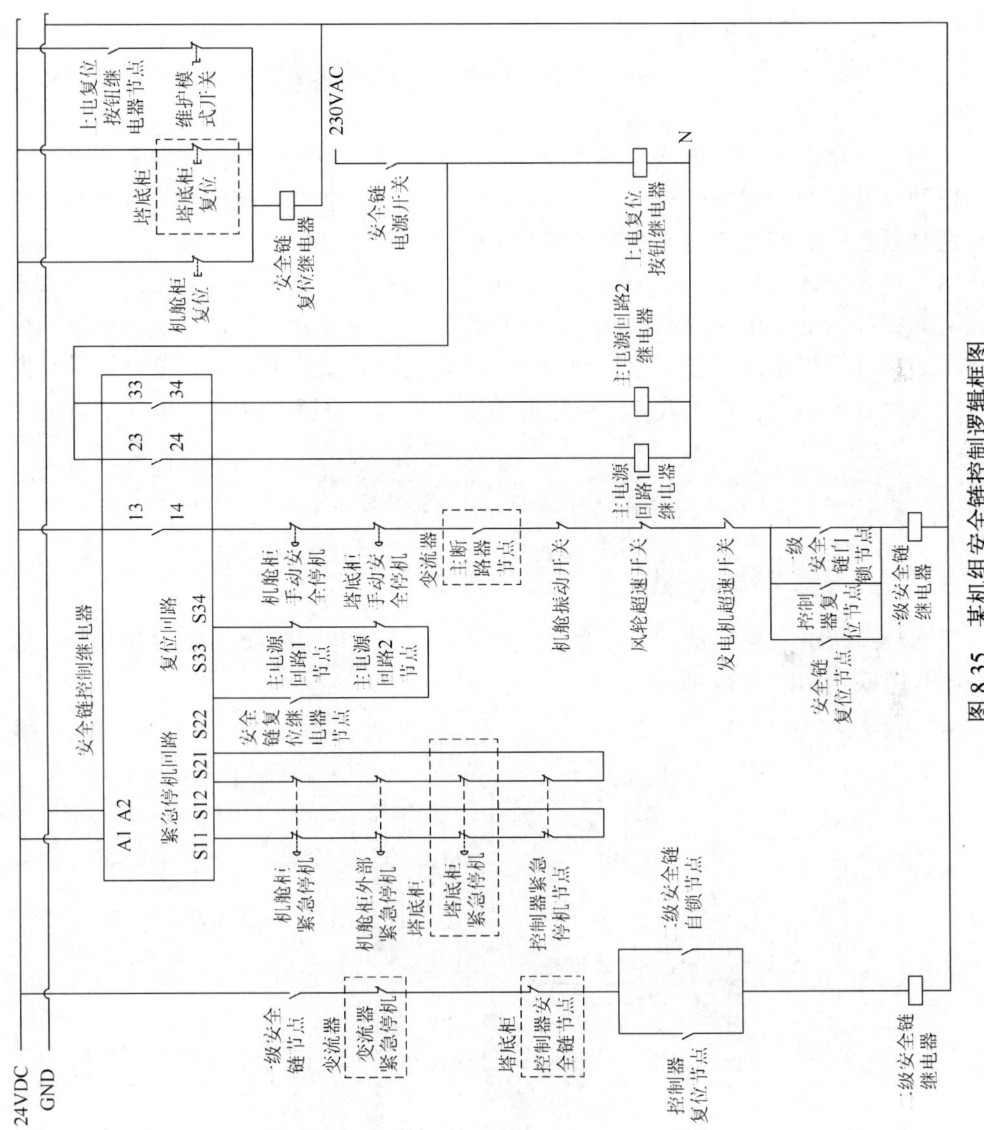

图 8.35　某机组安全链控制逻辑框图

（1）紧急停机安全链包含机舱柜紧急停机按钮、机舱紧急停机按钮、塔底柜紧急停机按钮、控制器紧急停机等四部分。

（2）一级安全链包含紧急停机安全链继电器、机舱柜手动安全停机按钮、塔底柜手动安全停机按钮、主回路断路器状态信号、机舱振动开关、风轮超速开关、发电机超速开关等七部分。

（3）二级安全链包含一级安全链继电器、变流器安全链反馈信号、控制器安全链节点等三部分。

（4）安全链控制继电器是用来控制和协调其他三条安全链的通断和安全功能的控制单元。通过安全链控制继电器的操作，其他三条安全链的优先级由高至低分别是紧急停机安全链、一级安全链和二级安全链，它们之间环环相扣，只有当紧急停机安全链、一级安全链和二级安全链中所有环节全部闭合时，即所有安全链监测部件均处于正常状态时，二级安全链控制的继电器才能启用，从而使风电机组的执行机构正常工作。当在安全系统中存在任何安全问题时，安全链就会断开，主控系统和安全系统就会采取相应的安全措施，从而使风电机组安全停机。

8.7　水冷与热交换系统

1. 水冷系统功能与组成

水冷系统由水泵装置、压力罐、压力继电器、水/风冷装置、温度传感器、温控阀等组成，如图 8.36 所示。

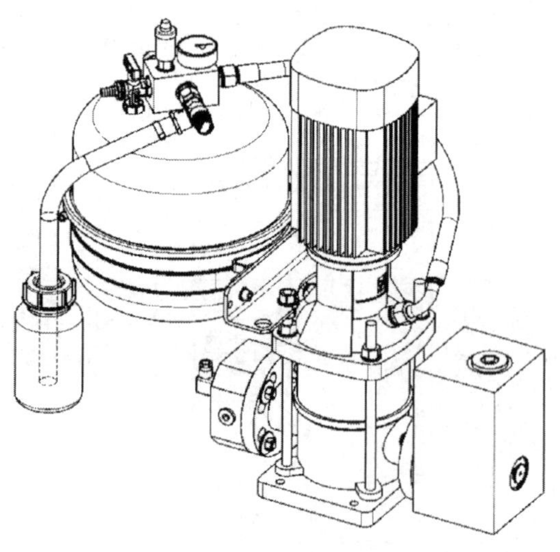

图 8.36　水冷系统构成

（1）水泵出口设有压力罐，作用相当于隔膜式蓄能器，正常情况下通过压力罐把压力能转化成弹性势能储存起来并维持泵出口压力的稳定。当泵出口压力出现波动时，压力罐释放或储存能量参与系统的调节。

（2）水泵装置，是整个系统的动力单元，由电机和水泵组成。

（3）水泵进口设有温度传感器（PT100），用于监测冷却水的温度并根据此温度通过电气系统控制水/风冷装置的电机工作或停止。同样，在发电机进口另设有一个温度传感器，用于监测冷却介质在流经发电机前的进水温度。

（4）水泵出口设有压力表，用于实时测量泵出口的压力值。

（5）水泵出口设有压力继电器，当冷却水压力低于设定值时，压力继电器发出低压报警信号。

（6）水泵进口处设有温控阀，该温控阀是机械式自励调节阀。

（7）水泵出口设有排气阀，当系统中存在气体时，排气阀会自动排空气体。

（8）水泵出口设有充水球阀，系统正常工作时为常闭，当系统需加注冷却介质时把球阀打开，通过外部补液动力单元向系统管路中补充冷却介质。当系统需要卸压时也可打开充水球阀卸压。

2. 水冷系统工作原理

水泵工作后，冷却水经发电机、水/风冷装置组成冷却水循环回路。当冷却水温度升到一定值时，水/风冷装置启动；当水温降到一定值时，水/风冷装置停止工作。水冷系统原理图如图 8.37 所示。

（1）启动水泵，观察水循环系统压力，工作压力应低于设定值，表明水流顺畅。启动初期进行系统排气。由于系统排气后预充介质压力有可能降低，冷却系统工作循环一段时间后应停泵观察预充介质压力，当预充介质压力低于下限时应补液。

（2）温度传感器可以根据液体温度的不同自动控制回路。当水温低于 25℃时，冷却水不经过冷却器循环回路，直接回到水泵；当水温高于 25℃时，温控阀开始动作，随着温度的上升逐步导通水/风冷装置循环回路，使得其中一部分水直接回水泵，另一部分水则进入水/风冷装置进行循环；随着温度的升高，通过水/风冷装置的流量逐渐增加，直接回水泵的流量逐渐减少；直至最后冷却介质全部通过水/风冷装置进行循环。

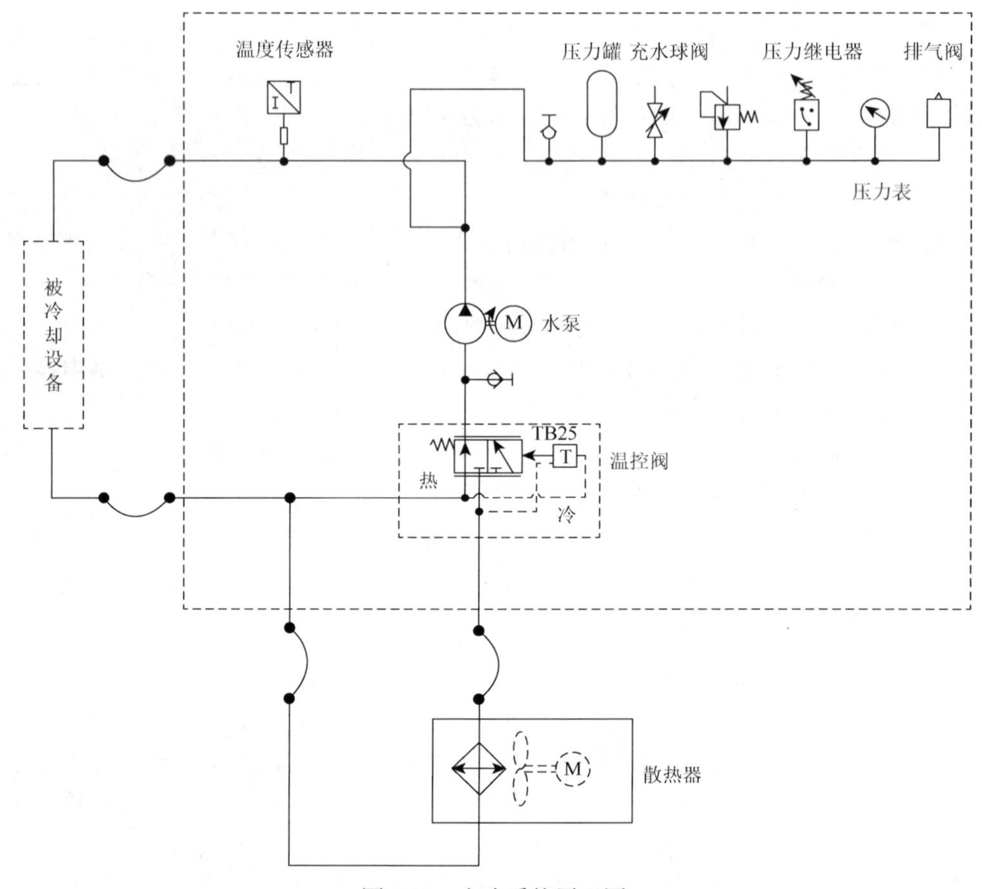

图 8.37　水冷系统原理图

8.8　风电机组防雷

风电机组安全系统中防雷功能设计是指用于对需要防雷的空间作防雷电效应的系统，该系统由外部防雷系统和内部防雷系统两部分组成。其中，外部防雷系统包括接闪器、引下线和接地装置等防雷设备，其目的在于通过接闪器直接接受雷击，并将雷电流引至接地装置并最终流入大地。除了上述防雷设备，其他附加防雷部件和措施均属于内部防雷系统，其目的在于减小雷电流在需要防雷的空间内所产生的电磁效应。

1. 防雷等级与区域划分

1）防雷等级（LPL）及其雷电流

根据相关规范的要求，大型风电机组及其各个部件都应满足防雷等级 I（LPL Ⅰ）要求。标准雷电流参数如表 8.2 和表 8.3 所示。

表 8.2　根据 LPL Ⅰ 的雷电流参数最大值

参数名称	符号	单位	数值
首次雷击			
电流峰值	I	kA	200
短冲击电荷	Q_{short}	C	100
能量比	W/R	kJ/Ω	10.000
时间参数	T_1/T_2	μs/μs	10/350
后续短冲击			
电流峰值	I	kA	50
平均陡度	dI/dt	kA/μs	200
时间参数	T_1/T_2	μs/μs	0.25/100
长冲击			
长冲击电荷	Q_{long}	C	200
时间参数	T_{long}	s	0.5
闪击			
冲击电荷	Q_{flash}	C	300

表 8.3　根据 LPL Ⅰ 的雷电流参数最小值及相应滚球半径

参数名称	符号	单位	数值
电流最小值	I	kA	3
滚球半径	r	m	20

2）防雷区域（LPZ）

依据相关标准所规定的原则，将大型风电机组需要保护的空间划分为不同的防雷区域，分别是 LPZ 0A、LPZ 0B、LPZ 1、LPZ 2 等。各个防雷区域的具体定义如表 8.4 所示。

表 8.4　防雷区域定义

区域名称	定义
外部区域	
LPZ 0A	该区域内的物体可能遭受直接雷击，同时雷电形成的电磁场没有衰减，其内部系统可能通过全部或部分雷电冲击电流
LPZ 0B	该区域内的物体不会遭受直接雷击，但雷电形成的电磁场仍没有衰减，其内部系统可能通过全部或部分雷电冲击电流

续表

区域名称	定义
内部区域	
LPZ 1	该区域通过电流分担及安装在区域边界的浪涌保护装置（SPD）限制了雷电冲击电流，同时通过空间屏蔽衰减了雷电形成的电磁场
LPZ 2	该区域通过电流分担及安装在区域边界的浪涌保护装置进一步限制了雷电冲击电流，同时通过额外的空间屏蔽也进一步衰减了雷电形成的电磁场

注：①总之，防雷区域的数字越大，其电磁场环境参数越低；

②通过电流分担来限制电流指的是将初始雷电流分布到多个导体上，从而使防雷系统中单个导体的电流负荷降低。

2. 风电机组防雷措施

1）防雷区域划分

对于大型风电机组，防雷区域 LPZ 0A 和 LPZ 0B 通常包含以下区域。

①风轮叶片，包括风轮轮毂导流罩及其内部设备，如传感器、驱动器等。

②机舱罩外部部件。

③在无金属外壳（金属网或金属梁）机舱罩内部的全部设备，如发电机、辅助传动设备、电缆、传感器和驱动器，金属开关柜的外部部件，非金属开关柜的内部部件。

④风速、风向传感器。

⑤塔架内部。

⑥风电机组与监控室或升压站之间没有屏蔽措施的地埋电缆或架空电缆。

防雷区域 LPZ 1 通常包含以下区域。

①采取有效的引雷、屏蔽及防浪涌措施的风轮轮毂内部。

②完全金属外壳的机舱罩内部，或配有相应引雷措施和浪涌保护设备的金属屏蔽网内部。

③所有装配金属外壳的设备内部，且这些设备都通过适当方式连接到等电位连接系统和浪涌保护装置，如将机座作为等电位基准。

④屏蔽电缆或敷设在金属管中的电缆，且屏蔽网或金属管的两端都连接在 LPZ 1 的等电位连接系统上。

⑤安装有防雷笼或避雷针的测风装置，且金属屏蔽的两端都连接到机组接地系统或浪涌保护装置。

⑥钢制塔筒或混凝土塔筒内部，塔筒应根据相应标准进行设计，且钢制塔筒或混凝土塔筒内部钢筋应连接至接地体或等电位连接系统上，或通过浪涌保护装置进行保护。

防雷区域 LPZ 2 包含安装在防雷区域 LPZ 1 内部的设备，且采取额外的保护措施进一步衰减了电磁场和过电压的影响。

在不同的保护区的交界处，必须通过 SPD 对有源线路（包括电源线、数据线、测控线、天线等）进行等电位连接，确保保护圈内的电子设备处在较为安全的范围内。其中在 LPZ 0 区和 LPZ 1 区的交界处，需采用通过 I 类测试的 B 级 SPD，通过电流、电感耦合和电容耦合将侵入到系统内部的大能量的雷电流（10/350μs 波形）泄放，并将残压控制在 4kV 的范围内；而对于 LPZ 1 区与 LPZ 2 区的交界处，需采用通过Ⅱ类测试的 C 级 SPD 并将残压控制在 2.5kV 的范围内。

2）风电机组接地

在进行风电机组电气接地时应遵循以下原则。

①风电机组的接地电阻值应不大于 4Ω。

②与风电机组结合在一起的所有金属件都应等电位连接在一起，并与防雷装置相连。

③接地系统有直通大地的连接，等电位连接网不应设单独的接地装置。

④防雷接地、交流工作接地、直流工作接地、安全保护接地、防静电接地共用一组接地装置。

⑤接地装置应利用风电机组的自然接地体，当自然接地体的接地电阻达不到要求时必须增加人工接地体。

⑥接地电缆的敷设应平直、整齐。当需要弯转时，弯曲半径应大于导线直径的 10 倍。

⑦接地设计必须遵循国际标准和规范。

3）机组防雷功能设计示例

根据前面提到的对防雷区域的划分要求，某风电机组防雷功能设计总体结构如图 8.38 所示。

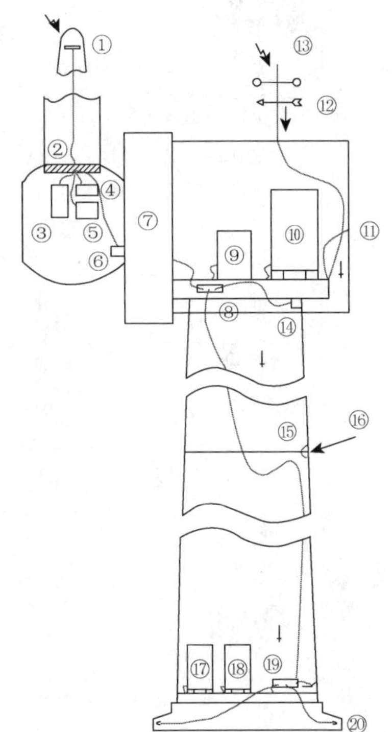

图 8.38 某风电机组防雷功能设计总体结构示意图

根据图 8.38，该风电机组的防雷措施和相关部件如下。

①叶尖接闪器，在叶尖设置接闪器并通过叶片内部布置的导线连接到叶根，叶根适当地连接到轮毂。此处需要考虑变桨距动作对叶片和轮毂防雷电缆连接的影响。

②变桨距轴承防雷电刷。

③变桨距电动机、减速机。

④变桨距电池柜。
⑤变桨距控制柜。
⑥发电机轴承防雷电刷。
⑦发电机。
⑧机舱等电位母线排。
⑨偏航发电机、液压站等执行机构。
⑩机舱柜。
⑪机舱罩屏蔽网。
⑫测风装置及换热器。
⑬机舱尾部引雷装置。
⑭偏航轴承防雷电刷。
⑮法兰跨接接地电缆。
⑯塔筒连接法兰。
⑰塔底柜。
⑱变流器。
⑲塔底等电位母线排。
⑳基础接地环。

第 9 章　控制系统维护与常见故障处理

9.1　控制系统及其零部件维护

风电机组的设计寿命为 20 年，但不是所有的零部件都具备 20 年的使用年限，尤其是控制系统中的电气部分需要定期维护。风机正常投入运行后，需要定时、不定时地进行保养维护，以检查机组运行过程中可能产生的潜在问题，并将之消除在萌芽状态，防止问题的继续扩大，对风机的运行和使用寿命造成影响。风电机组控制系统的维护参照机组的维护周期分为以下几类。

（1）日常维护。当维护人员进入风机时，有些维护是每次都要进行的，即对一些重要、易损坏的部件加强维护。这种不受时间限制的维护称为日常维护。

日常维护的间隔与时间无关，每次进入风机时，都要进行日常维护项目的检查。需要进行常规的肉眼检查。例如，是否有线缆脱落，是否有雷电击中的迹象。

（2）定期维护。定期维护是按时间周期定期进行的维护，如半年维护、整年维护等。定期维护一般要做彻底的检查和维护。该项工作与机组运行小时数无关，即使上次维护后机组没有运行也要进行。

风电机组控制系统的维护一般和机组其他部件协调进行，本节以部件为基本单元对风电机组控制系统的主要维护工作进行介绍。

1. 控制柜维护

对主控、变桨距、变流器、水冷等控制柜均需进行定期的检查和维护，典型的项目如下。

（1）过压保护检查，检查过电压保护模块是否完好。

（2）电缆检查与维护，目视检查电缆，如果发现破损，进行更换。

（3）柜内接线检查，检查柜内接线是否有松动，应对所有接线端子逐一紧固。

（4）清理柜内卫生。

（5）PE 线与接地端子的连接。

（6）紧固所有电气元件和端子，并检查是否有过热痕迹。

（7）按动热继电器测试按钮，检查热继电器保护功能是否正常。

（8）检查柜门是否完好，是否能够正常锁定。

（9）显示屏是否正常显示。

（10）对使用空气滤网的控制柜，需定期拆下滤网，使用高压气泵清理滤网。若发现滤网破损严重，必须进行更换，如图 9.1 所示。

图 9.1　破损严重的空气滤网

2. 变流器维护

变流器中的冷却风扇、电容、断路器等零部件的使用寿命与运行时间、周围环境温度和湿度等都有关系，需要定期检查。

（1）变流器每个功率模块都有自己的冷却风扇。可以从风扇轴承产生的噪声以及散热器的温度来推测风扇是否发生了故障。在出现噪声增大、温度升高、轴存在严重轴偏现象时更换风扇。

散热器需要拆下冷却风扇，用干净的压缩空气从底部往顶部吹，同时使用真空吸尘器在出口处收集灰尘。

（2）变流器模块使用了电容器。电容器的寿命与变频器的工作时间、负载情况和周围环境温度等有关。通过降低工作环境温度可以延长电容器的使用寿命。电容器故障是不可预测的。电容器的故障通常会导致传动单元的损坏、输入功率电缆熔断器熔断或故障跳闸。

（3）变流器的断路器需按照类似表 9.1 所示的频率和条件进行不同级别的维护工作。如果因为使用原因造成断路器在短时间内动作次数过高，根据实际损坏程度进行维修和保养。

表 9.1　变流器断路器维护

序号	时间/机械运行或动作次数	检查级别	备注
1	开关投入运行后 6 个月内或累计动作 2000 次，以先到为准	初级维护保养	由培训认证技术服务人员执行

续表

序号	时间/机械运行或动作次数	检查级别	备注
2	初级检查后每 6 个月或开关投入运行后累计动作 5000 次，以先到为准	常规维护保养	由培训认证技术服务人员执行
3	每 36 个月或累计动作至 10000 次，以先到为准	高级维护保养	返回厂家，由厂家进行高级维护保养
4	累计动作 15000 次或运行 20 年，以先到为准	更换	—

3. 变桨距系统维护

1）变桨距电机检查与维护

（1）检查变桨距电机表面的防腐涂层是否有脱落现象，是否有污物。

（2）噪声检查。运行变桨距电机，查看是否有噪声。引起噪声的原因可能是轴承损坏、齿损坏、部件松动、齿轮箱连接松动。若有噪声，查出原因并解决。

（3）温度检查。变桨距电机在运行过程中是否存在温度过高现象，若存在，引起温度升高的原因可能有油位异常、轴承缺陷、齿故障、环境温度异常，查出原因并解决。

（4）电缆连接器检查。检查变桨距电机哈丁连接器连接是否可靠。

2）变桨距系统电池（柜）检查

（1）检查电池柜内环境，确保柜内无水、油污和灰尘等，若存在异物需使用软布清理干净并风干水分残留。

（2）检查柜内电池组所有机械安装部件，确保所有连接牢靠。

（3）检查电池外观，若电池存在鼓胀、龟裂、变形、漏液、连接端子腐蚀或生锈等情况，建议更换整组电池。

（4）电池电压检查。用万用表测试电池箱的电压，在环境温度 25℃下，对正在充电的电池箱进行电压测量。

3）电池容量检查

使用电压已达到规定值的电池组驱动某一轴变桨距电机收桨，测量此轴的电池组放电时的电压，当其降低至 150V 以下时说明电池容量已经偏低，建议更换电池组。

电池驱动某一轴变桨距电机从 0°～90°收桨时，收桨正常的时间是 12～13s，超过 13s，可以初步判断电池容量已经偏低，测量电池内阻和放电电压后，判断是否更换电池组。

当电池驱动某一轴变桨距电机从 0°～90°收桨时，常见的收桨正常时间为 13～15s，若收桨时间超过正常的 150%，也可初步判断电池容量已经偏低，建议测量放电后电池电压。若收桨时间超过正常的 110%～140%，此时应检查电池箱的温度、电机负载（如大齿轮间是否有杂物），测量放电后的电池电压，如果低于 150VDC，建议更换电池组。

4）发电机滑环维护

（1）检查发电机集电环表面是否光滑平整，有无划痕，有无电弧灼伤痕迹。

（2）检查碳粉是否堆积过多，定期清理表面及周围的碳灰。

（3）检查电刷固定器紧密配合情况、电刷固定器电刷的活动性。

（4）检查碳刷是否严重磨损，如磨损严重立即更换，每 3 个月进行检查，发现碳刷磨损剩余 1/3（约 3cm）时，需更换。

5）传感器检查及其他检查维护

（1）风速仪、风向标检查维护。

①检查连接线路接线是否稳固（如各处电缆接线是否牢固、气象架上电缆是否有缠绕现象、气象架接地电缆是否接地等），信号传输是否准确，电缆绝缘皮有无损坏或磨损，如有则及时更换。

②检查风向标的“N”点朝向是否正确。

③检查风速仪、风向标是否固定牢靠。

（2）急停按钮检查。

分别测试机舱柜、塔底柜急停按钮功能是否完善，急停动作是否正确。

（3）不间断电源检查。

在做此测试前，必须首先记录机舱绝对位置、发电量等数据，防止丢失。测试时断开系统外部电源，观察 PLC 系统是否有电，如有则说明系统正常。

（4）检查其他传感器是否连接紧固并且功能正常。

9.2　控制系统常见故障处理

风电机组控制系统（尤其是控制器）故障具有复杂性和多样性的特点。本节仅仅对常见的、典型的故障原因进行分析和故障处理指导。

1. 传感器故障

1）风速仪故障

当主控制器检测到风轮转速大于某设定值时，但连续 3min 检测到的风速小于 1m/s（某很小风速值），风电机组会报风速仪故障；或连续一定时间风速数值为负数。建议检查风速采集模块及其相关接线，包括背板总线、风速仪，如有损坏应更换。

2）风向标故障

风电机组出现长时间保持偏航，而后到达解缆条件角度，进行解缆动作，重复偏航-解缆动作，确定为数据采集模块问题，或者确定为风向标不能正常显示实际风向，更换模块或风向标。

如出现高风速低功率状态，在多数机组的对比下能明显发现故障机组的出力不足，确定为风向标基准位置发生偏差，调整风向标基准位置。

2. 执行机构过载

1）偏航过载

风机发出偏航指令一定时间后，计算出的偏航速度持续 1s 小于 0.15°/s，风机报偏航过载故障。发生这样的故障时需要先检查相应的线路及接触器和空气开关是否正常，机舱内是否有异味，检查偏航电机的电阻是否正常，检查风机能否偏航，检查风机偏航时声音是否正常，检查偏航电磁阀能否正常工作，等等。

2）液压泵过载

风机正常运行过程中，发现液压站规定时间内压力低于正常工作下限，报液压泵过载故障。发生这样的故障时需要先检查液压油路是否有泄漏，并检查相应的线路及接触器和空气开关是否正常，机舱内是否有异味，液压泵电机的电阻是否正常。

3）通信故障

通信故障是指由于控制器模块组、变桨距系统、变流器等通过现场总线或以太网通信交互数据的相关通信设备的故障，机组主控系统同时报出很多信号故障。

通信故障报出的故障信号的典型特征包括各个通信站点供电异常、各个通信站点诊断异常，以及同时报出的如机舱振动、液压站、防雷保护、偏航系统故障等。

现场总线，如 Profibus、CAN 总线，通信回路中线路的阻抗不连续或线路阻抗不匹配会导致信号反射，从而造成通信故障。因此，在通信回路上要设置通信线路终端电阻，从而消除在通信线路中的信号反射。在通信回路出现故障的情况下，首先需要测试通信回路的电阻值是否正常，若电阻值不正常，需要检查整条回路的接线及各个总线接头终端电阻设置是否有问题，查找出导致电阻不正常的线路段。

注意：通信回路的电阻测试必须是在机舱内的 24VDC 电源全部关闭，光电模块也断电的情况下，延时 30s 才能测量。若通信回路上有电会导致测量值跳变。

若发现电阻值超出标准电阻值范围，需依次检查以下几点。

（1）检查通信回路各终端电阻拨码设置是否正确。

（2）检查通信线路连接是否正确及 DP 接头处线缆安装是否到位。

（3）通信线接头的电阻值是否正常。

4）器件故障

主控系统的器件故障，尤其是 CPU 硬件发生故障时往往需要专业人员进行处理，因为此时控制系统无法提供故障信息或提供的故障信息不可靠。主控制器及其模块常见的故障如下。

（1）电源供电故障。

（2）硬件故障，如 CPU 硬件问题、存储 CF 卡问题。

（3）软件故障，如软件与硬件不匹配，控制器无法切换到运行状态。

（4）模块（组）之间的通信问题。

主控制器或输入/输出模块器件故障可参照表 9.2 进行检查。

表 9.2 主控制器或输入/输出模块器件故障、原因及处理

故障	原因	处理
嵌入式控制器接通电源后无反应	检查是否有供电电源 其他原因	检查保险丝 检查电源电压，检查电源接头
嵌入式控制器无法完全启动	硬盘损坏（如在程序运行时断电） 设置错误或其他原因	检查设置 咨询技术支持
控制器已经启动，程序已经启动，但实际运行不正确	程序原因或嵌入式控制器外部	与设备厂家或技术中心联系
CF 卡读写错误	CF 卡问题或 CF 卡槽损坏	更换 CF 卡 咨询技术支持
嵌入式控制器部分或偶尔正常	嵌入式控制器的组件损坏	咨询技术支持

5）综合故障

（1）机组功率偏低。

影响机组输出功率的因素较多，当发现机组和邻近机组相比功率明显偏低时，需要重点考虑以下因素。

①变桨距位置是否正确，变桨距最大攻角位置会直接影响机组的输出功率。需要检查机组的变桨距系统对叶片位置控制是否准确，发现问题需重新校准。

②风向标和偏航装置是否正常工作，偏航误差过大也会导致机组输出功率低下，需要重点检查风向标“N”点朝向和机舱的相对位置是否准确。

③电网（功率）测量模块计量是否准确。

（2）风轮、发电机超速。

风电机组风轮、发电机超速是非常严重的故障，可能会导致机毁人亡的严重后果，需要严肃、认真、谨慎对待。风轮、发电机转速超过某限定值，机组报超速故障。

超速故障可能和测速传感器（发电机编码器、风轮测速接近开关）、线路干扰、变桨距系统故障等因素有关。故障处理时首先应该确认转速是否真的超过限定值，然后依次检查传感器、线路和控制器是否正常，是否存在干扰。

第 10 章　风电机组电网适应性及其相关控制技术

大功率风电机组大多以并网方式运行，风电机组大规模集中并网对电网的安全稳定、调度、电能质量等多方面有着不可忽视的影响。因此电网对风电机组的电网适应性也有严格且具体的要求，一般以并网导则或标准的形式体现。风电机组的控制系统设计、器件选型、运行控制需依照上述并网导则或标准进行针对性设计，以满足电网对电能质量的要求和保证其故障（低压、高压）穿越能力。为了提高风电机组电网友好性，风电机组还需尽可能地参与电网的调频、无功电压控制等辅助服务。

10.1　风电大规模并网对电网的影响分析

风力发电以自然风为原动力，风资源的随机性和间歇性决定了风电机组的输出特性是波动和间歇的。随着风电场容量在系统中所占比例的增加，风电场对电力系统的影响会越来越显著。

1. 风电并网对电能质量的影响

大型风电场的并网会对电网电能质量造成一定影响。风电机组的控制方式、类型、线路参数及系统容量等因素会影响其频率、谐波、电压波动和闪变等方面。

（1）频率，与常规电源的区别是风电场输出功率的间歇性，使得大型风电场所接入的电力系统的潮流常常处于重新分配的过程，影响电压和系统的频率。在一个地区，如果风力发电的容量超过这个地区总装机容量的某个比例，那么就需要采取措施增加调频容量。

（2）谐波，由谐波导致的电压和电流的畸变是影响电能质量的重要方面。发电机自身产生的谐波，无论对何种风电机组而言，都是不可以忽略的；电力电子器件是风电装置中最重要的谐波源。在风电系统中，异步机、变压器、电容器等设备均为三相，且采用三角形或 Y 形连接方式，故不存在偶数次或 3 的倍数次谐波，即风电系统中存在的谐波次数为 5、7、11、13、17 等。变速风机通过整流和逆变装置接入系统，若电力电子装置的切换频率恰好在产生谐波的范围内，则会产生很严重的谐波问题。风电机组中的电力电子元件是谐波电流的主要来源，其受干扰的程度取决于变流装置和滤波系统的结构，同时与风电机组的输出功率及电网的短路容量有关。

（3）电压波动和闪变，风资源的不确定性和风电机组本身的运行特性使风电机组的输出功率是波动的，会影响电网的电能质量，如电压偏差、电压波动和闪变、周期性电压脉动等。电网电压的变化受风电系统有功功率和无功功率的影响。

并网风电机组不仅在持续运行过程中产生电压波动和闪变，而且在启动、停止和发电机切换过程中也会产生电压波动和闪变。典型的切换操作包括风电机组启动、停止和发电机切换。这些切换操作会引起功率波动，并进一步引起风电机组端点及其他相邻节点的电压波动和闪变。

2. 对系统调度和运行成本的影响

与传统的火力发电相比，风力发电的运行成本非常低，带来的经济效益相对较为客观。但是风力发电具有间歇性和波动性的特点，使得风电场功率输出表现出较强的随机性。为了保证系统的稳定性，风电并网要在原有基础上，采用一些备用容量来保证功率的平衡和稳定。由此可知，风电并网对系统主要存在两个方面的影响：分担了机组的一部分负荷，减少了系统的燃料成本；在某种程度上增加了系统的可靠性成本。

风电并网所带来的调度问题主要是由风的间歇性与随机性造成的。目前的研究远不能合理地预测风电功率，并网地区的系统常常预留一些备用容量来平衡风电功率引起的波动。当可以在一定精度上预测风电功率时，就可以按照传统的系统调度方式，根据所预测的风电功率，合理地安排各机组的发电计划。

10.2　低电压穿越及其实现

随着接入电网的风电机组容量的不断增加，电网要求在电网故障出现电压跌落的情况下不脱网运行，并在故障消除后能尽快帮助电力系统恢复稳定运行[17]。也就是说，要求风电机组具有一定的低电压穿越（low voltage ride-through）能力。为此，国际上已有一些新的电网运行规则被提出。例如，德国意昂公司（E.ON 公司）要求风电场能够在电网电压跌落到额定电压 15%以后风电机组不脱网运行时间须持续达 300ms。英国的 National Grid 电力公司则要求当高于 200kV 的输电线路发生故障时，所有并网运行的风电机组必须在 140ms 内保持不脱网运行。另外，英国的 Scottish Hydro-Electric 公司对电网发生故障时电站或风电场不脱网运行也有类似的要求。

具体地，低电压穿越能力是指小型发电系统在确定的时间内承受一定限值的电网低电压而不退出运行的能力。

图 10.1 为我国电网对风电机组低电压穿越的要求。从图中可以看出，曲线以上的区域是风电场需要保持同电力系统连接的部分，曲线以下的区域才允许脱离

电网。风电场必须具有在电网电压跌落至额定电压 15%时能够维持并网运行 625ms 的低电压穿越能力；在风电场并网点电压在发生跌落故障后 2s 内能够恢复到额定电压的 90%的情况下，风电场必须保持并网运行。只有当电力系统出现在曲线下方区域所示的故障时才允许脱离电网。

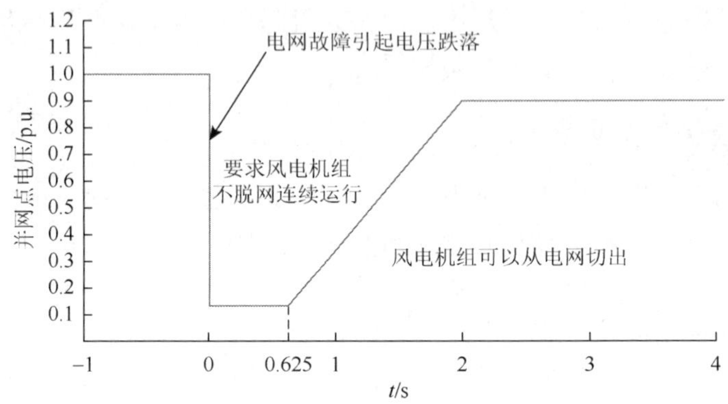

图 10.1　我国电网对风电机组低电压穿越的要求

不同类型的风电机组，因其低电压特性不同，实现低电压穿越的方法也有差异。下面主要针对双馈、直驱等典型机型介绍低电压穿越方案。

1. 双馈风电机组低电压穿越

双馈式变速恒频风电机组是目前国内外风电机组的主流机型，其发电设备为双馈感应发电机。在电网电压跌落的情况下，由于发电机定子侧直接连接电网，电压的跌落在电机的定子端电压上能够直接反映出来，定子磁场因为不能随定子端电压变化，便出现直流成分，若是不对称故障还会引发负序分量，相对于较高转速运转的电机转子会形成较大的转差，从而产生较大的转子电流，使得转子过电压和过流的现象加重。双馈发电机转子侧接有 AC/DC/AC 变流器，如果不控制转子电流，较高的转子暂态电流会损坏电力电子器件或影响其使用寿命，而如果控制转子电流，又会使变流器电压升高从而损坏变流器。

转子短路保护技术是目前风电制造商采用得较多的方法。在发电机转子侧装有 Crowbar 电路，为转子侧电路提供旁路，如图 10.2 所示。检测到电网系统故障出现电压跌落时，闭锁双馈发电机励磁变流器，同时投入转子回路的旁路（释能电阻）保护装置，起到限制通过励磁变流器的电流和转子绕组过电压的作用，以此来维持发电机不脱网运行。变流器在电网故障期间，与电网和转子绕组一直保持连接，因而在故障期间和故障消除期间，双馈感应发电机都能与电网一起同步运行。当电网故障消除时，关断功率开关，便可将旁路电阻切除，双馈感应发电机转入正常运行。

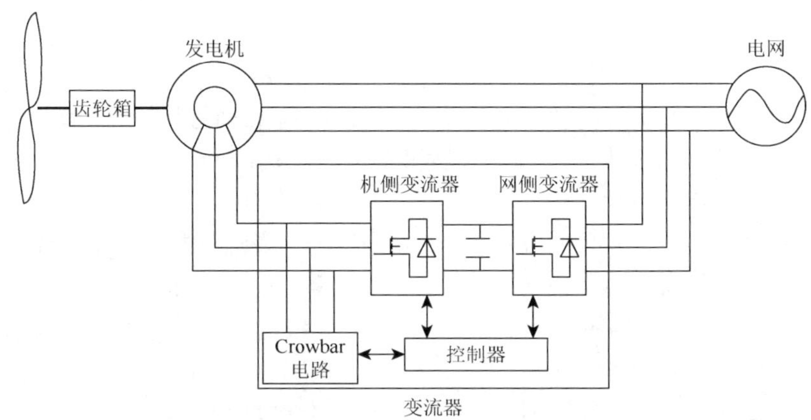

图 10.2　Crowbar 电路的双馈发电系统

2. 直驱永磁同步风电机组低电压穿越

直驱式风力发电机，其定子经 AC/DC/AC 变流器与电网连接。电压跌落瞬间，输出功率减小，而发电机的输出功率不变，这种不匹配使直流母线电压上升，从而威胁到电力电子器件的安全。

针对采用背靠背全功率变流器的直驱式风电系统，可以在直流母线侧添加 Crowbar 电路，其结构图如图 10.3 所示。在系统正常运行时，Crowbar 电路不参与工作。当电网电压发生跌落故障时，风电系统输送到电网的功率受到限制，此时将直流 Crowbar 投入，消耗掉多余的能量，从而保证直流母线稳定，使风电机

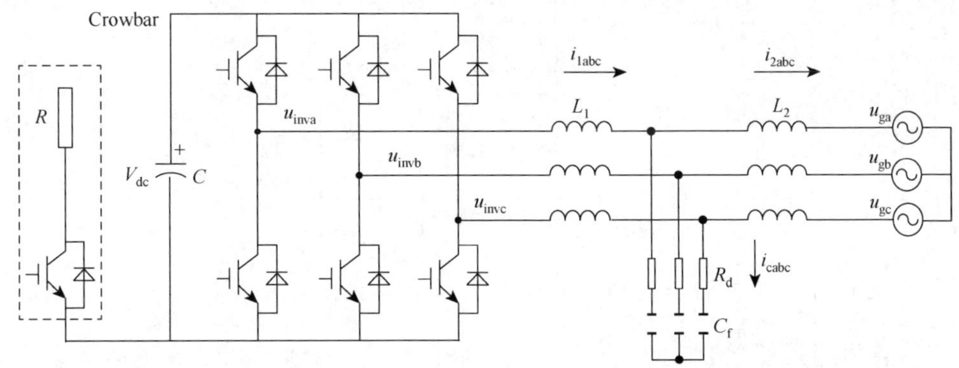

图 10.3　Crowbar 电路的网侧变流器结构图

组的运行基本不受影响。同时网侧变流器依据电网电压跌落的深度决定发出无功电流的大小，通过快速提供无功电流来稳定电网电压，实现风电系统的低电压穿越功能。

3. Crowbar 电阻的选择与投切控制

Crowbar 电阻的选择与电网电压跌落深度、变流器的最大电流值、直流母线电压等有关。由于电网发生三相电压跌落最为严重，因此 Crowbar 电阻的选择以三相电网电压跌落为例。

假定故障发生后，电网电压跌落至 δu_g（δ 为跌落深度，u_g 为额定电压有效值），网侧变换器的相电流增大为$(1+\gamma)i_g$（γ 为超过额定电流值的比例，i_g 为额定电流有效值），而机侧变换器的功率 P_G 不变，网侧变换器功率为 P_{grid}，则变换器间的功率差为

$$\Delta P = P_G - P_{grid} = P_G - 3\delta(1+\gamma)u_g i_g \tag{10.1}$$

如果对 γ 进行限制，以防止网侧变换器过流，则式（10.1）中的功率差将导致直流母线电压升高，多余的能量需要由直流 Crowbar 消耗掉。Crowbar 电阻值取决于允许消耗的最大功率及直流母线允许的最大电压 V_{dc_max}。则 Crowbar 电阻值为

$$R = \frac{V_{dc\_max}^2}{\Delta P} = \frac{V_{dc\_max}^2}{P_{GN} - 3\delta(1+\gamma_{max})u_g i_g} \tag{10.2}$$

式中，P_{GN} 为发电机额定输出功率；$1+\gamma_{max}$ 为网侧变换器的最大过流倍数。

当直流母线电压超过最大限制值时，投入 Crowbar 电路。当电网故障消除后，切除 Crowbar 电路。Crowbar 电路的控制框图如图 10.4 所示。从图中可以看出，当直流母线电压超过设定的最大限制值时，通过 PI 调节器对偏差值进行调节，并对 PI 调节器的输出和三角载波进行比较，得到 Crowbar 电路的控制脉冲。

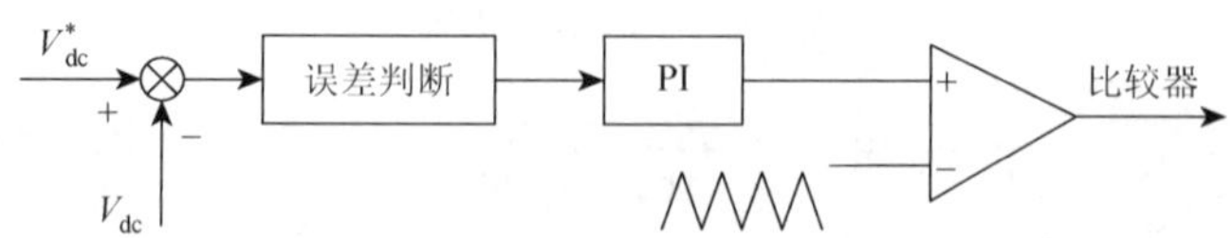

图 10.4 Crowbar 控制框图

4. 低电压穿越期间的变桨距控制

为使机组具备更优良的适应低电压穿越的能力，变桨距控制在低电压穿越期间就需尽可能地降低风轮捕获的功率，即由最大功率策略切换为零功率策略。最大功率输出和零功率输出所对应的桨距角不同，可依照故障信号进行切换。

如图 10.5 所示，通常情况下，桨距角由 PI 来控制（位置 1）；当电网发生故障时，故障控制器依据故障信号，通过零功率模块控制使得桨距角以最快的速度增加至目标值（位置 3）。故障消除后，故障控制器依据最佳功率模块控制桨距角以最大速度调整至最佳值（位置 2）。当桨距角回到最佳值后，再切换到普通控制器（位置 1）。

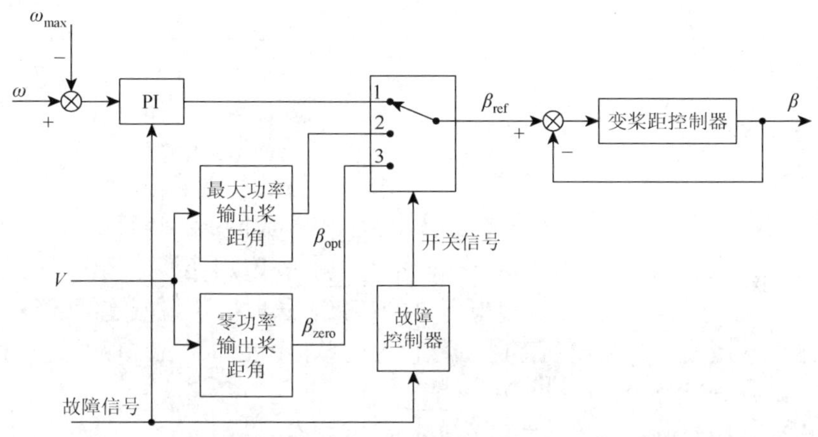

图 10.5　故障情况下变桨距控制策略框图

10.3　高电压穿越及其对风电机组控制系统的要求

高电压穿越是对并网风电机组在电网出现短时过电压时仍保持并网运行的一种特定运行功能的要求。澳大利亚率先制定真正意义上的并网风电机组高电压穿越要求，当高压侧电网电压骤升至 130%时，风电机组应能维持 60ms 连续运行不脱网，并提供足够大的故障恢复电流；德国 E.ON 公司的风电并网准则要求在电网电压升至 120%时风电机组能够保持长期不脱网运行。各并网导则所提出的高电压穿越要求不尽相同，但所规定的高电压最高电压幅值为 130%U_n。

当电网发生故障或扰动引起高压侧电压升高时，风电机组高压侧（风电机组升压变压器高压侧）各线电压（相电压）在图 10.6 中电压轮廓线及以下的区域内时，风电机组必须保证不脱网连续运行；若超出轮廓线区域，则允许风电机组脱网。

我国电网公司及相关行业标准对风电机组高电压穿越能力的要求，具体包括以下内容。

（1）在电压升高至 133%额定电压时能够具有不脱网连续运行 200ms 的能力。

（2）在电压升高至 125%额定电压时能够具有不脱网连续运行 1000ms 的能力。

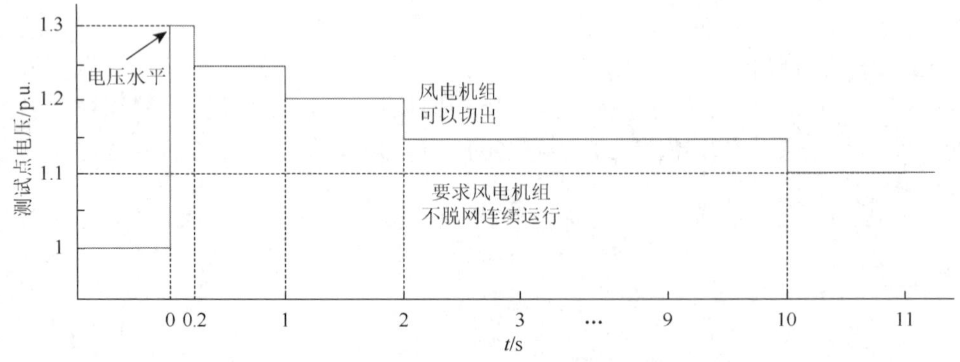

图 10.6　风电机组高电压穿越要求

（3）在电压升高至 120%额定电压时能够具有不脱网连续运行 2000ms 的能力。

（4）在电压升高至 115%额定电压时能够具有不脱网连续运行 10s 的能力。

（5）在电压升高至 110%额定电压时能够具有长时间不脱网连续运行的能力。

高电压穿越相对于低电压穿越过程较为简单，主要体现在硬件的耐压和绝缘、软件的故障处理等环节。

高电压穿越对硬件的要求主要体现在以下方面。

①主控系统关键电气元件（UPS、电量采集模块、防雷模块、直流电源等）采取必要措施确保机组高电压穿越过程中不会出现器件损坏。

②风电机组的变桨距系统及二次系统关键电气元件（充电机、伺服驱动器、开关电源、低压电器等）采取必要措施确保二次系统及变桨距系统在机组高电压穿越过程中不会出现器件损坏。

③变流器关键电气元件（断路器、并网接触器、网侧滤波电容、直流母线电容、直流卸荷电路、IGBT、UPS、电压测量模块、低压电器等）采取必要措施确保高电压穿越过程中变流器不会出现器件损坏。

高电压穿越对软件的要求主要体现在以下方面。

①主控系统软件需要主动应对电网短时过电压，具备高电压穿越功能。

②变流器软件程序需要增加高电压穿越控制策略，包括平衡控制策略和不平衡控制策略，确保风电机组变流器主动应对电网短时过电压，具备对称和不对称故障情况下的高电压穿越功能。

风电机组实现故障穿越需主控系统与变流器的协同配合。主控系统在收到变流器给出的电网电压升高故障信号后，需要判断并处理高电压穿越相关的故障信号（如电网电压高、变流器输出功率偏离指令值等保护信号），并让出主控系统功率控制权，设置合理的电网高电压穿越保护曲线。高电压穿越期间风电机组输出的有功功率、无功功率由变流器控制决定，收到变流器给出的电网电压恢复信号后，主控系统恢复之前故障判断与处理模式，恢复对风电机组功率的控制权，风电机组正常运行发电。

风电机组高电压穿越功能不会影响机组低电压穿越、电网适应性等并网性能，不影响风电机组的正常安全运行，但要在人机界面中增加与高电压穿越相关的配置参数。

10.4　风电参与电网调频控制

为实现新能源的高效利用，目前风电机组大都通过变流器实现并网，并进行功率的最大跟踪控制。在这种控制方式下，发电系统功率与系统频率解耦，有功出力只跟随风速等自然因素变化，而不响应系统频率的变化，进而无法为系统提供惯性和频率支持。随着风电渗透率不断提高，这种解耦效应将会导致系统惯性不断降低，从而严重影响系统的频率稳定。因此，电网对风电场及风电机组提出了具体的调频要求。风电机组可以在原有有功最大功率控制的基础上叠加频率响应控制环节，通过频率响应控制环节使风电机组在运行过程中通过变流器进行快速小范围的功率控制，来模拟常规同步机组的惯量响应特性[18]。并在系统频率较大波动时通过变桨距系统调节机组出力，释放其旋转动能，从而参与系统的惯性一次调频，为系统提供频率支撑。

10.4.1　电网对风电机组调频性能的要求

当系统频率偏差值大于±0.03Hz，风电机组的 10min 平均有功出力大于 20%P_N 时，风电机组应具有惯量响应特性，响应于快速频率变化，增加/降低其有功功率输出。惯量响应时，风电机组 2s 平均有功功率变化量应满足式（10.3），T_J 应在 4～12s 范围内。

$$\Delta P = \frac{T_J}{f_N}\frac{df}{dt}P_N \tag{10.3}$$

式中，f 为风电机组并网点频率，单位为 Hz；T_J 为惯量响应时间，单位为 s。

同时还需满足如下要求。

①当系统频率下降时，风电机组应根据一次调频曲线增加有功输出，当有功调节量达到 10% P_N 时可不再继续增加。

②当系统频率上升时，风电机组应根据一次调频曲线减少有功输出，当有功调节量达到 20% P_N 时可不再继续减小。

③有功调频系数 K_f 应在 5～20 范围内，推荐为 20，一次调频曲线如图 10.7 所示。

④一次调频的启动时间应不大于 3s，响应时间应不大于 12s，调节时间应不大于 30s，2s 平均有功功率调节控制误差不应超过±5% P_N。

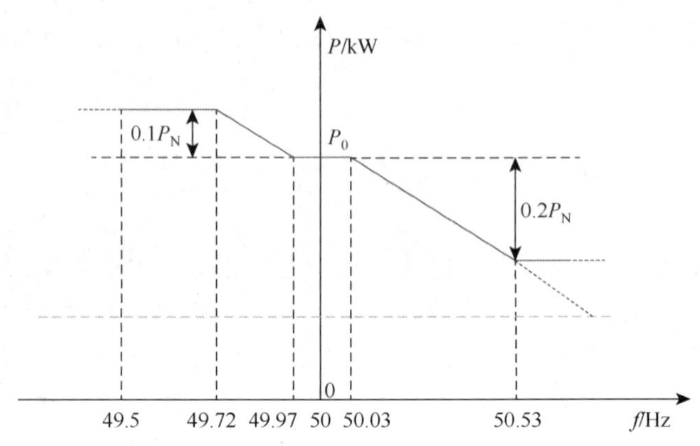

图 10.7 风电机组一次调频曲线

P_0-风电机组实际运行功率；P_N-风电机组额定功率

10.4.2 风电机组参与电网调频控制策略

当风力发电在电力系统中的渗透率达到一定比例时，风电机组取代常规发电机组将会明显降低系统有效的惯量。而电力系统的惯量反映了系统阻止频率突变的能力，从而使发电机有足够的时间调节发电功率重建平衡。

风电机组调频是指通过惯量响应和（或）桨距角控制调频方式（不排除其他方式），快速响应电网频率故障，为电力系统提供快速的有功功率调频支撑。风电机组调频发生在电网发生严重的频率故障（如变频器采集的频率偏差＞0.2Hz）的情况下。低频故障时，利用风电机组的惯量响应或备用容量快速为电网提供有功功率支持。高频故障时，风电机组快速降低有功功率。

目前风电场运行的风电机组多数是变桨距变速机组，正常运行方式下变速机组（双馈机组和直驱机组）通过电力电子变流器并网，如图 10.8 所示。风电变流器一般采用交-直-交结构，可以通过电力电子变流器灵活调节有功功率、无功功率，还可减小风电联网运行对电网的谐波污染。

1. 风电机组虚拟惯量控制

风电机组虚拟惯量控制可以利用旋转动能来同时模拟同步发电机的惯量响应，这时其所提供的有功增量 ΔP_{IR} 如式（10.4）所示[19]：

$$\Delta P_{IR} = -2H_{IR}\frac{d\Delta f}{dt} - K_{pf}\Delta f \tag{10.4}$$

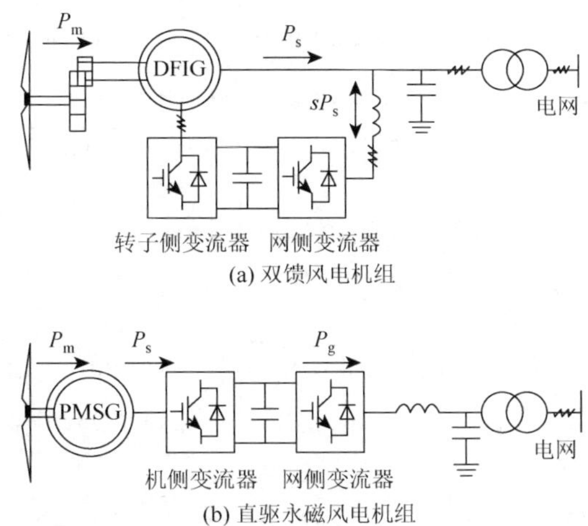

图 10.8　变桨距变速风电机组功率控制方式

式中，Δf 为系统频率的偏差；H_{IR} 为虚拟惯量时间常数；K_{pf} 为频率调节效应系数。上述风电机组虚拟惯量补偿 PD 控制结构如图 10.9 所示。

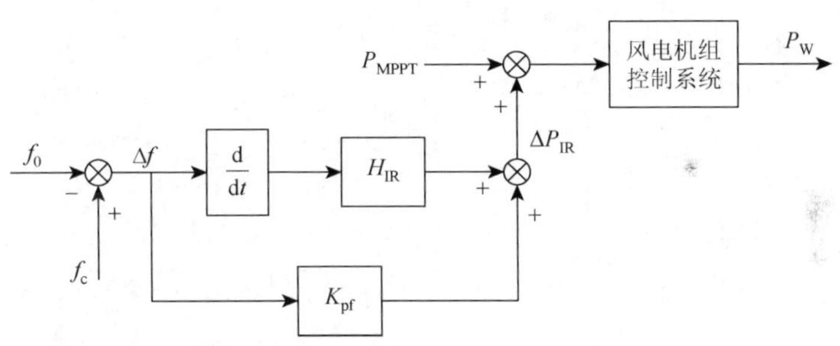

图 10.9　风电机组虚拟惯量 PD 控制

目前，大多数风电机组采用 PD 虚拟惯量控制策略，把 $\mathrm{d}f/\mathrm{d}t$ 控制环节附加在最大功率跟踪控制上。该控制具有结构简单、物理意义明确等优点。然而系统频率变化时，惯量响应和最大功率跟踪控制之间存在着相互影响，使其无法实现预期的控制效果，且风电机组动态调节过程中的安全运行也不易保证。

2. 风电机组一次调频控制原理

1）低风速工况下一次调频控制

风电机组正常运行时，功率控制以最大功率为目标。根据风况的不同参考机组转速按式（10.5）进行发电机有功功率控制。但该过程将发电机机械与电气解耦，风电机组功率由变流器控制，发电机转速和电网频率之间不再存在耦合关系，风电机组无法响应电网频率变化，进而失去了常规发电机组所具有的惯量响应和一次调频能力，对系统的频率扰动无法自动提供惯性支持。

$$P_{\mathrm{opt}}^{*}=\begin{cases}k_{\mathrm{opt}}\omega_{\mathrm{r}}^{3}, & \omega_{0}<\omega_{\mathrm{r}}<\omega_{1}\\ \dfrac{P_{\max}-k_{\mathrm{opt}}\omega_{\mathrm{r}}^{3}}{\omega_{\max}-\omega_{1}}(\omega_{\mathrm{r}}-\omega_{\max})+P_{\max}, & \omega_{1}\leqslant\omega_{\mathrm{r}}\leqslant\omega_{\max}\\ P_{\max}, & \omega_{\mathrm{r}}>\omega_{\max}\end{cases}\tag{10.5}$$

式中，k_{opt} 为最佳叶尖速比跟踪曲线的比例系数；ω_0 为切入电角速度；ω_1 为进入转速恒定区时的电角速度；$\omega_{\max}$ 为 ω_{r} 限幅值；$P_{\max}$ 为输出有功功率限幅值。

为了实现一次调频，在功率控制环节引入频率误差信号。按照式（10.6）调节 k_{opt} 得出 k'_{opt}。采用 k'_{opt} 对机组功率和转速进行调节，使得电网频率变化影响机组功率和转速。引入频率误差信号后，由 k'_{opt} 取代原控制策略中固定的比例系数 k_{opt}，从而根据频率误差调节风力机转速，利用机组存储或释放的动能，使风电机组具备惯量响应，为系统提供动态频率支持。

$$k'_{\mathrm{opt}}=\frac{P_0}{(\omega_{\mathrm{r0}}+2\pi\eta\Delta f)^3}=\begin{cases}\dfrac{k_{\mathrm{opt}}\omega_{\mathrm{r}}^{3}}{(\omega_{\mathrm{r0}}+2\pi\eta\Delta f)^3}, & \omega_{0}<\omega_{\mathrm{r}}\leqslant\omega_{1}\\ \dfrac{\dfrac{P_{\max}-k_{\mathrm{opt}}\omega_{\mathrm{r}}^{3}}{\omega_{\max}-\omega_{1}}(\omega_{\mathrm{r}}-\omega_{\max})+P_{\max}}{(\omega_{\mathrm{r0}}+2\pi\eta\Delta f)^3}, & \omega_{1}<\omega_{\mathrm{r}}<\omega_{\max}\end{cases}\tag{10.6}$$

式中，ω_{r0} 为风力机初始角速度；P_0 为初始运行点对应的功率；η 为转速调节系数，$\eta=\Delta\omega_{\mathrm{r}}/\Delta\omega_{\mathrm{e}}$，$\Delta\omega_{\mathrm{r}}$ 为角速度增量，$\Delta\omega_{\mathrm{e}}$ 为系统同步角速度增量；Δf 为系统频率变化量。

在风电机组惯量响应的研究和实际实施中，需要综合考虑机组的转速、功率、运行状态和载荷情况进行优化。

2）高风速工况下一次调频控制

对于系统频率调整（20s 以上），风电机组应根据电网要求的静态频率特性，持续调节风力机捕获的机械功率，完成一次调频。电力系统的频率跌落幅度一般不允许超过 0.5Hz，风电场应在系统频率安全范围内充分利用储存的备用容量完成频率调整。通常，汽轮发电机组的静调差系数整定为 3%～5%，若风电机组具备与其相似的静态频率特性，则机组的备用容量应为 20%～33%，但考虑到风电机组运行的经济性，建议将备用容量限制在 5%～15%。

传统汽轮机调速器与根据系统频率变化调节气门开度类似，变速风电机组的变桨距系统可以调节风电机组捕获的风能。风电机组的机械功率 P_{m} 可用式（10.7）表示：

$$P_{\rm m}=\frac{1}{2}\rho\pi C_{\rm P}(\lambda,\beta)R^2v^3 \tag{10.7}$$

式中，ρ 为空气密度；$C_{\rm P}(\lambda,\beta)$为风力机的风能利用系数；λ 为叶尖速比；β 为桨距角；R 为风轮半径；v 为风速。

桨距角一个微小的变化可以对功率输出产生显著的影响。正的桨距角设定为增大桨距角，减小了攻角；反之，负的桨距角设定为增加了攻角。风力机的特性通常由一簇包含风能利用系数 $C_{\rm P}$ 和叶尖速比 λ 的性能曲线来表达，风能利用系数 $C_{\rm P}$、叶尖速比 λ、桨距角 β 的关系如图 4.5 所示。

变桨距系统响应时间为 2～6s，完全满足一次调频需求，可通过调节桨距角实现机械功率控制，使得风电机组具备一次调频能力。

参 考 文 献

[1] 姚兴佳，宋俊. 风电机组原理与应用[M]. 北京：机械工业出版社，2009.

[2] Burton T. 风能技术[M]. 武鑫，译. 北京：科学出版社，2007.

[3] 全国风力机械标准化技术委员会. 风力机械标准汇编[M]. 北京：中国标准出版社，2006.

[4] 姚兴佳，宋俊. 风电机组理论与设计[M]. 北京：机械工业出版社，2013.

[5] 严陆光，顾国彪，贺德馨. 中国电气工程大典[M]. 北京：中国电力出版社，2010.

[6] 叶杭冶. 风电机组的控制技术[M]. 北京：机械工业出版社，2009.

[7] 姚兴佳. 可再生能源及其发电技术[M]. 北京：科学出版社，2010.

[8] 唐任远. 中国电气工程大典[M]. 北京：中国电力出版社，2008.

[9] 姚兴佳，王益全. 风力发电测试技术[M]. 北京：电子工业出版社，2011.

[10] Wang X D，Hou S X，Wang S R，et al. Multi-objective optimization torque control of wind turbine based on LQG[C]. 25th Chinese Control and Decision Conference，Guilin，2013：27-29.

[11] 王晓东，李怀卿，刘颖明，等. 风电机组转矩的非线性控制[J]. 电工电能新技术，2016，35（1）：19-23.

[12] 卢奭瑄. 风电机组动力模型及循环变桨控制策略研究[D]. 沈阳：沈阳工业大学，2012.

[13] 王晓东. 大型双馈风电机组动态载荷控制策略研究[D]. 沈阳：沈阳工业大学，2011.

[14] 王晓东，姚兴佳. 基于泛模型的风轮不平衡载荷控制[J]. 太阳能学报，2012，33（2）：215-220.

[15] Wang X D，Li H Q，Liu Y M. Dynamic torsional load control of double-fed drive-train based on three mass shaft model[C]. Applied Mechanics and Material，Dalian，2014：222-226.

[16] 姚兴佳，王晓东，单光坤，等. 双馈风电机组传动系统扭振抑制自抗扰控制[J]. 电工技术学报，2012，27（1）：136-141.

[17] 国家标准化管理委员会. 风电场接入电力系统技术规定：GB/T 19963—2011[S]. 北京：中国标准出版社，2012.

[18] 王晓东，李凯凯，卢奭瑄，等. 基于 VSG 的风电机组虚拟惯量控制策略[J]. 太阳能学报，2018，39（5）：1418-1425.

[19] 王晓东，李凯凯，刘颖明，等. 基于状态观测器的风电机组单机储能系统虚拟惯量控制[J]. 电工技术学报，2018，33（6）：1257-1264.